国家科学技术学术著作出版基金资助出版

废水处理过程智能控制建模与策略

万金泉　肖思华　王　艳　等著

科学出版社

北京

内 容 简 介

废水处理是一门涉及化学、物理、生物等多门学科的综合性技术，为了更高效地治理废水，人们已逐步将计算机技术和自动化技术应用于污水处理的过程控制中，构建各种高性能废水处理监测和控制系统。本书详细介绍了废水处理过程中各种软测量模型和控制机理模型的建模方法，并将其与多目标优化模型相结合，应用于具体的废水处理工艺过程中，形成集水质预测、优化、控制为一体的废水处理智能优化控制模型。

本书可供废水处理相关领域的科研人员、工程技术人员与管理人员，以及高等院校环境科学与工程等专业的师生参考。

图书在版编目(CIP)数据

废水处理过程智能控制建模与策略/万金泉等著. —北京：科学出版社，2021.12

ISBN 978-7-03-070282-1

Ⅰ.①废… Ⅱ.①万… Ⅲ.①计算机仿真–应用–废水处理 Ⅳ.①X703-39

中国版本图书馆 CIP 数据核字(2021) 第 221670 号

责任编辑：郭勇斌 肖 雷 常诗尧／责任校对：宁辉彩
责任印制：张 伟／封面设计：刘云天

科 学 出 版 社 出版

北京东黄城根北街 16 号
邮政编码：100717
http://www.sciencep.com

北京九州迅驰传媒文化有限公司 印刷

科学出版社发行 各地新华书店经销

*

2021 年 12 月第 一 版 开本：787×1092 1/16
2022 年 11 月第二次印刷 印张：18 3/4
字数：430 000

定价：138.00 元
(如有印装质量问题，我社负责调换)

前　言

水污染控制是环境保护的重要工作，在节能减排的新形势下，探究如何实现废水处理过程稳定、高效运行，提高出水水质，降低能耗、药耗和人工成本已成为迫切需要解决的重要问题。智能控制作为控制理论发展的高级阶段，对于解决以上问题具有重要的意义。智能控制可以根据废水水质参数的时变性，准确控制废水处理过程中的各项工艺参数以达到最好的处理效果，是当前废水处理工业控制方向上一个备受关注的前沿研究领域。

本书作者长期从事废水处理过程智能控制方面的研究工作，先后承担了多项与废水处理过程智能控制相关的国家自然科学基金项目 (31170551、31200458)、广东省战略性新兴产业核心技术攻关项目、广东省节能减排重大专项等。在这些项目资助下，作者及所带领的团队在废水处理过程智能控制领域取得了丰硕的研究成果。本书以这些研究成果为基础，详细介绍了废水处理过程中各种软测量模型和控制机理模型的搭建方法，并将其与多目标优化模型相结合，应用于具体的废水处理工艺过程中，形成了集水质预测、优化、控制于一体的废水处理过程智能优化控制模型。在本书的撰写过程中，作者还查阅了大量国内外关于废水处理过程智能控制研究方面的前沿性资料，使得本书的内容更加丰富新颖，更具参考价值。谨希望本书能够为解决现代智能控制技术应用于废水处理和水污染控制过程中的重点及难点问题提供一些思路，为推动我国环境保护技术的智能化应用进程做出贡献。

本书总共分为 6 章，其中第 1 章、第 2 章由肖思华执笔，第 3 章、第 5 章由王艳执笔，第 4 章由万金泉执笔，第 6 章由闫志成执笔，全书由万金泉统稿，马邕文校阅。在本书的撰写过程中，华南理工大学环境与能源学院的工程博士研究生肖思华在工作和攻读博士学位的百忙之中，专门抽出时间参与了本书撰写工作，为本书的顺利完成做出了重要贡献。华南理工大学环境与能源学院的博士研究生叶刚、刘泽珺参与了部分撰写及大量的资料收集工作，在此向他们致以衷心感谢！同时，本书的出版得到了 2020 年国家科学技术学术著作出版基金的资助，作者谨在此一并表达诚挚的谢意!

本书在撰写过程中，难免有瑕疵之处，恳请读者给予批评指正！

作　者

2021 年 3 月

目　　录

前言

第 1 章　绪论 ……………………………………………………………… 1

　1.1　废水处理过程智能控制的意义 ……………………………………… 1

　1.2　废水处理过程监控系统研究现状 …………………………………… 2

　　1.2.1　废水处理系统在线监测技术 …………………………………… 2

　　1.2.2　废水处理过程监控系统发展现状 ……………………………… 3

　1.3　废水处理过程自动控制系统研究现状 ……………………………… 3

　　1.3.1　经典控制 ………………………………………………………… 4

　　1.3.2　现代控制 ………………………………………………………… 4

　　1.3.3　大系统控制 ……………………………………………………… 5

　　1.3.4　智能控制 ………………………………………………………… 7

　1.4　废水处理在线监测及自动控制智能算法 …………………………… 9

　　1.4.1　主成分分析 ……………………………………………………… 9

　　1.4.2　云模型 ……………………………………………………………11

　　1.4.3　BP 神经网络的基本结构与学习规则 …………………………16

　　1.4.4　基于遗传算法的 BP 神经网络 GA-BP ………………………17

　　1.4.5　自适应模糊神经网络结构与算法 ANFIS ……………………19

　　1.4.6　基于最小二乘法优化的支持向量机算法 LSSVM ……………20

　　1.4.7　基于粒子群算法优化的支持向量机算法 PSO-SVM …………24

　　1.4.8　非支配排序遗传算法 NSGA-II …………………………………25

　　1.4.9　非支配排序遗传算法 NSGA-III …………………………………28

　参考文献 …………………………………………………………………31

第 2 章　废水物化处理的模糊神经网络控制 …………………………35

　2.1　废水处理智能控制系统的设计 ………………………………………35

　　2.1.1　废水物化处理简介 ………………………………………………36

　　2.1.2　实验室造纸废水处理智能控制系统 ……………………………37

　　2.1.3　系统设备配置介绍 ………………………………………………39

　　2.1.4　系统软件 …………………………………………………………42

　2.2　混凝投药预测控制系统的设计 ………………………………………48

　　2.2.1　模糊神经网络模型结构 …………………………………………49

2.2.2 网络结构辨识 ·· 50

2.2.3 网络参数学习算法 ·· 52

2.3 废水处理混凝投药预测模型 ··· 52

2.3.1 预测数学模型 ·· 52

2.3.2 训练样本数据的获取 ·· 53

2.3.3 样本数据分析与处理 ·· 54

2.3.4 预测模型的结构辨识 ·· 57

2.3.5 预测模型的参数辨识及仿真 ·································· 58

2.4 废水处理混凝投药控制模型 ··· 62

2.4.1 控制数学模型 ·· 62

2.4.2 控制模型的结构辨识 ·· 62

2.4.3 控制模型的参数辨识 ·· 63

2.5 废水处理混凝投药控制效果分析 ··································· 64

2.5.1 进水流量变化、进水 COD 不变时的控制效果 ············ 64

2.5.2 进水流量不变、进水 COD 变化时的控制效果 ············ 64

参考文献 ··· 66

第 3 章 废水厌氧处理的混合软测量模型及多目标优化 ·················· 67

3.1 厌氧处理工艺自动监控系统的设计 ································· 67

3.1.1 废水厌氧处理简介 ··· 67

3.1.2 废水厌氧处理自动监控系统的硬件构架 ··················· 69

3.1.3 废水厌氧处理自动监控系统的软件构架 ··················· 71

3.2 基于云模型的 pH 智能控制器 ······································ 76

3.2.1 废水处理 pH 控制策略 ·· 76

3.2.2 云模型控制器设计 ··· 77

3.2.3 MCGS 下实现 pH 的控制与结果 ···························· 80

3.2.4 仿真分析 ·· 81

3.3 基于 PCA-LSSVM 的厌氧处理出水水质软测量 ················· 82

3.3.1 PCA-LSSVM 的厌氧处理出水水质软测量模型 ············ 82

3.3.2 厌氧出水 VFA 软测量模型 ··································· 83

3.3.3 厌氧出水 COD 软测量模型 ··································· 91

3.4 基于 PSO-SVM 的废水处理过程软测量 ························· 95

3.4.1 PSO-SVM 的废水处理过程软测量 ·························· 95

3.4.2 厌氧处理 COD 去除率预测模型 ···························· 97

3.4.3 厌氧处理 VFA 浓度预测模型 ································· 99

3.5 基于动力学和 PSO-SVM 的废水处理产气量的混合软测量 ······ 102

3.5.1　动力学模型 · 102

3.5.2　基于微生物动力学和 PSO-SVM 模型 · · · · · · · · · · · · · · · 105

3.5.3　厌氧处理产气量的软测量模型 · · · · · · · · · · · · · · · · · · · 105

3.6　基于 GA-BP 的厌氧处理出水水质软测量及多目标优化 · · · · · · · · · · · · 108

3.6.1　GA-BP 厌氧同时反硝化产甲烷过程的出水氨氮软测量模型 · · · · · · 108

3.6.2　GA-BP 的废水处理过程产气量软测量 · · · · · · · · · · · · · · · · 115

3.6.3　基于 NSGA-Ⅱ 的多目标优化模型 · · · · · · · · · · · · · · · · · · 118

3.7　基于 PCA-BP 和 PCA-LSSVM 的厌氧氨氧化出水软测量及多目标优化 · · · 123

3.7.1　数据选取与预处理 · 123

3.7.2　模型性能评价指标 · 125

3.7.3　基于 PCA-BP 和 PCA-LSSVM 算法的厌氧氨氧化出水水质软测量模型 · · · 125

3.7.4　基于 PCA-LSSVM 和 NSGA-Ⅱ 混合智能算法的厌氧氨氧化脱氮系统多目标优化

模型 · 131

参考文献 · 136

第 4 章　A/O 废水处理过程智能优化控制 · 137

4.1　废水处理智能控制系统的设计 · 137

4.1.1　A/O 废水处理系统简介 · 137

4.1.2　基于 Web 方式开发的废水处理智能控制 APP · · · · · · · · · · · · 140

4.2　基于两级模糊神经网络的溶解氧混合控制模型 · · · · · · · · · · · · · · · · 141

4.2.1　溶解氧控制的必要性 · 141

4.2.2　溶解氧控制方案 · 142

4.2.3　模糊及模糊 PID 控制器 · 145

4.2.4　废水处理溶解氧控制模型 · 151

4.3　基于参数优化的动态模糊神经网络的回流比控制模型 · · · · · · · · · · · · · 159

4.3.1　回流比控制的必要性 · 159

4.3.2　回流比控制方案 · 159

4.3.3　营养物质动态变化预测模型 · 161

4.3.4　缺氧池末端硝态氮预测模型 · 168

4.3.5　废水处理回流比控制模型 · 172

4.4　A/O 废水处理过程智能控制的实现及控制效果分析 · · · · · · · · · · · · · · 175

4.4.1　溶解氧控制效果分析 · 175

4.4.2　回流比控制效果分析 · 177

4.5　活性污泥法废水处理仿真基准模型建模与多目标优化 · · · · · · · · · · · · · 178

4.5.1　基于 MATLAB 的仿真基准模型的建模 · · · · · · · · · · · · · · · · 178

4.5.2　基准仿真模型 BSM1 的多目标优化建模步骤 · · · · · · · · · · · · · 179

4.5.3 基准仿真模型 BSM1 的评价函数 ·····················180

4.5.4 基准仿真模型 BSM1 的约束规则 ·····················180

4.5.5 多目标优化算法和 BSM1 模型之间的参数传递及使用方法 ··········181

4.5.6 基准仿真模型 BSM1 的进水水质分布情况 ···············181

4.5.7 优化策略下的节能减排分析 ·······················182

参考文献 ···187

第 5 章 A²/O 废水处理的神经网络软测量及智能优化控制 ··············189

5.1 废水处理智能控制系统的设计 ······························189

5.1.1 A²/O 废水处理系统简介 ·························189

5.1.2 废水处理自动控制系统的硬件构成 ···················190

5.1.3 废水处理自动控制系统的软件构成 ···················192

5.2 基于神经网络和遗传算法的出水水质软测量 ···················194

5.2.1 神经网络软测量模型的建构和优化 ···················194

5.2.2 出水 COD 的软测量模型 ························199

5.2.3 出水氨氮的软测量模型 ·························204

5.3 基于自适应模糊神经网络的出水水质软测量 ···················210

5.3.1 软测量模型结构及算法的确定 ·····················210

5.3.2 出水 COD 的软测量模型 ························216

5.3.3 出水氨氮的软测量模型 ·························220

5.4 基于 GA-BP 和动力学模型的邻苯二甲酸二丁酯降解预测模型 ·········223

5.4.1 实验材料和方法 ·····························223

5.4.2 造纸废水有机物分析及选择 ·······················225

5.4.3 DBP 在 A²/O 中的迁移转化研究 ····················225

5.4.4 DBP 去除机理分析与模型研究 ·····················230

5.4.5 基于 GA-BP 神经网络的出水 DBP 预测模型 ··············232

5.4.6 实验模型比较 ·····························236

5.5 基于自适应模糊神经网络软测量模型的溶解氧智能优化控制 ·········237

5.5.1 溶解氧控制方案 ·····························237

5.5.2 废水处理出水 COD 预测模型 ·····················239

5.5.3 废水处理溶解氧的智能优化控制 ····················241

5.5.4 溶解氧控制效果分析 ··························245

参考文献 ···246

第 6 章 工业废水智能控制系统工程案例 ·····························248

6.1 制浆造纸废水处理简介 ·································248

6.1.1 制浆造纸废水处理工艺简介 ······················248

6.1.2 制浆造纸废水的来源及特点··250

6.1.3 制浆造纸废水处理过程的特征··251

6.2 制浆造纸废水处理过程的主要影响因素及注意事项······················251

6.2.1 制浆造纸废水处理过程的主要影响因素····································251

6.2.2 制浆造纸废水处理过程日常操作注意事项·································253

6.3 制浆造纸废水处理智能控制系统研究体系···································254

6.3.1 制浆造纸废水处理过程存在的问题··254

6.3.2 制浆造纸废水处理控制方案···255

6.4 制浆造纸废水处理应用工程系统设备简介···································256

6.4.1 一体化高效物化反应器···256

6.4.2 两相两阶段高效厌氧反应器···258

6.4.3 生物接触氧化池··259

6.4.4 PS 高级氧化反应器··260

6.5 制浆造纸废水处理自动控制系统构建··262

6.5.1 制浆造纸废水处理厂常用工艺流程··262

6.5.2 智能控制系统框架···263

6.5.3 智能控制系统的搭建流程··263

6.5.4 设备配置···264

6.5.5 组态设计···274

6.5.6 智能控制系统操作运行界面···276

6.6 制浆造纸废水高级氧化处理智能加药系统构建·····························279

6.6.1 制浆造纸废水高级氧化处理智能加药系统数据处理······················279

6.6.2 建模基本过程及模型参数的选择与设定·····································281

6.6.3 PS 高级氧化技术智能加药控制系统的设计及仿真·······················283

6.6.4 模糊控制器的建模过程及模型参数选定·····································284

6.6.5 PS 高级氧化智能加药系统 Simulink 仿真模型的建立···················286

参考文献··286

第 1 章 绪 论

近十几年以来，随着我国改革开放的深度推动，经济及工业化的发展加快，我国的废水排放和处理量呈逐年增长的趋势。环境保护对于社会发展的重要性日益被人们所认识，环境保护工作受到高度重视，特别是废水治理工作越来越得到人们的关注。因此，加快我国废水处理行业的发展和产业技术升级势在必行。

本章首先阐明了废水处理过程智能控制的意义，分析了废水处理过程自动控制系统的研究现状，最后对运用于废水处理过程软测量及智能控制中的控制模型、智能算法及技术应用进行了详细的介绍。

1.1 废水处理过程智能控制的意义

工业废水、城镇生活污水排放与水污染密切相关。数据显示，2011 年以来我国废水排放总量逐年递增，废水治理需求不断提升。2011~2019 年，我国工业废水排放量逐年减少，城镇生活污水排放量逐年增加。根据住房和城乡建设部最新数据显示，截至 2019 年底，我国共有 2 471 座城市污水处理厂，处理能力为 1.79 亿 t/d，城市污水处理率达 96.81%[1]。虽然我国废水处理率不断提高，但普遍存在效率低、能耗高和运行不稳定等问题。

废水处理技术是一门涉及化学、物理、生物等多门学科的综合性技术，其工艺机理较为复杂，操作控制难度较高。如果单凭现场工作人员手动操作，往往操作烦琐、劳动强度大、处理效果差，也不利于降低能耗与药耗。为了更高效地治理废水，工程师已逐步将计算机技术和自动化控制技术应用于废水处理过程的监测与控制中，构建了各种高性能污水处理控制系统[2-4]，以保证处理过程稳定、可靠、安全，提高出水水质，降低能耗、药耗和人工成本，从而实现污水处理的持续、经济和良性运行。因此，将自动控制理论引入废水处理过程是完全有必要的，然而传统建模方法是通过与真实情况相似的原理，利用计算机和各种物理效应设备，通过控制理论、计算技术、信息技术及其应用领域的专业技术，建立系统模型对实际的问题或者假想的问题进行动态的情况模拟，采用数学语言对系统或实体内在的运动规律及外部的作用关系进行抽象和对其本质特征进行描述[5]。而在实际过程中，各参数之间是复杂的非线性关系，采用传统建模方法得到的结果与实际过程往往存在较大偏差，控制效果差；采用智能控制理论，构造适合废水处理装置的智能控制系统，可以有效弥补传统控制方法在废水处理控制系统中的不足。

目前，我国许多处理规模较大的城镇生活污水处理厂引进了相关智能控制废水处理系统，但是往往所需投资大，操作复杂，运行成本也比较高。中小型污水处理厂由于资金、管理等各方面原因，废水处理过程往往靠人工操作，操作工人的责任感、经验等难以把控的因素均会对最终出水水质的稳定性产生很大影响；同时由于废水处理过程外界因素变化大且具有多变量、非线性、时变性等特点，进一步加大了人工管理监控难度，废水处理成本也随之相应增加。另外，我国目前污水处理控制系统大多依赖国外进口，在引进设备的同时，要引进相应的设备管理、维修技术和人员培训方法，还要考虑设备的备品备件来源等一系列问题，过分地依赖国外引进，既会消耗大量的外汇，也容易在技术上受制于人。因此，设计出符合我国国情、具有自主知识产权、性价比高的废水处理过程智能控制系统具有重要的现实意义。尤其是废水生物处理过程是具有非线性、大时变、大滞后、干扰严重的复杂系统，精确建立模型十分困难，基于模型的传统控制方法难以应用，因此，研究此类复杂反应过程的智能控制方法，不仅具有重要的现实意义，还有深远的理论意义。

1.2　废水处理过程监控系统研究现状

废水处理过程包含非常复杂的生化反应过程，只有实现了对废水处理系统各阶段与运行条件进行严格的监测和控制，才能有效保障废水处理系统高效稳定运行。利用计算机及软件平台对废水处理系统进行实时监测与控制，保障系统参数都达到工艺要求，提高处理装置及执行机构的控制精度，不仅能够提升废水处理系统的可靠性、稳定性与安全性，还可以提高废水处理的效率与运行经济性。废水处理过程监控系统综合了传感器技术、信号采集与处理技术、通信技术及嵌入式控制技术等基础学科，能够完成废水处理过程的监测、控制、报警和数据管理等工作。废水处理过程监控系统通常分为硬件和软件两部分，其中硬件主要完成对被控参数的显示存储和打印等功能，软件主要支持系统的通信服务、用户接口测量与计算执行机构驱动和故障自诊断等功能。

1.2.1　废水处理系统在线监测技术

废水处理过程参数很多，Vanrolleghem 等[6]对废水处理过程的在线监测设备的研究与应用现状进行了总结，结果如表 1-1 所示。从表 1-1 中我们可以看出，有些变量如 pH、氧化还原电位 (Oxidation-Reduction Potential，ORP) 等已经有了成熟可靠的在线监测设备，

表 1-1　废水处理过程在线监测设备现状

物理测量			物理化学测量			生物化学测量		
变量	过程[①]	现状[②]	变量	过程	现状	变量	过程	现状
温度	G	A	pH	G	A	呼吸速率	2,3	A
压力	G	A	电导率	G	A	毒性	2,3	A
液位	G	A	氧气浓度	2,3	A	短期生化需氧量 (BODst)	2,3	A
流速	G	A	荧光特性	2,3	B	COD	1,2,3	C
固体悬浮物浓度 (SS)	G	B	ORP	1,3	A	总有机碳 (TOC)	1,2,3	A
泥位	4	B	NH_4^+ (ISE[③])	3	A	NH_4^+	3	A
污泥体积	4	B	NO_3^- (ISE)	3	B	NO_3^-	3	A
沉降速度	4	C	沼气	1	A	微量 NO_x	3	B
污泥形态	G	C	CO_2	1,2,3	A	PO_4^{3-}	3	A
热量	1,2,3	C				碳酸氢盐	1,3	B
紫外吸收	G	B				碱度	1,3	B
						VFA	1,3	C

注：① 过程指废水处理过程中使用传感器的各个操作单元，1：厌氧消化；2：活性污泥池；3：除氮；4：沉淀；G：所有过程。
　　② 现状指研究与应用现状，A：成熟先进；B：特殊场合使用；C：有待进一步开发。
　　③ ISE：Ion-selective Electrode，离子选择电极。

有些变量如挥发性脂肪酸 (Volatile Fatty Acid，VFA)、化学需氧量 (Chemical Oxygen Demand，COD) 等相关的硬件设备还在研发或改进之中。目前，研究人员在废水处理过程参数的在线监测设备开发上做了很多努力，但是多数技术仍处在开发和实验室应用阶段，离实际工程应用仍有一定的距离[7]。

在具体选择监测变量时不仅要考虑该变量能否快速响应、是否具有稳定性，还要考虑监测设备投资及后续维护费用。对于一个特定的废水处理系统，实际上并不需要所有变量的监测设备都齐全，如果研究一些变量就足够表征该系统的特征，那么就可以大幅度减少相应的设备投资。

1.2.2　废水处理过程监控系统发展现状

我国废水处理过程监控系统与国外发达国家相比还有一定的差距，日本、德国等发达国家废水处理过程自动化程度和处理效率都比较高，其废水处理过程监控系统已实现了大规模工业化生产和商业化应用[8]。国内科研机构在吸收国外先进经验和技术的基础上，开始尝试将国外先进的废水处理控制技术应用到我国废水处理工程中。目前应用于废水处理过程的实时控制和数据处理系统主要包括嵌入式微控制器 (MCU) 监控系统[9]、工业控制计算机 (IPC) 监控系统[10]、可编程逻辑控制器 (PLC) 监控系统[11,12]、集散控制系统 (DCS)[13] 和现场总线控制系统 (FCS)[14] 等。

1.3　废水处理过程自动控制系统研究现状

根据控制原理的不同，可以将自动控制系统分为开环控制系统和闭环控制系统两大类。在开环控制系统中，只有输入端到输出端的信号传递通道，没有信号反馈，因此又被称为前馈控制系统。开环控制系统结构简单，稳定性好，成本低，但需要精确的数学模型，而且由于无反馈信号，系统不具备抗干扰能力，因此在废水处理过程中开环控制系统很多时候只能用于研究扰动控制[15]。在闭环控制系统中，除了有输入端到输出端的传递信号外，还有输出端反馈到输入端的信号，因此闭环控制系统又被称为反馈控制系统。闭环控制系统最突出的优点是抗干扰，但是闭环控制系统必须有检测环节直接或间接检测输出量，上述各个变量的检测设备就是用在该环节的，因此闭环控制系统复杂、成本高。由于废水处理过程的干扰因素较多，因此废水处理控制系统一般采用闭环控制系统，根据控制变量的变化来调节操作变量，从而维持输出在设定值。

传统废水处理过程自动控制系统包括监测变量、操作变量和控制器 3 个部分。操作变量往往选取那些对工艺状态有较大作用的变量，废水处理过程中可应用的操作变量较少，这也是废水处理控制困难的原因之一。废水处理过程常用的操作变量有进水量 (改变水力停留时间)、碱度 (通过 CO_2 回流或调节酸碱加入速率等)、混合强度 (搅拌强度及回流量)、溶解氧浓度 (控制曝气量) 及回流比等。然而在实际工业生产过程中进水量并不都是可以控制的，因为它还会受到工厂排放废水量的限制。

自动控制理论经历了经典控制理论、现代控制理论、大系统控制理论和智能控制理论的发展历程，其中后两者是自动控制系统目前正在发展的阶段。与控制理论相对应，也产生了以开关控制和 PI/PID 为代表的经典控制方法，以卡尔曼滤波器 (状态观测器) 和最优控制为代表的现代控制方法，以自适应控制和鲁棒控制为代表的大系统控制方法，以专家控制、模糊控制、人工神经网络控制基于生物启发式智能优化算法控制为代表的智能控制方法。

1.3.1　经典控制

开关控制又称继电器控制，是最早建立的简单反馈控制方法，通过监测单个变量的变化对操作变量进行简单的开或关控制。这种控制方法的最大优点是稳定性好，这里的稳定性是指被控变量的输出是有界的，会被限定在一定区间内，而不是一般控制理论所强调的渐进稳定性，开关控制的控制精度低，对多数控制要求精度高的场合并不适用。

PID (Proportion-Integration-Differentiation) 控制是基于偏差的比例、积分和微分进行调节的控制策略，因此也被称为"比例–积分–微分"控制。P 是比例控制，即控制输出与控制偏差成比例关系，如果仅有比例控制，系统的输出总会存在稳态误差；I 是积分控制，即控制输出与控制偏差在时间上的积分成正比，积分控制是为了消除稳态误差，但是作用缓慢，所以积分作用常与比例和微分作用一起使用组成 PI 或 PID 控制；PI 控制即比例和积分控制，能够解决一大类控制问题，但是如果系统存在滞后或大惯性环节，会使系统在调节误差的过程中出现震荡甚至失稳，这时需要加入微分控制。微分控制即控制输出与误差的微分 (误差变化率) 成正比，微分控制能够预测误差变化趋势，抵消滞后因素带来的影响，减少超调量，进而增加了系统的稳定性。但微分控制只看趋势不看具体数值，只能把输出值稳定下来，因此也不能单独使用。陈进东等[16]使用 PID 调节模块，通过模拟量输出模块来控制调节阀 TF20l 开度来控制蒸汽流量的大小从而起到控制温度的作用。李偲宸[17]采用西门子 S7-300 系列 PLC 作为下位机，并通过以太网的通信连接，搭建了对工控设备进行监控的工业污水处理自控系统。通过控制投加泵的频率达到对加药流量的控制，进而实现 Fenton 处理过程的控制，同时采用 PID 控制，可以通过自调节稳定地与设定的加药量、液面值等参数保持一致，实现恒值控制。阮嘉琨等[18]采用 PLC S7-200 系列 CPU226 作为控制器，通过输入输出口分配，将液位传感器、溶氧仪等设备测出来的被控信号送入可编程控制器，再通过各种污水处理设备的执行，实现对污水的净化。其中对曝气沉淀池溶氧度的控制加入了 PID 控制算法，该系统具有良好的稳定性和实用性。PID 控制算法简单、鲁棒性好、可靠性高，是目前工业界最常用的控制策略。PID 控制最大的问题是参数整定，如果能够建立被控对象精确的数学模型，则可以按照某种原则进行整定，但实际上精确的过程模型很难建立，这时往往靠经验进行参数整定，这种方法获得的参数在复杂系统中很难达到理想的控制效果。另外，PID 控制通常局限于单输入单输出控制的线性定常系统，对于非线性、大滞后的厌氧发酵系统难以建立精确的控制模型，因此 PID 控制器会出现参数整定不良、性能欠佳、对运行环境的适应性较差的现象。

1.3.2　现代控制

现代控制理论正是为了克服经典控制理论的局限性，在 20 世纪 60 年代初形成并迅速发展的。它建立在时域内的状态空间分析法基础之上，状态空间就是将一个系统分解为输入、输出和状态，输出本身也是一种状态或状态的组合，在数学上就是将一个高阶的微分方程分解成一个联立的一阶微分方程组，状态空间可以描述系统的动态过程。卡尔曼多变量最优控制理论、最优滤波理论及庞特里亚金极大化原理的提出将现代控制理论引向更深入的研究。现代控制理论主要研究内容包括多变量线性系统理论、最优控制理论及最优估计与系统辨识理论，它从理论上解决了系统可控性、可观测性、稳定性及许多复杂系统的控制问题[19]。

废水处理过程具有强非线性、高耦合及大时变的特点，因而过程变量难以在线精确测量，樊立萍等[20]以出水水质指标为约束条件，以能耗最小为控制目标，选择厌氧、好氧和缺氧阶段的时间为控制变量，分别利用直接寻优法和改进的进退优化法求解模型，有效提高了求解效率。

现代控制理论可以解决多输入多输出系统的控制问题，而且系统可以是线性或非线性的，定常或时变的，连续或离散的，但是现代科学技术的发展使得生产系统规模越来越大，变成了复杂的大系统。研究这些系统，往往要做一些不符合实际的假设。为了提高控制性能，控制系统会变得十分复杂，不仅增加投资，还降低了系统的稳定性。此外，现代控制理论依然没有解决控制系统设计和分析所需精确数学模型的难题，以上原因使得现代控制理论实际应用得较少。

1.3.3　大系统控制

对于规模庞大、结构复杂、功能综合、目标多样、影响因素众多且带有随机性的系统，经典控制理论和现代控制理论已经无法满足分析、建模和控制的要求。20 世纪 70 年代开始，出现了新的控制理论和方法，现代控制理论转入大系统控制理论时期，也被称为后现代控制理论时期。大系统控制理论仍处于发展和开拓性阶段，目前的方法和理论有现代频域方法、自适应控制、鲁棒控制、预测控制等。现代频域方法以传递函数矩阵为数学模型，研究线性、定常、多变量系统。

自适应控制以系统辨识和参数估计为基础，在实时辨识基础上在线优化控制器结构，有模型跟踪控制和自校正控制两种思路。自适应控制是一种基于模型的控制方法，在污水处理中自适应控制器的主要思想是充分考虑生物过程的动态性，同时考虑动力学模型的不确定性，根据工艺的动态变化来估计调整参数。因为模型通常是非线性的，而基于模型的设计可以获得线性控制结构，从而把在线估计未知变量和参数结合起来。范石美[21]把自适应控制方法应用到污水生化处理过程中对溶解氧浓度的控制，采用双线性模型对溶解氧动态进行简化，对于一些不可以直接测量得到的重要过程参数，采用递推最小二乘算法估计得到，并设置一步预测输出为期望输出，从而得到对溶解氧浓度的最小方差自校正控制方案。Belchior 等[22]采用一种自适应模糊控制策略和监督模糊控制结合的跟踪控制方法，控制器性能优于 PI 控制器及常规模糊控制方法，实现了污水处理过程溶解氧浓度的精确控制。汤伟等[23]针对废水处理过程中溶解氧过程控制回路存在大时滞、非线性，常规 PID 控制难以收到理想效果的问题，在分析差分进化算法的基础上，提出了一种自适应变异差分进化算法，用于 PID 控制器的参数优化，实现对溶解氧浓度的精准控制，实现废水的达标排放。自适应控制器的一个主要优点是灵活，但设计时需要应用一个"机理"模型，并考虑关于工业不同层次的动力学知识。很明显，它的主要缺陷在于模型本身结构，模型越差，控制性能越差，因此动态模型的开发是一个关键的问题。

鲁棒控制着重系统的稳定性及可靠性，主要由高级专家设计，一旦设计完成，参数就不能改变，但是能保证控制性能。鲁棒控制在建立控制器时只是单方面考虑了工艺的不确定性，因此该控制系统一般不在最优状态下工作，但是能够处理运行条件更不理想的情况。

预测控制是一种新型的计算机控制算法，它采用多步测试、滚动优化和反馈校正等策略，适用于不易建立精确数学模型且复杂的工业过程。动态矩阵控制 (Dynamic Matrix Control, DMC) 是预测控制的代表，它把非参数模型放入线性二次型最优控制的框架中，成功解决了多变量、滞后补偿和约束控制的问题。尽管 DMC 很长一段时间内无法分析稳定性，但是比较实用，因此在工业上取得了较大的成功。目前预测控制在厌氧发酵中的研究与应用还比较少。

模型预测控制 (Model Predict Contrel, MPC) 最早是由 Richalet 在 1978 年提出来的，后来的学者又在这个基础上提出了一些优化 MPC 算法[24~26]，比如 Cutler 在 1980 年提出的建立在阶跃响应基础上的动态矩阵控制及 Mehra 在 1982 年提出的建立在脉冲响应基础上的模型预测启发控制 (Model Predict Heuristic Control，MPHC) 和模型算法控制 (Model Algorithm Control，MAC)。这些预测控制算法汲取了现代控制理论中的优化思想，用不断地在线滚动优化取代了传统的最优控制，由于在优化过程中利用测量信息不断进行反馈调节，所以在一定程度上增强了控制的鲁棒性，克服了不确定性的影响。

近年来国内外对预测控制的研究和应用日趋广泛，研究范围已经涉及预测模型类型、优化目标种类、约束条件种类及稳定性、鲁棒性、非线性等方面，形成了自适应预测控制、智能预测控制、非线性预测控制、鲁棒预测控制等一系列新型的预测控制算法，极大地丰富了预测控制领域的内容。一般来说，预测控制算法包含 3 个主要部分：预测模型、滚动优化、反馈校正[27]。

① 预测控制是一种基于模型的控制算法。预测模型具有展示系统未来动态行为的功能，这样就可以利用预测模型为预测控制进行优化操作提供先验知识，从而决定采用何种控制输入序列，使未来时刻被控对象的输出变化符合预期目标。

② 预测控制的最主要特征是在线滚动优化。预测控制中优化不是一次离线进行，而是反复在线进行，这就是滚动优化的含义，也是预测控制区别于传统最优控制的根本特点。预测控制利用滚动的有限时段优化取代了一成不变的全局优化，由于实际上可能存在模型误差和环境干扰，这种建立在实际反馈信息基础上的反复优化，能不断顾及不确定性的影响并及时校正，反而比只依靠模型的一次优化更能适应实际过程，具有更强的鲁棒性。

③ 由于实际系统中存在非线性、时变、模型失配等因素，反馈校正是不可或缺的。滚动优化只有建立在反馈校正的基础上，才能体现它的优越性。因此控制在通过优化确定了一系列未来的控制作用后，为了防止模型失配或环境干扰引起控制对理想状态的偏移，预测控制通常不把这些控制逐一实施，而是只实现本时刻的控制。到下一个采样时刻，则首先监测对象的实际输出，并利用这一实时信息对基于模型的预测进行修正，然后进行新的优化。反馈校正的形式是多样的，可以在保持预测模型不变的基础上，对未来的误差做出预测并加以补偿；也可以根据在线辨识的原理直接修改预测模型。因此预测控制的优化不仅基于模型，而且利用了反馈信息，构成了闭环优化。

因此，预测控制是一种基于模型、滚动优化并结合反馈校正的优化控制算法。预测控制综合利用实时信息和模型信息,对目标函数不断进行滚动优化,并根据实际测得的监测对象的输出进行修正和补偿预测模型。

1.3.4　智能控制

经典控制理论和现代控制理论都是建立在被控对象精确模型基础之上,然而许多工业过程因具有非线性、时变性、变结构及不确定性,所以难以建立精确的数学模型。即使能够建立,复杂对象的模型也会过于复杂,难以实现有效控制。自适应、自校正理论可以对缺乏数学模型的被控对象进行在线辨识,但算法复杂、实时性差,使其应用受到一定限制。20 世纪 50 年代出现并快速发展的人工智能为解决难以建立精确数学模型的控制问题提供了思路。20 世纪 70 年代,美国普渡大学傅京孙教授最早提出"智能控制"的概念,但是至今仍没有统一的定义,因为控制论、信息论、系统论、模糊集合论、人工神经网络、模式识别、计算机科学、思维学等众多学科都对智能控制论的形成和发展起着重要作用,或将产生重要的影响。

传统控制的结构是"比较—计算—控制—执行",而智能控制的结构是"识别—推理—决策—执行"。传统控制理论以被控对象的精确数学模型为核心,重点研究被控对象,而智能控制以模拟智能为核心,重点研究控制器本身。好的智能控制器具有多模式、变结构、变参数等特点,能够根据被控过程动态特征识别、学习、自组织控制模式,从而达到最佳控制效果。目前研究较多的智能控制包括专家控制、模糊控制、神经网络控制,以及基于生物启发式的智能优化算法控制,而且不同的智能控制有相互融合之势,以取长补短。

专家控制是智能控制的一个重要分支,又称专家智能控制。专家控制,是把专家系统的理论和技术同控制理论、方法与技术相结合,在未知环境下仿效专家的智能,实现对系统的控制。20 世纪 90 年代国外就有学者开始研究采用专家系统智能控制技术来实现废水处理的自动控制,提出了工业活性污泥法的在线综合控制、好氧消化过程专家系统控制、厌氧污水处理智能分布控制等方法,并取得有效成果[25]。

Baeza 等[25] 将专家系统应用于 A^2/O 工艺污水处理厂,氮的去除量较常规运行条件提高 11%,出水中的总氮和氨氮量相应降低 49% 和 64%;Roda 等[26] 提出了基于个例的专家推理系统,将工程数学计算和智能监控系统相结合,并应用于西班牙赫罗纳的水处理厂;Punal 等[27] 采用专家系统对厌氧污水处理厂的运行进行管理和诊断,可保证处理系统处在正常状态;施汉昌等[28] 开发了一个用于诊断城市污水处理厂日常运行故障的专家系统,现已应用于北京某污水处理厂。Riesco 等[29] 提出了应用在生物处理过程的自适应专家控制系统,可对溶解氧 (Dissolved Oxygen,DO) 进行精确控制并对操作程序实现优化。Galluzzo 等[30] 提出一种专家控制系统结构,用于连续流硝化反硝化生物过量吸磷污水处理厂的溶解氧控制,整个控制系统是针对实际污水处理厂而设计的,通过基于 IAWQ No.2 模型的仿真程序对生物反应器进行测试,仿真和试验结果表明,这种专家控制系统比常规控制系统的控制稳定性好、抗干扰能力强。

专家控制适用于各种非结构化问题,尤其能处理定性的、启发式或不确定的知识信息。但是专家控制系统要做到完全实用化还需要解决许多问题,比如,如何获取知识;如何将过程的浅层与深层知识合理地结合起来,构造并有效地自动修改知识库;如何进行专家控制系统的稳定性、可靠性分析;如何建造通用的满足过程控制的专家开发工具等。

模糊控制以模糊集合论、模糊语言变量集、模糊逻辑推理为基础，能够将操作者或专家的控制经验和知识表示成语言变量描述的控制规则，然后用这些规则去控制系统。模糊逻辑系统在应用时可以开发出直接控制、模糊 PID 控制、模糊干预等多种不同的控制结构。模糊控制特别适用于数学模型未知的、复杂的非线性系统的控制，几乎可以应用于各种废水处理过程，控制的工艺参数也多种多样。

1980 年，Tong 等[31]首次将模糊控制应用到污水处理中，将出水生物需氧量 (BOD)、悬浮物 (SS)、曝气池活性污泥浓度 (MLSS)、溶解氧 (DO) 及出水氨氮浓度、回流污泥量等监测数据作为输入变量输入该系统，"模糊化"以后再与"规则集"进行匹配，随后确定相应的控制手段，最后通过反模糊化得到量化的具体信号来实施控制。模糊控制器一般以被控制量的变化量及其变化率为输入量，如 Ferrer 等[32]采用模糊逻辑控制对曝气过程的节能进行了研究，开发出一种基于模糊逻辑的曝气控制系统，并在中试规模的 Bardenpho 工艺中的主曝气池进行了试验，与普通的控制器相比可节省能量 40%。Meyer 等[33]将模糊控制器设计成了高端控制器，通过模糊逻辑控制方法所需曝气量可以减少 24%，同时进水峰流导致的出水 NH_4^+-N 峰值浓度显著降低。Bernard 等[34]针对厌氧消化池的动态特性，对有机碳、碱度和挥发性脂肪酸的浓度实现了软测量，传感器的预测行为接近实际的离线测量值，模型的自适应线性控制器和模糊控制器可以将中间产物的碱度与总碱度的比率控制在 0.3 以内，从而保持系统的稳定，并避免了 VFA 的过量积累。通过对系统进行相应调整，控制效果表明即使存在较大的有机物负荷波动，控制器也可以很好地保持总碱度和中间产物碱度的比率低于 0.3。Traore 等[35]针对 SBR 的工艺特点，通过模糊逻辑控制方法控制溶解氧以实现硝化与反硝化，并成功地应用于工程中。

由于模糊控制的隶属函数要靠人工经验来取得，很难达到理想的精确程度，在控制过程中也不能对控制规则进行修改。另外模糊控制本身不具备在线自学习功能，对复杂的不确定性系统进行控制时，控制精度也较低。

神经网络 (Neural Network，NN)，严格来说应该是人工神经网络 (Artificial Neural Network，ANN)，是通过模拟人脑的神经网络结构和行为，用大量简单的处理单元广泛连接所组成的复杂网络。神经网络具有逼近任意非线性函数的能力，还具有分布式储存信息、并行计算、自组织、自学习等特点，以上特性使得基于神经网络的控制非常适用于解决非线性、时变性、不确定性的污水处理系统的控制问题。常用于污水处理中的神经网络有误差反向传播 (Back Propagation，BP) 神经网络、径向基函数 (Radial Basis Function，RBF) 神经网络、自适应神经网络等。神经网络在控制中的作用包括充当控制对象模型，反馈控制中直接充当控制器，传统控制中优化计算，与其他智能方法和优化算法相融合，为其提供非参数化对象模型、优化参数等。

Huang 等[36]将基于 GA-ANN 的软测量模型应用于预测实验室的厌氧 IC 反应器的出水 COD 和产气量，ANN 和 GA-ANN 模型输出值与实验实际值之间的线性相关性分别为 0.8805 和 0.9109，其研究结论认为与 BP 神经网络相比，GA-ANN 软测量模型作为预测厌氧反应器处理效能更加准确。李宇昊等[37]提出了基于遗传算法 (Genetic Algorithm，GA) 优化神经网络的洱海水质预测模型。该方法克服了传统 BP 神经网络模型收敛速度慢、算法容易陷入极小值、隐含层神经元个数难以确定等缺点。仿真结果对比显示，优化前 BP 神经网络模型平均误差为 25.1%，优化后模型预测平均误差为 2.3%，表明 GA-BP 神经网络有效提高了预测精度。Jia 等[38]采用遗传算法优化 BP 神经网络的软测量模型对低负荷污水生物处理过程的出水水质进行了预测研究。GA-BP 神经网络对出水 COD、氨氮、BOD、SS 的拟合线性相关度分别为 0.946、0.985、0.962、0.968，表明所构建 GA-BP 神经网络模型预测出水水质的精度较高。Zhao 等[39]提出了一种混合神经网络作为软传感器来推测污水水质参数 BOD，利用主成分分析 (Principal Component Analysis，PCA) 方法筛除测量数据中的干扰和不确定信息，利用测试程序避免过界问题，显示了较强的预测能力。Farouq 等[40]利用 ANN 黑箱模型根据进水 BOD、COD、悬浮物浓度 (Total Suspended Solid，TSS) 来预测出水的指标，进而控制、了解污水处理厂的运行状况。

人工神经网络以其具有任意逼近非线性映射能力、具有自学习和自适应功能等特性，在非线性系统的过程控制方面受到越来越多的重视，然而它具有不适合表达基于规则的知识，难以处理模糊性信息，网络训练时间较长，容易陷入局部最小等缺点，改进神经网络本身及与其他控制技术的结合可在一定程度上弥补这些不足。目前，神经网络控制与传统的控制理论或智能技术综合使用，是神经网络控制发展的趋势。

除了上述 3 种智能控制技术，基于生物启发式的智能优化算法如粒子群算法、蚁群算法、遗传算法等也是智能控制正在发展的领域。

1.4　废水处理在线监测及自动控制智能算法

1.4.1　主成分分析

在现代工业过程中，往往需要测量很多过程变量，用于对过程进行监测和控制。在同一过程中的不同变量间往往存在互相关联的关系，也就是说这些变量不是互相独立的。在这样的过程中，摆在操作人员面前的是很多复杂变化的过程变量，很难对这些变化的真正原因及时做出正确的判断。因此，我们希望能够将互相关联的过程变量压缩为少数独立的变量，以便操作人员能够从少数几个独立变量的变化中较容易地找出过程变量复杂变化的真正原因。主成分分析就是将多个相关变量转化为少数独立变量的有效分析方法之一。

主成分分析是一种常用的分析技术，可实现输入数据集降维和揭示变量间的线性相关关系[41]。主成分分析的基本思想是在保证数据信息丢失最少的原则下，对高维变量空间进行降维处理分析，使低维特征向量中的主成分变量能保留原始变量的特征信息，同时消除冗余信息。对于具有很多测量变量的废水处理工业过程中，主成分分析的出现为其提供了有力的分析工具。

主成分分析的基本原理是通过正交变化，将原始数据中存在的相关随机变量替换成不相关的新变量，简单地说，就是将原数据样本的协方差矩阵转换成对角矩阵。其主要变换步骤如下。

首先由式 (1-1) 得到辅助变量数据样本矩阵 $X_{m \times n}$ 的均值和方差，然后通过式 (1-2)

对样本矩阵 $\boldsymbol{X}_{m\times n}$ 进行零均值标准化处理，从而计算得到标准化矩阵 $\boldsymbol{Z}_{m\times n}$：

$$\overline{X_j} = \sum_{i=1}^{m} x_{ij}, \ S_j = \sqrt{\frac{1}{m-1}\sum_{i=1}^{m}\left(x_{ij}-\overline{X_j}\right)^2}, \ j = 1,2,3,\cdots,n \tag{1-1}$$

$$\boldsymbol{Z}_{ij} = \frac{x_{ij}-\overline{X_j}}{S_j}, \ i = 1,2,\cdots,m; j = 1,2,\cdots,n \tag{1-2}$$

其中，m 为样本数量，n 为样本分量，x_{ij} 为第 i 个样本的第 j 个分量，$\overline{X_j}$ 为第 i 个样本分量的均值，S_j 为第 i 个样本的标准差。

标准化矩阵 $\boldsymbol{Z}_{m\times n}$ 的协方差矩阵 $\boldsymbol{R}_{m\times n}$ 可由式 (1-3) 和式 (1-4) 计算得到：

$$\boldsymbol{R}_{m\times n} = \frac{\boldsymbol{Z}^{\mathrm{T}}\boldsymbol{Z}}{m-1} = (r_{ij})_{m\times n} \tag{1-3}$$

$$r_{ij} = \frac{1}{m-1}\sum_{k=1}^{m} Z_{ki}\times Z_{kj}, i,j = 1,2,\cdots,m \tag{1-4}$$

根据式 (1-5) 求解出 $\boldsymbol{R}$ 的不同特征值 $\lambda_j(j = 1,2,\cdots,n)$，将 $\boldsymbol{R}$ 的 n 个特征值按照从大到小的顺序排列，由式 (1-6) 计算得到相应特征值对应的单位特征向量 $\boldsymbol{b}_j = (b_{1j},b_{2j},\cdots,b_{nj})$，其中 $j = 1,2,\cdots,n$。

$$|\boldsymbol{R} - \lambda_j \boldsymbol{E}| = 0 \tag{1-5}$$

$$\boldsymbol{R}\boldsymbol{b} = \lambda_j \boldsymbol{b} \tag{1-6}$$

通过式 (1-7) 计算主成分的累计方差贡献率，通过累计方差贡献率 $\geqslant 85\%$ 确定主成分个数 k，若前 k 个主成分包含了数据样本的绝大部分信息，后面的其他成分则可以舍弃：

$$\frac{\displaystyle\sum_{j=1}^{k}\lambda_j}{\displaystyle\sum_{j=1}^{n}\lambda_j} \geqslant 85\% \tag{1-7}$$

最后，通过式 (1-8) 将标准化矩阵 $\boldsymbol{Z}_{m\times n}$ 投影在 k 维坐标上，组成新的数据样本矩阵 $\boldsymbol{U}$，其包括 k 个主成分，U_1 为第一主成分，U_2 为第二主成分，U_k 为第 k 主成分，通过以上变换，原始数据样本就实现了从 n 维降到 k 维的操作。

$$U_{i,j} = \boldsymbol{Z}_i^{\mathrm{T}}\boldsymbol{b}_j, i = 1,2,\cdots,m; j = 1,2,\cdots,k \tag{1-8}$$

1.4.2　云模型

云模型 (Cloud Model，CM) 是李德毅院士基于模糊理论和概率学理论提出的一种不确定性表达概念，通过自然语言的描述来实现定性与定量之间的不确定性转换，以解决较为复杂的现实问题[42]。自 20 世纪 90 年代以来，在逐步完善云模型理论的基本算法与设计理念的过程中，云模型理论逐渐走向成熟。基于自然界中客观存在的两个基本特性：模糊性和随机性，云模型从提出至今，已被成功地应用于图像分析、信息识别、空间数据发掘、语言表达、预测分析和智能控制等领域中[43]。

范定国等[44] 在云模型的基础上设计出一种综合评估工具用于对服装的热销度进行评估。研究结果表明，这种基于云模型的综合评判工具对服装热销度的评价结果科学可信，具有广泛的适用性。针对 BP 神经网络学习时间长和不易收敛等问题，柴日发等[45] 采用云模型理论对 BP 神经网络的输入参数进行识别分区，通过制定云模型规则来提高神经网络学习速率的自适应能力，并在复杂的非线性分类即阴阳图分类情况下对改善后的算法进行仿真。研究结果表明，将云模型与 BP 神经网络相结合能够实现神经网络学习速率的自调整，这种方法对神经网络的改进是成功的。Pi 等[46] 将云模型用于进行精确的植物属种分类，研究结果表明，基于云模型理论所设计的云分类识别器能有效地识别植物属种并进行分类。Qin 等[47] 在将云模型应用于图像分割时，首先生成图像直方图，接着将直方图转换成离散的云模型表达，最后图像基于不同的云模型表达被划分为相应的区域。研究结果表明，这种采用云模型表达的方法能够有效地分割图像。麻士东[48] 在研究模拟空战中飞行员获取信息时所存在的问题中，提出采用云模型理论对目标的危险程度进行评价，同时采用专家经验的方法对基于云模型的评估模型进行修正，得到标尺云，经过对照实战信息与标尺云的匹配度来判断目标危险等级，并进行了仿真研究，研究结果表明采用云模型建立危险等级评估机制的方法是有效的。由于云模型具有发掘空间知识的能力和定性概念的特点，田永清[49] 将云模型用于神经网络中，设计出一种改进的决策树生成算法，研究结果显示，这种算法提高了决策树生产算法的性能，使该算法得到优化。

尽管将云模型理论应用于智能控制已不再鲜见，但是作为一种同时具有模糊性和概率性的概念与数据互换方法，能够有效地解决一些非线性或具有含糊概念的复杂体系中的掌控问题，尤其是对于一些只能用非精准控制器进行控制的系统，云模型具有不可替代的作用。近年来，许多学者将云模型应用到了智能控制领域，云模型的优势逐渐显露出来。高健等[50] 在研究轮船行驶过程中的方向控制系统时，基于云模型理论概念设计出一款船舶航行方向控制器，并在 MATLAB 上进行仿真研究，研究结果表明，云模型控制方法推理简单，策略易懂，具有实用价值。杨志晓等[51] 基于云模型理论提出能表示"非"概念的否定云并进行了仿真研究，仿真结果表明，以云模型为基础的否定云模型能够科学地表达否定概念，能够指导类人模型完成相关否定性的动作。李众等[52] 以 A1000 型试验水箱为考察对象，采用云模型对水箱水位进行控制，联合 MATLAB 和工控组态软件，构成一套完整的控制系统，研究结果表明，利用云模型理论能成功地实现水位定位且没有出现系统误差。郑恩让等[53] 针对火电厂中存在的锅炉蒸汽温度控制问题，采用云模型设计出一款自动化温度控制器并进行了研究，研究结果表明，基于云模型的智能控制装置设计方法简单，抗干扰能力强，具有有效的控制能力和实用性。作为最经典的自动化控制实验设备之一的倒立摆设备常被用于测评控制器的控制性能，张飞舟等 [54] 在云模型理论的基础上建立了云模型控制器，用于保证在有限的移动长度上倒立摆稳定，并进行了仿真验证，仿真结果表明这款基于云模型理论的控制器具有一定的适应性和抗干扰能力，能够对有限移动长度上的倒立摆设备进行控制。

云模型可定义如下。

假设论域 $U = \{x\}$，$f(x)$ 是 U 到闭区间 $[0,1]$ 的映射，T 是与 U 相关联的定性概念，若 U 中的元素 $x(x \in U)$ 对 T 所表达的定性概念的隶属确定度 $C_T \in [0,1]$ 是一有稳定倾向的随机数，则概念 T 是从论域 U 到区间 $[0,1]$ 的映射在数域空间的分布，称为云（Cloud）。设 U 是一个定量论域，$x \in U$，C_T 在 $[0,1]$ 上取值，云是从论域到区间 $[0,1]$ 的映射，即：

$$f(x) : U \to [0,1] \tag{1-9}$$

$$\forall x \in U, \ x \to C_T(x) \tag{1-10}$$

通常来说，云模型论域的维数决定了云模型的维数，当设 $R_1(E_x, E_n)$ 为一个服从正态分布的随机函数，其中 E_x 为 R_1 的期望值，E_n 为 R_1 的标准差；设 $R_2(E_n, H_e)$ 为一个服从正态分布的随机函数，其中 E_n 为 R_2 的期望值，H_e 为 R_2 的标准差且满足以下各式：

$$x_i = R_1(E_x, E_n) \tag{1-11}$$

$$P_{x_i} = R_2(E_n, H_e) \tag{1-12}$$

$$u_i = e^{\frac{-(x_i - E_x)^2}{2 \times P_i^2}} \tag{1-13}$$

则由集合 (x_i, u_i) 所形成的模型即为一维云模型，亦可称为正态云。若同时存在一个 $R_3(E_y, E_n')$ 和 $R_4(E_n', H_e)$ 满足下式

$$y_i = R_3(E_y, \ E_n') \tag{1-14}$$

$$P_{y_i} = R_4(E_n', H_e') \tag{1-15}$$

$$u_i = e^{\frac{-(x_i - E_x)^2}{2 \times P_{x_i}^2}} \times e^{\frac{-(y_i - E_y)^2}{2 \times P_{y_i}^2}} \tag{1-16}$$

那么由集合 (x_i, y_i, u_i) 所形成的模型为二维云模型，如图 1-1 为 5 个不同的一维云模型，图 1-2 为 1 个二维云模型。

一个云模型可以用它的 3 个数学特征 E_x、E_n、H_e 表示，记为 $R(E_x, E_n, H_e)$。其中，E_x 为云模型的期望值，表示云模型所在论域 U 的中心点，最能体现出云模型所要表达的定性概念；E_n 为云模型的熵，表示云模型对该定性概念表达的不确定性，简而言之就是能表达该定性概念的云滴的呈现度，即生产这种云滴的可能性；H_e 为云模型的超熵，是 E_n 的熵值，表示了已出现的具有定性概念的云滴之间的分散程度。如图 1-1 中所示的 5 个云模型，其数字特征表达式从左到右依次为 $(-1, 0.05, 0.003)$、$(-0.5, 0.05, 0.003)$、$(0, 0.05, 0.003)$、$(0.5, 0.05, 0.003)$ 和 $(1, 0.05, 0.003)$。

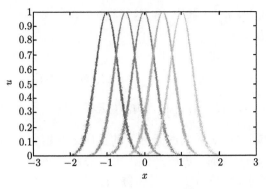

图 1-1　一维正态云模型

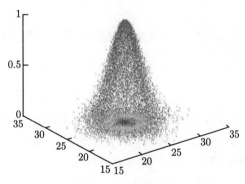

图 1-2　二维云模型

作为云模型的产生部件，云发生器 (Cloud Generator，CG) 是有效实现定性概念与定量数据之间相互转换的关键，也是基于云模型所设计的控制器的重要组成部件。根据输入、输出或产生条件的不同可将常见的云发生器分为正向云发生器、逆向云发生器、X 条件云发生器和 Y 条件云发生器。

正向云发生器是能有效地实现从定性概念到定量数据转换的云发生器，它能通过云模型的 3 个数字特征产生一系列的云滴，具体算法如下。

输入：$(A，B，C，N)$，其中 A、B、C 为云模型的 3 个数字特征，N 是所要产生的云滴数量。

输出：云滴集 $\text{drop}(x_i, \mu_i)$，其中 $i = 1, 2, 3, \cdots, N$。

步骤：$i = 1$；

$a_i = \text{Normrnd}(B, C)$，即产生一个以 B 为期望值、C 为标准差的正态随机数 a_i；

$x_i = \text{Normrnd}(A, B)$，即产生一个以 A 为期望值、B 为标准差的正态随机数 x_i；

$\mu_i = \exp \dfrac{-(x_i - A)^2}{2 \times a_i^2}$，产生一个云滴；

反复进行以上操作步骤，至 $i = N$ 为止，即可形成 N 个云滴 $\text{drop}(x_i, \mu_i)$。

逆向云发生器是能有效地将定量数据转换为定性概念的云发生器，它可以根据一定量的云滴输入数据生产云模型的 3 个数字特征，具体算法如下。

输入：云滴集 $\mathrm{drop}(x_i, \mu_i)$，其中 $i = 1, 2, 3, \cdots, N$。

输出：E_x，E_n，H_e。

步骤：$E_x = \mathrm{mean}\,(x_i)$，其中 $i = 1, 2, 3, \cdots, N$，mean 为均值函数；

$E_n = \mathrm{std}\,(x_i)$，其中 $i = 1, 2, 3, \cdots, N$，std 为均方差函数；

$H_e = \mathrm{std}\left(\sqrt{-x_i - {E_x}^2 / 2\ln(\mu_i)}\right)$，即产生云模型的 3 个数字特征。

X 条件云发生器是已知 x 的值的条件下的正向云发生器，当已知云模型的数字特征 A、B、C 及特定条件 $x = x_0$ 时，能够产生一定量的云滴 $\mathrm{drop}(x_0, \mu_i)$，其图像为一条平行于 y 轴的有一定限度的模糊间断直线，具体算法如下。

输入：$(A,\ B,\ C,\ x_0,\ N)$。

输出：$\mathrm{drop}(x_0, \mu_i)$，其中 $i = 1, 2, 3, \cdots, N$。

步骤：$i = 1$；

$a_i = \mathrm{Normrnd}(B, C)$，其中 a_i 为一个期望值为 B，标准差为 C 的正态随机数；

$\mu_i = \exp \dfrac{-\left(x_0 - E_x\right)^2}{2 \times a_i^2}$，产生一个云滴；

重复以上操作步骤，直到 $i = N$ 为止，即可产生 N 个云滴 $\mathrm{drop}(x_0, \mu_i)$。

Y 条件云发生器是已知 μ 的值的条件下的正向云发生器，当已知云模型的数字特征 A、B、C 及特定条件 $\mu = \mu_0$ 时，能够产生一定量的云滴 $\mathrm{drop}(x_i, \mu_0)$，其图像为一条平行于 x 轴的有一定限度的模糊间断直线，具体算法如下：

输入：$(A,\ B,\ C,\ \mu_0,\ N)$。

输出：$\mathrm{drop}(x_i, \mu_0)$，其中 $i = 1, 2, 3 \cdots, N$。

步骤：$i = 1$；

$a_i = \mathrm{Normrnd}(B, C)$，其中 a_i 为一个期望值为 E_n、标准差为 H_e 的正态随机数，其中 $x_i = A \pm \sqrt{-2\ln(\mu_0)} \times a_i$；

反复进行以上操作步骤，直到 $i = N$ 为止，即可产生 N 个云滴 $\mathrm{drop}(x_i, \mu_0)$。

云推理机是能够探索并模拟输入与输出之间对应关系的逻辑推理系统，是构成云模型控制器的重要工具之一。它是在云发生器的基础上按照一定的逻辑推理关系将多个云发生器进行组合而构成的，可分为单规则推理机和多规则推理机。一个单规则推理机由规则前件和规则后件两部分组成，规则前件为一个 X 条件云发生器，规则后件为一个 Y 条件云发生器，其推理规则较为简单，即 if $X = X_1$, then $Y = Y_1$。其运算过程为：当一个特定值 x_0 激活规则前件时，会产生一定数量的云滴 $\mathrm{drop}(x_i, \mu_0)$，其中 μ_i 称为 x_0 对 X 条件云发生器的激活度；接着，μ_i 激活规则后件，并产生一定数量的云滴 $\mathrm{drop}(y_i, \mu_i)$，这样就形成了由特定输入 x_0 到 y_{ji} 的映射。

多规则推理机是由多个单规则推理机并联组合而成的复杂推理机，考虑到一个具有 m 条推理规则的推理机，规则为

$$R_1 : \mathrm{if}\ X = X_1, \mathrm{then}\ Y = Y_1;$$

$$R_2 : \mathrm{if}\ X = X_2, \mathrm{then}\ Y = Y_2;$$

$$\cdots\cdots ;$$

$$R_m : \text{if } X = X_m, \text{then } Y = Y_m \text{。}$$

此云模型的运算流程为：当定量输入 x 激发规则 $R_i (i = 1, 2, \cdots, m)$ 时，首先经过规则前件 $CGAi$ 产生不同的激活度 μ_i，接着，μ_i 再激发规则后件 $CGBi$ 并产生大量的云滴 $\text{drop}(y_i, \mu_i)$。对所得的 y_i 进行数据处理，便得到与定量输入 x 相对应的定量输出 y，计算步骤如下。

Step 1: $i = 1$；

Step 2: 计算 $P_{ix} = \text{Normrnd}(E_{n_{xi}}, H_{e_{xi}})$，产生一个期望值为 $E_{n_{xi}}$、标准差为 $H_{e_{xi}}$ 的正态分布随机数 P_{ix}；

Step 3: 计算 $u_i = \text{e}^{\frac{-(x - E_x)^2}{2 \times P_i^2}}$ 得到 μ_i；

Step 4: 计算 $P_{iy} = \text{Normrnd}(E_{n_{yi}}, H_{e_{yi}})$，产生一个期望值为 $E_{n_{yi}}$、标准差为 $H_{e_{yi}}$ 的正态分布随机数 P_{iy}；

Step 5: 计算 $y_i = E_{yi} + \dfrac{x - E_{xi}}{P_{ix}} \times P_{iy}$，得到 y_i；

Step 6: $i = i + 1$. 重复 Step 2~ Step 6，直到 $i = m$ 为止；

Step 7: 计算 $y = \sum\limits_{i=1}^{M} y_i \times \mu_i / \sum\limits_{i=1}^{M} \mu_i$，其中 M 为规则数。

最终，数据 x 经过云模型推理处理，得到定性的数据 y，形成了 x 到 y 的映射，实现了定量与定性之间的相互转换。

与多规则一维云模型类似，一个多规则二维云模型同样包括规则前件和规则后件两部分。根据推理规则设定，当定量 x_0 和定量 y_0 刺激云模型时，多次激活任意规则 R_i 时，规则前件分别产生不通过的激活度 μ_{xi} 和 μ_{yi}，按照一定的计算产生 u_i, u_i 为规则前件对规则后件的激活度。接着，u_i 激活规则后件，并产生大量云滴 $\text{drop}(z_{ij}, u_i)$，对 z_{ij} 进行加权平均处理后便得到 z_i，从而形成了从 x_0 和 y_0 到 z_i 的映射。如果云模型的推理规则为 if $X = X_i$ and $Y = Y_i$, then $Z = Z_i$，映射过程的数学表达形式为：

Step 1: $i = 1$；

Step 2: 计算 $P_{ix} = \text{Normrnd}(E_{n_{xi}}, H_{e_{xi}})$，产生一个以 $E_{n_{xi}}$ 为期望值、$H_{e_{xi}}$ 为标准差的正态分布随机数 P_{ix}；

Step 3: 计算 $P_{iy} = \text{Normrnd}(E_{n_{yi}}, H_{e_{yi}})$，产生一个以 $E_{n_{yi}}$ 为期望值、$H_{e_{yi}}$ 为标准差的正态分布随机数 P_{iy}；

Step 4: 计算 $u_i = \exp\left\{ -0.5 \times \left[\dfrac{(x - E_{xi})^2}{P_{ix}^2} + \dfrac{(y - E_{yi})^2}{P_{iy}^2} \right] \right\}$；

Step 5: 计算 $P_{iz} = \text{Normrnd}(E_{n_{zi}}, H_{e_{zi}})$，产生一个以 $E_{n_{zi}}$ 为期望值、$H_{e_{zi}}$ 为标准差的正态分布随机数 P_{iz}；

Step 6: 计算 $z_i = E_{zi} \pm \sqrt{-2\ln(u_i)} \times P_{iz}$，当 $x \geqslant E_{xi}$ 时取 $+$，$x \leqslant E_{xi}$ 时取 $-$，得到 z_i；

Step 7: $i = i + 1$. 重复 Step 2~ Step 6，直到 $i = m$ 为止；

Step 8: 计算 $z = \sum\limits_{i=1}^{M} z_i \times u_i / \sum\limits_{i=1}^{M} u_i$，其中 M 为规则数。

1.4.3　BP 神经网络的基本结构与学习规则

　　BP 神经网络是一种具有连续传递函数的多层前馈人工神经网络，以均方误差最小化为目标，其训练方式采用误差反向传播算法，通过不断修改网络的权值和阈值，最终达到高精度拟合数据的非线性不确定性数学模型[55]。BP 神经网络算法是目前应用最广泛的神经网络学习算法，它通过隐含层将输入数据从输入层变为网络输出量，实现空间映射。通过对网络输出和期望输出进行比较，根据梯度下降法调整权重，至网络输出与期望输出的均方差达到最小，使得 BP 神经网络具有良好的非线性映射能力。目前，研究人员对基于 BP 神经网络的软测量模型在废水处理中的运用已经有了大量研究，BP 神经网络算法的具体推导步骤如下：

　　以一个 M 层的网络为例，第一层为输入层，第 M 层为输出层。有 N 对标准样本 $\{x_1(k), x_2(k), x_3(k), \cdots, x_n(k); d(k) | k = 1, 2, \cdots, N\}$；$d(k)$ 为网络 M 层的输出期望值。选用 Sigmoid 函数作为由隐含层节点到输出层节点的激励函数，所得公式如下：

$$f(x) = \frac{1}{1 + \mathrm{e}^{-\frac{x}{p}}} \tag{1-17}$$

式中，p 作为调节参数且不等于 0。

　　对某一输入为 x_k、期望输出为 d_k 的网络为例，神经元 i 的输出为 y_{ik}，则神经元 j 的输入为：

$$\mathrm{net}_{jk} = \sum_i W_{ij} y_{ik} \tag{1-18}$$

式中，net_{jk} 为神经元 j 的输入，W_{ij} 为神经元 i 到神经元 j 的权重。

　　定义误差函数 E 为：

$$E = \frac{1}{2} \sum_{k=1}^{N} (d_k - o_k)^2 \tag{1-19}$$

式中，o_k 为网络的实际输出。

　　定义 $E_k = (d_k - o_k)^2$，$\delta_{jk} = \dfrac{\partial E_k}{\partial \mathrm{net}_{jk}}$，$y_{jk} = f(\mathrm{net}_{jk})$，则有

$$\frac{\partial E_k}{\partial W_{ij}} = \frac{\partial E_k}{\partial \mathrm{net}_{jk}} \cdot \frac{\partial \mathrm{net}_{jk}}{\partial W_{ij}} = \delta_{jk} y_{jk} \tag{1-20}$$

　　分为两种情况，当 j 为输出层神经元即 $y_{ik} = o_k$ 时，则：

$$\delta_{jk} = \frac{\partial E_k}{\partial \mathrm{net}_{jk}} = \frac{\partial E_k}{\partial o_k} \cdot \frac{\partial o_k}{\partial \mathrm{net}_{jk}} = -(d_k - o_k) f'(\mathrm{net}_{jk}) \tag{1-21}$$

　　当 j 不是输出层神经元，则：

$$\delta_{jk} = \frac{\partial E_k}{\partial \mathrm{net}_{jk}} = \frac{\partial E_k}{\partial y_{jk}} \cdot \frac{\partial y_{jk}}{\partial \mathrm{net}_{jk}} = \frac{\partial E_k}{\partial y_{jk}} f'(\mathrm{net}_{jk}) \tag{1-22}$$

$$\frac{\partial E_k}{\partial y_{jk}} = \sum_m \frac{\partial E_k}{\partial \mathrm{net}_{mk}} \cdot \frac{\partial \mathrm{net}_{mk}}{\partial y_{jk}} = \sum_m \frac{\partial E_k}{\partial \mathrm{net}_{mk}} \cdot \frac{\partial}{\partial \mathrm{net}_{mk}} \sum_i W_{mi} y_{ik}$$

$$= \sum_m \frac{\partial E_k}{\partial \mathrm{net}_{mk}} \cdot \sum_i W_{mj} = \sum_m \delta_{mk} W_{mj} \tag{1-23}$$

可得

$$\begin{cases} \delta_{jk} = f'(\mathrm{net}_{jk}) \cdot \sum_m \delta_{mk} W_{mj} \\ \dfrac{\partial E_k}{\partial W_{ij}} = \delta_{jk} y_{ik} \end{cases} \tag{1-24}$$

$$f'(\mathrm{net}_{jk}) = \frac{\mathrm{d}}{\mathrm{dnet}_{jk}} \left[\frac{1}{1 + \mathrm{e}^{-\frac{\mathrm{net}_{jk}}{Q}}} \right] = \frac{1}{Q} \left(1 + \mathrm{e}^{-\frac{\mathrm{net}_{jk}}{Q}} \right)^{-2} \mathrm{e}^{-\frac{\mathrm{net}_{jk}}{Q}}$$

$$= \frac{1}{Q} f(\mathrm{net}_{jk})[1 + f(\mathrm{net}_{jk})] = \frac{1}{Q} y_{jk}(1 + y_{jk}) \tag{1-25}$$

根据前面的推导过程，具体的 BP 算法的训练步骤如下。

Step1: 选取初始权值 W。

Step2: 重复下述过程直至满足性能要求为止：

① 对于 $K = 1$ 到 N

a. 计算 y_{jk}，net_{jk} 和 O_k 的值 (正向过程)；

b. 对各层从 M 层到第二层反向计算 (反向过程)；

② 对同一节点 $j \in M$，由式 (1-21) 和式 (1-24) 计算 δ_{jk}；

③ 修正权值，$W_{ij}(t+1) = W_{ij}(t) - \eta \dfrac{\partial E}{\partial W_{ij}}$，$\eta > 0$，其中 $\dfrac{\partial E}{\partial W_{ij}} = \sum_{k=1}^{N} \dfrac{\partial E_k}{\partial W_{ij}}$，$t$ 为迭代次数，η 为比例常数，在训练过程中反映了学习速率。

1.4.4　基于遗传算法的 BP 神经网络 GA-BP

尽管 BP 神经网络具有网络模拟精度较高，能建立任何非线性模型等优点，在众多领域中得到广泛的研究应用。但其自身存在较为明显的缺点，主要包括以下几个方面[56]。

① 容易陷入局部最优，BP 神经网络模型采用的梯度下降方法，可能会导致网络模型预测结果不收敛或陷入局部最优。

② 学习速率变慢，BP 神经网络模型需要的训练学习时间较长是因为 BP 神经网络学习速度相对固定。

③ 隐含层神经元的个数无法确定，针对 BP 神经网络隐含层的层数和单元数尚无较好的实践，只能通过逐个试验来确定结果，而导致了其模型学习负担的严重增加。

④ 不稳定性，由于 BP 神经网络本身学习和记忆具有相对不稳定性。BP 神经网络需要对新增的样本重新训练并产生新的记忆，新样本训练记忆的权值和阈值将替代旧样本的数据。

因此需要采用适当的方法对 BP 神经网络进行优化改进。早在 1975 年，为了用逻辑理论解释生物的自适应过程及将种群与个体之间的关系理论应用到现实领域中，美国科学家

John Holland 受到达尔文生物进化论的启发首次提出了遗传算法这一新概念。随着科学的不断发展，遗传算法作为一种自适应优化算法，已渗入许多领域，并被认为是解决全局优化问题的最优方法之一。

遗传算法继承了进化论"优胜劣汰"的思想，其基本原理是通过模拟生物行为引入染色体编码机制和适应度函数机制，首先对种群个体编码，然后利用适应度函数对个体进行评估，将适应度高的个体保留下来，并采用选择、交叉、变异的运算方法产生新种群，接着采用适应度函数对这些个体进行评价，保留其中适应度高的，重复选择、交叉、变异 3 个算法产生下一代，反复上述步骤直到达到期望目标为止。

遗传算法最为核心的部分是选择复制算法部分、交叉算法部分和变异算法部分，它们最能体现出达尔文进化论的思想。选择复制算法部分是以自定义的适应度函数为评价标准，对种群个体进行评价，选择性保留适应度高的个体，淘汰适应度低的个体，它最能体现出"适者生存，优胜劣汰"的思想；交叉算法部分是将保留下来的个体作为父辈，两两交叉配对产生出新的个体，这一操作能够实现种群的多样性，有利于实现全局搜索，体现出"基因重组"的思想；变异算法部分是根据设定的变异概率，使种群个体某些基因链上的基因发生变异以提高种群的多样性，这一部分能体现出生物进化论中"变异"的思想。经过选择复制、交叉、变异操作不仅扩大了最优解的搜索范围而且保留了优良个体和种群的多样性，从而实现优化。综上所述，遗传算法具有以下特点。

① 具有广泛的适用性和全局搜索性。遗传算法引入编码机制，只需对研究对象进行编码而无须考虑其他因素，因此适用范围广。采用选择、交叉和变异操作对编码后的基因进行操作，与传统的单点位寻优相比，其搜索覆盖面更广，具有全局性。

② 操作简单具有并行性。使用时只需要设定期望信息和适应度函数而无须其他指导信息，遗传算法使用编码操作对个体进行多位编码，因此可以同时评估多个可能解，故其操作简单，并行性好。

③ 具有自搜索性。遗传算法引入了具有不确定性的概率机制，利用概率的变迁规则引导搜索方向，提高了寻优的自搜索能力。

④ 自适应、自学习和自组织性。遗传算法引入适应度函数评价种群个体，选择性保留适应度较高的个体，通过交叉和变异操作产生更具适应性的后代。

遗传算法对 BP 神经网络的优化是在网络训练过程中，对神经网络的权值和阈值进行优化以获得最优权值，从而实现对整个神经网络的优化。以一个结构为 $m\text{-}n\text{-}k$ 的 BP 神经网络为例，遗传算法对其优化的具体步骤如下。

Step 1: 在不同实数区间内，随机产生 $(m \times n + n \times k)$ 个权值和 $(n + k)$ 个阈值，并进行编码，编码长度为 $m \times n + n \times (k + 1) + k$；

Step 2: 根据随机产生的权值和阈值，利用实验数据进行训练和预测，并计算出预测值与期望值间的绝对误差；

Step 3: 根据个体的适应度值进行选择，保留良种进入第二代种群；

Step 4: 对第二代种群中的个体使用交叉和变异算法产生新个体；

Step 5: 计算新个体的适应度值，接着将新个体插入第二代种群中；

Step 6: 综合判断现第二代种群个体的适应度是否达到要求，如果达到要求，结束运算，输出权值和阈值，作为神经网络的运算结果；否则，转到 Step 2，重复上述步骤直到满足要求为止。

1.4.5　自适应模糊神经网络结构与算法 ANFIS

自适应模糊神经网络由 5 层组成。

第一层为输入层。该层的各神经元直接与输入变量相连接，节点数等于输入变量的个数。

第二层为模糊化层。该层的节点被分为 L 组，每一组代表一条模糊规则的前件部分，每一节点用来计算输入变量的隶属度值 $\mu_{ik}(x_i)$。

第三层为模糊推理层。不同于典型的模糊神经网络结构，该层节点数只有 L 个，采用乘积推理，每个节点输出每条模糊规则的激励强度：

$$\mu_k(x) = \prod_{i=1}^{n} \mu_{ik}(x_i) \tag{1-26}$$

第四层为规范化层。该层节点数等于模糊推理层节点数。第 i 个节点的输出为：

$$\varphi(x) = \frac{\mu_k(x)}{\displaystyle\sum_{k=1}^{L} \mu_k(x)} \tag{1-27}$$

第五层为清晰化层。计算网络输出值 y：

$$y = \sum_{k=1}^{L} \varphi_k(x) \omega_k \tag{1-28}$$

其中第一、二层，第二、三层及第三、四层之间的连接权值均为 1。w 为第四、五层之间的连接权值，对应结论变量网络各参数的初始值确定之后，必须通过对训练样本的学习来调整权值，才能使网络的输出值更接近实际值。Jang[57] 提出的混合学习算法要点为：在每一个训练步的前半步固定前件参数，采用最小二乘法对后件参数进行修正；而在后半步固定后件参数，采用 BP 算法对前件参数进行修正。这样交替的对前后件参数进行调节，经过若干次的训练后，网络可以很高的精度逼近所要建模的系统。混合学习算法原理如下所述，假定模糊神经网络可由如下关系描述：

$$O = F(I, S) \tag{1-29}$$

式中，O 是输出变量的向量，I 是输入变量的向量，S 为需要辨识的参数集。S 又可分解为两个子集 S_1 和 S_2，即

$$S = S_1 + S_2 \tag{1-30}$$

式中，S_1 为前件参数集 $\{c, \sigma\}$；S_2 为后件参数集 $\{p_i, q_i, r_i\}$。

显然，在 S_1 给定的条件下，O 和 S_2 为线性关系；而在 S_2 给定的条件下，O 和 S_1 为非线性关系。因此，对参数集 S_1 和 S_2 可分别采用不同的方法进行辨识。对参数集 S_1 的辨识可采用非线性参数估计法，如梯度法、共轭梯度法和二次规划法等；对参数集 S_2 的辨识可采用线性参数估计方法，如最小二乘估计法或递推最小二乘估计法。

给定 S_1 和 P 对训练数据，可得如下的方程：

$$AX = B \tag{1-31}$$

式中，X 为未知待求向量，其元素为 S_2 的参数。

由于 P 大于 S_2 中参数的个数 m，上式为标准的最小二乘估计问题。于是 X 可由下式求得

$$X = (A^\mathrm{T}A)^{-1}A^\mathrm{T}B \tag{1-32}$$

为避免上式的病态，可采用以下更为有效的形式：

$$\begin{cases} X_{i+1} = X_i + S_{i+1}a_{i+1}\left(b_{i+1}^\mathrm{T} - a_{i+1}^\mathrm{T}X_i\right) \\ S_{i+1} = S_i - \dfrac{S_i a_{i+1} a_{i+1}^\mathrm{T} S_i}{1 + a_{i+1}^\mathrm{T} S_i a_{i+1}} \end{cases} \tag{1-33}$$

式中，a_i^T 为 A 的第 i 行向量；b_i^T 为 B 的第 i 行向量；S_i 为协方差矩阵；$i = 1, 2, \cdots, P-1$。

上式适合离线学习，对在线学习可采用如下解算格式：

$$\begin{cases} X_{i+1} = X_i + S_{i+1}a_{i+1}\left(b_{i+1}^\mathrm{T} - a_{i+1}^\mathrm{T}X_i\right) \\ S_{i+1} = \dfrac{1}{\lambda}\left(S_i - \dfrac{S_i a_{i+1} a_{i+1}^\mathrm{T} S_i}{\lambda + a_{i+1}^\mathrm{T} S_i a_{i+1}}\right) \end{cases} \tag{1-34}$$

式中，λ 的取值介于 0.9 和 1 之间，λ 越小，数据的衰减越快，反之亦然。

S_1 和 S_2 的辨识过程可由以下前向阶段和后向阶段构成。

Step 1：在前向阶段，给定输入数据和 S_1 的参数，依次计算模糊神经网络第一至第四层的输出，并形成 A 和 B。于是，S_2 中的后件参数可由最小二乘法，即式 (1-34) 求得。利用更新的参数集 S_2，由第四层的输出开始，继续前向计算直至可确定网络的总输出误差。

Step 2：在后向阶段，依次由输出层至输入层向后计算总输出误差对各层节点的导数，于是前件参数集 S_1 可由梯度法确定，这一过程类似于用于 ANN 的著名的后向传播学习算法，即 BP 算法。

1.4.6 基于最小二乘法优化的支持向量机算法 LSSVM

不同于传统方法基于经验最小化的原则，支持向量机 (Support Vector Machine, SVM) 的原则是基于结构风险最小化，通过选择分类核参数类型和其他不同参数，使训练误差与测试风险达到最小 [58]。对比神经网络的启发式学习手段，SVM 对于数据样本的依赖性更小，因此需要更为严格的数学论证，其所得的局部最优解一定是全局的最优解，从而避免了神经网络训练时容易陷入局部极小点的窘境 [59]。正是由于其具有良好的泛化能力和所需样本小等优点，SVM 已成为近年来机器学习领域的热点，在人脸识别、时间序列预测、文本分类和软测量等领域都取得了优于传统的良好性能。

SVM 最早用于解决机器学习中的分类问题，其原理在于将低维不可分的样本通过映射到高维线性可分的空间。根据映射方式的不同，可将 SVM 分为线性、非线性及核函数映

射 3 种情况。由于线性分类器水平有限、非线性分类器易产生大量错分样本，目前在 SVM 的映射分类中通常采用核函数，常用的核函数主要包括以下 4 种类型。

① 线性核函数：$K(x, x_i) = x \cdot x_i$；

② 多项式核函数：$K(x, x_i) = [(x \cdot x_i) + d]^q$；

③ 高斯核函数：$K(x, x_i) = \exp(-x - x_i^2/\sigma^2)$；

④ S 核函数：$K(x, x_i) = \tanh(\alpha \langle x, x_i \rangle + \beta), \alpha > 0, \beta < 0$。

其不同特征在于线性核函数仅适用于线性可分的情况，多项核函数在阶数 q 趋于无穷条件下，计算复杂度很大，而 S 核函数在于相当于一个包含隐含层的神经网络。经验告诉我们，高斯核函数在面对样本数量大小和线性情况是否可分等未知情况时都可以取得不错的效果，因此常被用来选为核函数。

面对废水处理等工业处理过程常见的非线性问题，其样本函数可表示为：

$$f(x, w) = w \cdot \varphi(x) + b \tag{1-35}$$

式中，$w \cdot \varphi(x)$ 为 w 与 $\varphi(x)$ 的内积，b 为偏移量。由于有估计误差，引入松弛变量 ξ_i 和 ξ_i^*，则可以表示其最优化问题为：

$$\begin{cases} \min \dfrac{1}{2} w^2 + C \displaystyle\sum_{i=1}^{l} (\xi_i + \xi_i^*) \\ \text{s.t.} \begin{cases} y_i - w \cdot x_i - b \leqslant \varepsilon + \xi_i \\ w \cdot x_i + b - y_i \leqslant \varepsilon + \xi_i^* \\ \xi_i^* \geqslant 0, \xi_i \geqslant 0 \\ i = 1, 2, 3, \cdots, l \end{cases} \end{cases} \tag{1-36}$$

其中，C 为惩罚因子，其值越大代表对数据折合程度越高，目的在于误差控制和模型复杂度的折中，利用对偶原理将其转换成拉格朗日函数：

$$\begin{aligned} L(w, b, \xi_i, \xi_i^*) = &\frac{1}{2} w^2 + C \sum_{i=1}^{l} (\xi_i + \xi_i^*) - \sum_{i=1}^{l} \alpha_i (\varepsilon + \xi_i - y_i + w \cdot x_i + b) \\ &- \sum_{i=1}^{l} \alpha_i^* (\varepsilon + \xi_i^* + y_i - w \cdot x_i - b) - \sum_{i=1}^{l} (\eta_i \xi_i + \eta_i^* \xi_i^*) \end{aligned} \tag{1-37}$$

式中，α_i 为拉格朗日乘子，对各参数分别求偏导且使其为零，得：

$$\begin{cases} \dfrac{\partial J}{\partial w} = w - \displaystyle\sum_{i=1}^{l} (\alpha_i - \alpha_i^*) x_i = 0 \\ \dfrac{\partial J}{\partial b} = \displaystyle\sum_{i=1}^{l} (\alpha_i - \alpha_i^*) = 0 \\ \dfrac{\partial J}{\partial \xi_i} = C - \alpha_i - \eta_i = 0 \\ \dfrac{\partial J}{\partial \xi_i^*} = C - \alpha_i^* - \eta_i^* = 0 \end{cases} \tag{1-38}$$

求解并代入上式，得：

$$\begin{cases} \min \dfrac{1}{2} \sum_{i,j=1}^{l} \left(\alpha_i^* - \alpha_i\right)\left(\alpha_j^* - \alpha_j\right)\left(x_i \cdot x_j\right) + \varepsilon \sum_{i=1}^{l}\left(\alpha_i^* + \alpha_i\right) - \sum_{i=1}^{l} y_i\left(\alpha_i^* - \alpha_i\right) \\ \qquad\qquad \text{s.t.} \begin{cases} \sum_{i=1}^{l}\left(\alpha_i - \alpha_i^*\right) = 0 \\ 0 \leqslant \alpha_i, \alpha_i^* \leqslant C \end{cases} \end{cases} \tag{1-39}$$

解上式二次规划问题得到：

$$w = \sum \left(\alpha_i - \alpha_i^*\right) \varphi\left(x_i\right) \tag{1-40}$$

引入核函数，因为其均满足 Mercer 条件，将核函数表示为：

$$K\left(x, x_i\right) = \varphi\left(x\right)\varphi\left(x_i\right) \tag{1-41}$$

非线性回归函数则可表示为：

$$f\left(x\right) = \sum \left(\alpha_i - \alpha_i^*\right) K\left(x, x_i\right) + b \tag{1-42}$$

1999 年 Pacenr[60] 在 SVM 的基础上用训练误差的二次平方项代替优化目标中的松弛变量并由原来的不等式约束改为等式约束，提出了最小二乘法支持向量机 (Least Square Support Vector Machine，LSSVM)。LSSVM 是 SVM 的一种变形与拓广，大大提高了计算的运行速度，其与 SVM 的不同之处主要在于两个方面：

第一，决策函数的依赖性不同。LSSVM 的决策函数是由所有均为支持向量的训练样本共同决定的，每一个训练样本对于决策函数都有贡献，而标准 SVM 只有训练样本中少量的比较接近的输入数据决定决策函数，因为类别标错的训练样本会严重降低决策函数的精度。

第二，LSSVM 的二次规划问题由等式约束，比起由不等式约束的 SVM，求解更为简单 [61]。基于最小二乘法支持向量机的优化问题表述如下：

对于一个给定的样本集 $U\left\{\left(\boldsymbol{x}_i, \boldsymbol{y}_i\right), i = 1, 2, \cdots, l\right\}$，基于最小二乘法支持向量机模型可描述为如下优化问题：

$$\min_{\omega, b, \xi} J\left(\omega, \xi\right) = \frac{1}{2}\omega^2 + \frac{C}{2}\sum_{i=1}^{l}\xi_i^2, \ \gamma > 0 \tag{1-43}$$

$$\boldsymbol{y}_i = \omega^{\mathrm{T}}\varphi\left(\boldsymbol{x}_i\right) + b + \xi_i, \ i = 1, 2, \cdots, l \tag{1-44}$$

式中，$\boldsymbol{x}_i \in \boldsymbol{R}^n$ 为 n 维输入向量，$\boldsymbol{y}_i \in \boldsymbol{R}$ 为目标输出，ξ_i 为误差向量，ξ 为第 i 个样本点的训练误差，$\sum_{i=1}^{l}\xi_i^2$ 为经验风险，$\frac{1}{2}\omega^2$ 用来衡量机器学习的复杂性，b 为偏置常数，$C > 0$ 为惩罚因子。

为求解上述优化函数，引入拉格朗日函数，将函数转换成如下形式，得到：

$$L\left(\omega, b, \xi, \alpha\right) = J\left(\omega, \xi\right) - \sum_{i=1}^{l} \alpha_i \left[\omega^{\mathrm{T}} \varphi\left(x_i\right) + b + \xi_i - y_i\right] \tag{1-45}$$

式中，α_i 为拉格朗日乘子。

根据 KKT 条件，对式 (1-37) 求偏导可得：

$$\begin{cases} \dfrac{\partial L}{\partial \omega} = \omega - \displaystyle\sum_{i=1}^{l} \alpha_i \varphi\left(x_i\right) = 0 \\[2mm] \dfrac{\partial L}{\partial b} = -\displaystyle\sum_{i=2}^{l} \alpha_i = 0 \\[2mm] \dfrac{\partial L}{\partial \xi_i} = \gamma \displaystyle\sum_{i=1}^{l} \xi_i - \displaystyle\sum_{i=1}^{i} \alpha_i = 0 \\[2mm] \dfrac{\partial L}{\partial \alpha_i} = \omega^{\mathrm{T}} \varphi\left(x_i\right) + b + \xi_i - y_i = 0 \end{cases} \tag{1-46}$$

通过消除 ω，ξ，可以转化为如下方程组：

$$\begin{bmatrix} 0 & 1 & 1 & \cdots & 1 \\ 1 & K\left(x_1, x_1\right) + \dfrac{1}{\gamma} & K\left(x_1, x_2\right) & \cdots & K\left(x_1, x_l\right) \\ 1 & K\left(x_2, x_1\right) & K\left(x_2, x_2\right) + \dfrac{1}{\gamma} & \cdots & K\left(x_1, l\right) \\ \vdots & \vdots & \vdots & & \vdots \\ 1 & K\left(x_1, x_1\right) & K\left(x_1, x_2\right) & \cdots & K\left(x_l, x_l\right) + \dfrac{1}{\gamma} \end{bmatrix} \begin{bmatrix} b \\ \alpha_1 \\ \alpha_2 \\ \vdots \\ \alpha_l \end{bmatrix} = \begin{bmatrix} b_0 \\ y_1 \\ y_2 \\ \vdots \\ y_l \end{bmatrix} \tag{1-47}$$

简化成：

$$\begin{bmatrix} 0 & \boldsymbol{I}^{\mathrm{T}} \\ \boldsymbol{I} & \boldsymbol{\Omega} + \dfrac{I}{\gamma} \end{bmatrix} \begin{bmatrix} b \\ \boldsymbol{\alpha} \end{bmatrix} = \begin{bmatrix} 0 \\ \boldsymbol{y} \end{bmatrix} \tag{1-48}$$

式中，$\boldsymbol{\Omega} = \{\Omega_{ij} | i, j = 1, 2, \cdots, l\}$，$\boldsymbol{I} = [1, 1, \cdots, 1]^{\mathrm{T}}$，$\boldsymbol{\alpha} = [\alpha_1, \alpha_2, \cdots, \alpha_l]^{\mathrm{T}}$，$\boldsymbol{y} = [y_1, y_2, \cdots y_l]^{\mathrm{T}}$，$K\left(x_i, x_j\right)$ 为满足 Mercer 条件的核函数，其函数形式亦可写作式 (1-49)：

$$K\left(x_i, x_j\right) = \exp\left(-\frac{x_i, x_j^2}{2\sigma^2}\right) \tag{1-49}$$

式中，σ^2 代表核宽度，利用最小二乘法求解上式，最后可对应决策函数为：

$$y\left(x\right) = \sum_{i=1}^{l} \alpha_i K\left(x, x_i\right) + b \tag{1-50}$$

式中，α_i, b 系数由求解确定。

1.4.7　基于粒子群算法优化的支持向量机算法 PSO-SVM

SVM 是目前比较高效的软测量模型，受到了较为广泛的关注，被认为是目前最先进的回归估计和分类的模型之一。模型的参数选择对于模型的抗干扰能力、泛化能力和预测性能具有决定性的作用，需要额外为模型选择较为合适的核函数、核参数和正则化参数，选取 RBF 函数作为 SVM 模型的核函数，利用 PSO 算法优化模型，为 SVM 模型选择最优参数。

粒子群优化 (Particle Swarm Optimization，PSO) 是一种应用较为广泛的新兴进化算法，它是一种基于群体智能的可全局优化算法，而且是一种基于内在的并行搜索机制进行全局寻优的算法，在处理传统方法难以寻优的复杂问题上，具有较大的优势。受鸟群觅食过程中的迁徙与群聚行为的启发，美国学者 Kennedy 等 [62] 于 1995 年首次提出了粒子群算法的基本模型。随后 PSO 算法逐渐受到学术界的关注，学者们从不同角度提出了各种改进版本及其应用形式。以下我们将简要论述其基本原理。

PSO 算法源于学者对鸟群捕食行为的研究，鸟群觅食的过程可被描述为：一群鸟在某个确定的区域内搜寻食物，而在该区域内只有一块食物，那么相较于整个鸟群找到食物的最简单有效的策略应该是搜寻当前最靠近食物的鸟的周围区域，并不断重复以上步骤直至找到这块食物。学者就是从这种模式中受到启发而产生了 PSO 算法的概念模型，并进一步发展改进以用于求解优化问题。以群鸟觅食相对，将粒子比作鸟儿，PSO 算法在求解优化问题时，问题的解即搜索空间中某个离最优解最近的粒子的位置。粒子的特性参数为各自的位置、速度和由目标函数决定的适应值等。每个粒子记忆、追随当前的最优粒子 (相对于该区域内离食物最近的鸟儿)，对解空间进行搜索：每次搜索 (迭代) 都伴随着一些随机因素的影响，一旦在全局范围内找到更好的解，将以此为基础来寻找下一个好解。PSO 算法整个求解过程是从一群初始的随机粒子开始，粒子在每次迭代中都是通过追踪两个极值点来改变自己的相关特性参数以更新自己的位置，以此保证整体的最佳。在这里这两个极值点即个体极值点 (pbest) 和整个种群的极值点 (即全局极值点，gbest) 或整个邻域的极值点 (即局部极值点，lbest)。个体极值点也就是粒子在不断迭代过程中本身所找到的最好解。最终，像一个鸟群合作寻觅食物一样粒子群作为一个整体，不断地向目标函数最优点移动，直至找到最优解。

PSO 算法是一种迭代模式的算法，其数学描述如下：

设在一个 n 维搜索空间中，种群 $\boldsymbol{X} = \{x_1, x_2, \cdots, x_N\}$ 是由 N 个粒子构成，其中，第 i 个粒子所处的当前位置为 $\boldsymbol{x}_i = \{x_{i1}, x_{i2}, \cdots, x_{in}\}^{\mathrm{T}}$，其速度为 $\boldsymbol{v}_i = \{v_{i1}, v_{i2}, \cdots, v_{in}\}^{\mathrm{T}}$，该粒子的个体极值表示为 $\boldsymbol{P}_i = \{P_{i1}, P_{i2}, \cdots, P_{in}\}^{\mathrm{T}}$，整个种群的全局极值表示为 $\boldsymbol{P}_g = \{P_{g1}, P_{g2}, \cdots, P_{gn}\}^{\mathrm{T}}$，按照粒子不断寻优的原理，粒子 x_i 的速度及位置更新公式如下所示：

$$x_i^{k+1} = x_i^k + v_i^{k+1} \tag{1-51}$$

$$v_i^{k+1} = w \times v_i^k + c_1 \times \mathrm{rand}_1 \times \left(\mathrm{pbest}_i^k - x_i^k\right) + c_2 \times \mathrm{rand}_2 \times \left(\mathrm{gbest}_i^k - x_i^k\right) \tag{1-52}$$

式中，w 是权重值，c_1、c_2 为加速常数。rand_1、rand_2 是随机函数，作用是为了产生 $(0, 1)$ 的随机数。

1.4.8　非支配排序遗传算法 NSGA-II

早在 1994 年，基于 Pareto 最优解集和遗传学思想的概念，Deb 等 [63] 提出了 NSGA（Non-Dominated Sorting in Genetic Algorithms）算法，该算法提出首先对个体进行非支配性排序然后进行选择复制操作的方法，使得其在多目标优化方面表现突出。然而 NSGA 算法却存在一些缺点 [64]，主要包括：复杂度为 $O(mN^3)$（其中，m 是子目标的个数，N 是种群规模)，计算复杂、运算时间长；需要人工设定共享参数 δ_{share}，种群多样性差，导致精度低等；无精英策略，引起优秀个体丢失。基于以上考虑，需要对 NSGA 算法进行改进。

针对 NSGA 算法存在的缺点，Deb[64] 等又提出 NSGA-II 算法，该算法继承了 NSGA 算法的优点，并在其基础上引入了快速非支配排序机制，算法的复杂度从 $O(mN^3)$ 降低到 $O(mN^2)$，大大提高了算法的运行速度，降低了运算时间；引入拥挤度评估机制，替代人工设定共享参数 δ_{share}，弥补了因人工设定共享参数而引起多样性下降的缺点，保证了种群的多样性，实现全局寻优；引入的精英策略丰富了种群的组合形式，避免了优良个体的丢失，提高了种群的质量。

(1) 快速非支配排序法

在所设定空间内随机产生大小为 N 的种群 A_t，对该种群进行编码，计算目标函数值；对种群 A_t 进行非支配排序，经过选择、交叉、变异后得到新的种群 B_t。定义种群中的每个个体 k 均具有两个属性参数 n_k 和 S_k，其中，n_k 表示种群中能够影响到个体 k 的个体数，S_k 表示种群中受到个体 k 影响的个体的集合。首先，找到种群中 $n_k = 0$ 的个体，即不受其他个体影响的个体，并将它们存入集合 O_1 中；考察受到它们影响的个体集合 S_i，将该集合中的每个个体的 n_i 减去 1，如果 $n_i - 1 = 0$，那么将个体 i 存入集合 Q 中，如果 $n_i - 1 \neq 0$，那么个体 i 仍保留在集合 O_1 中；那么，O_1 就是第一级非支配个体集合，该等级集合中的个体均不受种群中其他个体的影响，其中所有个体都具有相同大小的非支配排序值 i_{rank}；接着，对集合 Q 做上述非支配排序，直到种群中所有个体都被划分出排序等级，并获得相应的排序值，这样就实现了快速非支配排序。

(2) 拥挤度评估策略

为了解决 NSGA 中采用人工设定共享参数而导致种群多样性下降的缺点，NSGA-II 引入了拥挤度评估策略，其中拥挤度是指群体中某一指定点附近 (不包含其他个体的最小矩形范围) 个体的数量，通常用 i_d 表示。个体拥挤度的计算方法如下。

Step 1: 设定种群中每个个体 i 的拥挤度初始值为 0，即 $i_d = 0$，$i = 1,2,3,\cdots,n$；

Step 2: 根据选定的目标函数 f 对所有个体进行快速非支配排列，并认为边界处的两个个体其拥挤度为无穷大，即 $1_d = n_d = \infty$；

Step 3: 除边界上两个体外，其余各个体的拥挤度为：

$$i_d = \sum_{k=1}^{m} \left| f_k^{i+1} - f_k^{i-1} \right| \tag{1-53}$$

式中，m 为子目标函数的个数。

经过计算后，种群中任意一个个体 i 都拥有一个非支配等级 i_{rank} 和一个拥挤度值 i_d，这样便可对种群个体的优劣程度进行评估，评估规则为：对于个体 i 和个体 j，如果 i 的等级 i_{rank} 小于 j 的等级 j_{rank}，即 i 的非支配等级更高，种群中能够影响 i 的个体数较少，则认为 i 要优于 j；如果 i 的等级 i_{rank} 与 j 的等级 j_{rank} 相等，但 i 的拥挤度 i_d 大于 j 的拥挤度 j_d，则说明 i 与 j 的非劣等级相同，但 i 所处的区域更为宽广，因此认为 i 要优于 j；如果 i 的等级 i_{rank} 大于 j 的等级 j_{rank}，即 j 的非劣等级更高，则认为 j 要优于 i。

(3) 精英策略

精英策略是为了避免失去某些良性个体而引入的操作机制，具体操作为：将大小都为 N 的第 t 代种群 A_t(父代) 和 B_t(子代) 合并成大小为 $2N$ 的 C_t，对其进行非支配排序，得到非支配解前端，即将前两个非支配面 F_1 和 F_2 中的解集全部保留至 A_{t+1}，并计算 F_3 中解集的拥挤度，按降序排列，选取一定数量放入 A_{t+1}，使得 A_{t+1} 的大小为 N，然后在进行选择、交叉、变异，得到新的子代，这样就实现了精英策略。

对比 NSGA 算法，改进的 NSGA-II 具有更快的运行算速度，其鲁棒性也更好，因此近年来被更多地运用到实际工程中去[65]。改进的 NSGA-II 算法的基本流程如下：

① 种群初始化。根据多目标问题和约束条件对种群进行初始化。

② 快速非支配排序。对初始种群进行快速非支配排序，其算法具体步骤描述如下：对一个初始化种群为 P 的种群，其每个个体 i 都有对应的两个参数 n_i 和 S_i，其中 n_i 代表种群 P 中支配 i 的个体数目，S_i 则代表被个体 i 支配的个体数目。

Step 1：找到种群中不受其他个体影响即 n_i 为 0 的个体并将其存入前集合 F_i 中。

Step 2：对于集合 F_i 里的每一个个体 j，考察受到个体 j 即被个体 j 所支配的个体集为 S_j，由于个体集中 S_j 中的个体 k 已存在于当前集 F_i 中，因此需要将集合 S_j 中每一个个体 k 的 n_k 减去 1，如果其值为 0，则将个体 k 存入新的集合 H，否则，则保留在集合 S_j 中。

Step 3：赋予集合 F_i 中每一个个体相同的非支配序并将 F_i 作为非支配个体集合的第一级，对集合 H 进行分级排序操作直到所有个体都有其对应的排序值。这样，集合中所有的个体都进行了分级。

③ 确定拥挤度和拥挤度比较算子。在对种群进行快速非支配排序完成以后，为保证所求得的支配解集分布均匀和种群的多样性，引入了拥挤度和拥挤度算子。其计算方法如下。

对于前集合 F_i，n 为其包含的所有个体数目，初始化群体中每个个体 i 的拥挤度为 0。即 $F_i(d_j) = 0$，j 代表集合 F_i 中的第 j 个个体；

对于选定目标函数 m，进行快速非支配排序操作：

$$I = \text{sort}(F_i, m) \tag{1-54}$$

为确保边界上的两个解都能进入下一代，假定每个目标函数处在边界上的解的拥挤度趋于无穷大：

$$I(d_1) = \infty, I(d_n) = \infty \tag{1-55}$$

则其余个体的拥挤度为：

$$I(d_k) = I(d_k) + \frac{I(k+1)m - I(k-1)m}{f_m^{\max} - f_m^{\min}} \tag{1-56}$$

经过以上排序和拥挤度计算，种群中每个个体都具有非支配序和拥挤度两个属性。

④ 筛选。根据种群个体的非支配序和拥挤度进行筛选工作，其评价准则为：当两个个体的非支配排序不同，非支配排序更高的被筛选出来；当非支配排序相等的两个个体进行比较时，选取拥挤度更小即周围不拥挤的个体。根据锦标赛选择策略，重复进行筛选工作直到达到最大种群规模。

⑤ 基因操作。为避免算法陷入局部最优的情况，NSGA-II 算法选择交叉变异操作包括基因的重组和变异。通过模拟二进制交叉 (SBX) 基因重组使得到的子代个体能够保留两个父代个体中的模式信息。其子代具体产生过程如下式所示：

$$c_{1,k} = \frac{1}{2}\left[(1-\beta_k)\,p_{1,k} + (1+\beta_k)\,p_{2,k}\right] \tag{1-57}$$

$$c_{2,k} = \frac{1}{2}\left[(1-\beta_k)\,p_{1,k} + (1-\beta_k)\,p_{2,k}\right] \tag{1-58}$$

式中，$c_{i,k}$ 为交叉产生的子代，$p_{i,k}$ 为其父代，$\beta_k \geqslant 0$ 为种群的任意一个个体，其概率密度函数为：

$$p(\beta) = \frac{1}{2}(\eta_c + 1)\,\beta^{\eta_c}, 0 \leqslant \beta \leqslant 1 \tag{1-59}$$

$$p(\beta) = \frac{1}{2}(\eta_c + 1)\,\frac{1}{\beta^{\eta_c+2}}, \beta > 1 \tag{1-60}$$

可由如下公式导出：

$$\beta(u) = (2u)^{\frac{1}{\eta+1}}, u < 0.5 \tag{1-61}$$

$$\beta(u) = \frac{1}{\left[2(1-u)\right]^{\frac{1}{\eta+1}}}, u \geqslant 0.5 \tag{1-62}$$

其中，$u \in [0, l]$。

NSGA-II 算法基因变异子代主要是靠多项式变异算子（PM）产生的，其操作过程为：

$$c_k = p_k + (p_k^u - p_k^l)\,\delta_k \tag{1-63}$$

其中 δ_k 可由下式求得：

$$\delta_k = (2r_k)^{\frac{1}{\eta_m+1}} - 1, r_k < 0.5 \tag{1-64}$$

$$\delta_k = 1 - \left[2(1-r_k)\right]^{\frac{1}{\eta_m+1}}, r_k \geqslant 0.5 \tag{1-65}$$

式中，r_k 为个体的非支配排序；η_m 为变异分布指数。

⑥ 迭代与筛选。⑤ 中模拟二进制交叉和多项式变异产生的种群与原种群合并形成新的种群，通过④ 进行筛选并进一步形成新的种群直到当前进化代数达到最大进化代数，输出最终种群的非支配个体。

1.4.9　非支配排序遗传算法 NSGA-III

工程中往往存在多个目标需要同时进行优化 (目标函数数目不少于 4 个),基于拥挤距离对同一非支配层的个体进行选择的机制在面对目标函数数量大于 4 个的时候,会出现算法的收敛性和多样性不好的问题。为了解决这一问题,2014 年,Deb 等 [66] 在 NSGA-II 的基础上提出了一种新颖的多目标进化算法,即 NSGA-III。两代算法的框架大致相同,都采用 SBX 交叉,多项式变异来形成子代种群,合并父代和子代种群,通过非支配排序把合并后的种群分成不同的非支配群。区别在于 Niche-Preservation Operation 这个操作中,NSGA-II 采用的是基于拥挤距离的选择机制,而 NSGA-III 采用的是基于参考点的选择机制来维持种群的多样性,对种群进行更加系统的分析,具体的算法流程如下。

① 设置算法参数,如种群规模、迭代次数、交叉率、变异率、等参数和变量相关参数,如决策变量上下限。

② 根据每维目标上的等分数和目标函数的个数,产生一定数目的分布均匀的参考点。

其中参考的产生可以自己设置参考点,也可以采用 Das 和 Dennis 的方法来产生分布均匀的参考点,Das 等 [67] 的方法是在一个 $M-1$ 维的超平面上 (M 是目标空间的维度,也就是优化对象的个数),如果将每个目标分成 P 份,那么其产生参考点的数量为:

$$H = \begin{pmatrix} M+P-1 \\ M \end{pmatrix} \tag{1-66}$$

例如:当设置一个 $M=3$,$P=8$ 的时候,会在一个 3 维空间产生 45 个均匀分布的参考点。

③ 根据决策变量的约束条件,初始化种群 Pt,设迭代次数为 t,$t=0$。

④ 计算每个个体的适应度值。

⑤ 通过交叉、变异产生子代种群 Q_t,并计算子代种群每个个体的适应度值,NSGA-II 和 NSGA-III 算法都采用 SBX 交叉和多项式变异。

⑥ 将父代种群和子代种群进行合并形成新的种群 R_t。

⑦ 对组合种群进行非支配排序,获得非支配层 $\text{rank}_1, \text{rank}_2, \cdots$。

⑧ 将非支配层较低的个体选入下一代种群中,直到将第 L 层的全部个体选择到下一代种群,下一代种群规模大于 N,如果将第 L 层的全部个体选择到下一代种群,下一代种群规模大于 N,那么执行以下操作。

⑨ 对前 L 层进行规范化处理,使其值为 [0,1] 之间的数。

其中规范化处理的操作主要包括以下步骤:

Step 1: 确定每一代种群中的最大值和最小值,确定极值点主要通过如下公式:

$$Z = \left(Z_1^{\min}, Z_1^{\min}, Z_2^{\min}, \cdots, Z_M^{\min} \right) \tag{1-67}$$

$Z_i^{\min}$ 表示所有非支配解集在第 i 个目标函数的上最小值,其计算过程非常简单;

Step 2: 通过如下公式对目标函数进行转换:

$$f_i'(x) = f_i(x) - Z_i^{\min} \tag{1-68}$$

Step 3: 通过如下公式求解极值点：

$$ASF = (x, w) = \max_{i=1}^{M} f_i'/w_i, x \in S_t \tag{1-69}$$

其中，S_t 是种群中的全部个体，在计算第 i 维上的极值点的过程中设置 $\boldsymbol{w}_i = (w_{i1}, w_{i2}, w_{i3}, \cdots, w_{in})$，其中 w_{ij} 在 $i = j$ 的时候取值为 1，其他情况下取值为 10^{-6}，这样由 ASF 方程得到的最大值即每个维度上面的极值点，记第 i 维上的极值点为 $Z^{i,\max}$，其构建线性超平面和求解截距的示意图如图 1-3 所示。

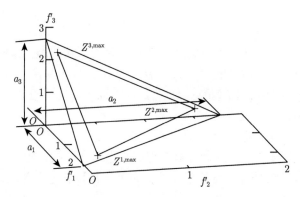

图 1-3　构建线性超平面和求解极值点的过程示意图

Step 4: 构造线性超平面。极值点可以构成一个 M 维的线性超平面；

Step 5: 通过如下公式进行归一化：

$$f_i^n(x) = \frac{f_i'(x)}{a_i - Z_i^{\min}} = \frac{f_i(x) - Z_i^{\min}}{a_i - Z_i^{\min}}, i = 1, 2, 3, \cdots, M \tag{1-70}$$

归一化的方法多种多样，算法 θ-DEA 阐明了一种新的归一化方式，并针对求解过程中可能出现无法构建线性超平面的问题，给出了一种解决思路，其归一化的过程与 NSGA-Ⅲ 类似，其求解流程如下。

Step 1: 使用公式对目标函数进行转换，$f_i(x), i = 1, 2, 3, \cdots, M$

$$F_i(x) = \frac{f_i(x) - Z_i^*}{Z_i^{\mathrm{nad}} - Z_i^*} \tag{1-71}$$

其中，Z_i^* 可以用目前找到的最小值 f_i 来估计，但是 Z_i^{nad} 的估计就比较困难；

Step 2: 使用如下方程求解极值点

$$\mathrm{ASF}(x, w_j) = \max_{i=1}^{M} \left| \frac{f_i(x) - Z_i^*}{Z_i^{\mathrm{nad}} - Z_i^*}/w_i \right|, x \in S_t \tag{1-72}$$

其中，$\boldsymbol{w}_i$ 的取值方法和 NSGA-Ⅲ 一样，$\boldsymbol{w}_i = (w_{i1}, w_{i2}, w_{i3}, \cdots, w_{in})$，$w_{ij}$ 在 $i = j$ 的时候取值为 1，其他情况下取值为 10^{-6}，Z_i^{nad} 是上一代所估计的最差点的第 i 维的值，最终

得到 m 个极值点 $e_1, e_2, e_3, \cdots, e_m$，这 m 个极值点可以构建一个 m 维的线性超平面，每个维度上的截距 $a_1, a_2, a_3, \cdots, a_m$，矩阵 $\boldsymbol{E}$ 为：

$$\boldsymbol{E} = (e_1 - Z_i^*, e_2 - Z_i^*, \cdots, e_m - Z_i^*)^{\mathrm{T}} \tag{1-73}$$

向量 $\boldsymbol{u}$ 为：

$$\boldsymbol{u} = (1, 1, 1, \cdots, 1)^{\mathrm{T}} \tag{1-74}$$

那么截距可以通过如下公式计算：

$$(a_1 - Z_i^{*-1}, a_1 - Z_i^{*-1}, \cdots, a_1 - Z_i^{*-1}) = \boldsymbol{E}^{-1}\boldsymbol{u} \tag{1-75}$$

之后 Z_i^{nad} 更新为 a_i，其三维空间线性超平面的构建和截距的求解示意图和 NSGA-III 一样，当矩阵 $\boldsymbol{E}$ 的秩小于 m 的时候，就无法构建超平面，或者说即使在某个方向上面得不到截距或者某一些截距 a_i 不满足 $a_i > Z_i^*$，针对以上情况，设置 Z_i^{nad} 为所有非支配解在第 i 维上的目标函数的最大值。

Step 3：归一化，步骤同 NSGA-III。

⑩ 计算前 L 层中每个个体到所有参考点的垂直距离，找出每个个体的相关的参考点，如果个体到某个参考点的垂直距离最短，则认为个体与该参考点关联；计算第 j 个参考点的小生镜。

其中关联操作的主要步骤为：

Step 1：定义参考线。在超平面上，将原点与参考点的连线定义为参考线；

Step 2：计算每个个体到所有参考线的垂直距离，如果某个个体到某个参点，则认为该个体的关联到这个参考点，采用点到直线的距离公式计算每个个体到参考点的垂直距离。

⑪ 从 L 层中选择 K 个个体进入下一代种群中，使种群规模恰好为 N。

⑫ 迭代次数增加 1。

⑬ 判断是否达到预先设定的迭代次数，若是那么算法终止，否则重复步骤⑤~⑫。

其中，小生镜保存操作主要步骤为：将种群中每个个体与参考点关联之后，则每个个体与参考点之间存在以下几种情况：与每个参考点相关的个体可能只有一个个体，也可能有多个个体相关，也可能没有个体相关。计算前 $D-1$ 层每个参考点相关的个体数目，与第 j 个参考点相关的个体数为第 j 个参考点的小生镜数，记为 P_j。小生镜保存策略如下。

Step 1：确定最小小生镜参考点集为 J；

Step 2：如果集合 J 中同时存在多个参考点取得最小生镜，则随机选择一个参考点，并求出与该参考点相关的第 L 层中个体的集合 I；

Step3：判断集合 I 是否为空集，如果集合 I 是空集，代表第 L 层中没有个体与第 j 个参考点相关，则该代中不考虑参考点 j，否则分为两种情况。

第一种情况：前 $L-1$ 层中没有个体与第 j 个参考点相关，而 L 层中至少有一个个体也与第 j 个参考点相关，那么将到第 j 个参考线距离最短的个体选入下一代中，与第 j 个参考点相关的小生镜数目加 1；

第二种情况：前 $L-1$ 层中仅有一个个体与第 j 个参考点相关，那么随机 L 层中选择一个个体添加到下一代中，与第 j 个参考点关联的小生镜数目加 1。

Step4：判断是否满足结束条件，如果是则结束；否则，重复 Step1~Step 3。针对带有约束条件的多目标优化问题，Deb 等[66] 在 NSGA-Ⅲ 的基础上提出了一些调整，主要是针对产生子代种群的过程和 Niche-Preservation Operation 做了如下调整。

针对产生子代过程的更改，在需要对目标函数设置约束条件的情况下，我们遵循以下约束—支配原则。

如果满足以下任一条件，那么解 x_1 被称为约束—支配另解 x_2：

a. 如果 x_1 是可行解，x_2 是不可行解；

b. 如果 x_1 和 x_2 不可行且 x_1 具有较小的约束违反值；

c. 如果 x_1 和 x_2 是可行解，x_1 用通常的支配原则支配 x_2。

Deb 等建议使用以下公式标准化所有约束：

$$CV(x) = \sum_{j=1}^{J} \left[\frac{g_j(x)}{b_j} - 1 \right] \tag{1-76}$$

这里用 α 表示式 1-76 中中括号内部内容，如果 $\alpha < 0$，返回 $-\alpha$，其他情况下返回值为 0。

由于约束条件的出现，Deb 等提出了一个新的解决方法，在选择父代种群通过 SBX 交叉和多项式变异产生子代的过程中，如果 x_1 满足以下任何一个条件，则认为 x_1 优于 x_2。

a. x_1 是可行解，x_2 是不可行解；

b. x_1 和 x_2 都是不可行解，但是 $CV(x_1) < CV(x_2)$；

c. 如果 x_1, x_2 都是可行解，那么就随机选择一个。

Deb 等并没有提到如何处理重叠解的问题，但在实际编写代码的过程中会有重叠解出现的可能。例如：在上述关于选择父代种群产生子代的过程中，由于每次选择都是随机选择两个个体进行比较，如果 x_1，x_2 都是可行解，那么就在 x_1，x_2 中随机选择一个，这样就增加了产生重叠解的可能，可以通过将父代种群分成两组的方式，逐个比较两组中的种群，这样就可以避免重叠解的产生，同时在执行 Niche-Preservation Operation 步骤前，选出种群中重叠的解，重新进行 SBX 交叉和多项式变异，从而减少出现重叠解的可能性。

参 考 文 献

[1] 中华人民共和国住房和城乡建设部. 2019 年城乡建设统计年鉴 [M]. 北京: 中国统计出版社, 2020.

[2] 吴宇行, 王晓东, 朴恒. 过程控制技术在污水处理中的应用 [J]. 净水技术, 2020, 39(7): 71-76.

[3] 王雨萌. 基于智能控制策略的污水处理控制系统 [D]. 杭州: 浙江大学, 2018.

[4] 史雄伟. 污水处理过程的智能优化控制方法研究 [D]. 北京: 北京工业大学, 2011.

[5] 詹东深. 从语音识别出发浅析传统建模方法和数据驱动建模方法的比较 [J]. 通讯世界, 2019, 26(3): 199-200.

[6] Vanrolleghem P A, Lee D S. On-line monitoring equipment for wastewater treatment processes state of the art [J]. Water Science & Technology, 2003, 47(2): 1-34.

[7] 杨吉祥. 污水处理软测量技术研究进展 [J]. 净水技术, 2020, 39(4): 12-18.

[8] 程莉. 浅谈自动控制系统在污水处理中的应用 [J]. 科技风, 2017(11): 150.

[9] 张惠安. 超低功耗 MCU 的选型技巧与设计思路 [J]. 集成电路应用, 2017, 34(3): 37-39.

[10] 陈静, 李宗帅. 基于工业控制计算机的移动机器人控制系统设计 [J]. 机械与电子, 2018, 36(7): 60-63.

[11] 赵宇玄. PLC 和 PID 在联合站监控系统中的应用 [J]. 化工管理, 2020(30): 193-194.

[12] 付明, 赵晓燕. 基于组态软件和 PLC 的电镀废水处理自动控制系统的研究 [J]. 电镀与环保, 2020, 40(4): 52-54.

[13] 贝建宏. 基于 IPC+PLC 的集散控制系统在污水处理控制中的运用探讨 [J]. 中国设备工程, 2020(19): 79-80.

[14] 钟俊. 现场总线控制系统 (FCS) 在化工生产中的应用优势 [J]. 化工设计通讯, 2020, 46(7): 191-192.

[15] Steyer J P, Buffi Re P, Rolland D, et al. Advanced control of anaerobic digestion processes through disturbances monitoring [J]. Water Research, 1999, 33(9): 2059-2068.

[16] 陈进东, 潘丰. 污水处理控制系统设计 [J]. 自动化与仪表, 2008, 23(6): 33-36.

[17] 李偲宸. 基于西门子 S7-300PLC 的 Fenton 污水处理系统设计与研究 [D]. 郑州: 华北水利水电大学, 2017.

[18] 阮嘉琨, 蔡延光, 刘尚武. 基于 PLC 的污水处理控制系统的设计与实现 [J]. 工业控制计算机, 2017(6): 122-124.

[19] 漆娇. 基于现代控制理论的建设工程成本动态控制 [J]. 科技资讯, 2018, 16(32): 131-132.

[20] 樊立萍, 于海斌, 袁德成. SBR 污水生化处理系统的最优控制及改进 [J]. 控制与决策, 2005, 20(2): 237-240.

[21] 范石美. 污水处理过程的自适应控制 [J]. 控制工程, 2004, 11(2): 130-131.

[22] Belchior C A C, Rui A M A, Landeck J A C. Dissolved oxygen control of the activated sludge-wastewater treatment process using stable adaptive fuzzy control[J]. Computers & Chemical Engineering, 2012, 37 (4): 152-162.

[23] 汤伟, 白志雄, 高祥. 基于自适应变异差分进化算法的溶解氧浓度控制系统 [J]. 中国造纸, 2017, 36(6): 49-54.

[24] Ohtsuki T, Kawazoe T, Masui T. Intelligent control system based on blackboard concept for wastewater treatment processes [J]. Water Science & Technology, 1998, 37(12): 77-85.

[25] Baeza J A, Gabriel D, Lafuente J. Improving the nitrogen removal efficiency of an A^2 /O based WWTP by using an on-line knowledge based expert system [J]. Water Research, 2002, 36(8): 2109-2123.

[26] Roda I R, Nchez-Marr M S, Comas J, et al. Development of a case-based system for the supervision of an activated sludge process[J]. Environmental Technology Letters, 2001, 22(4): 477-486.

[27] Punal A, Roca E, Lema J M. An expert system for monitoring and diagnosis of anaerobic wastewater treatment plants [J]. Water Research, 2002, 36(10): 2656-2666.

[28] 施汉昌, 王玉珏. 污水处理厂故障诊断专家系统 [J]. 给水排水, 2001, 27(8): 88-90.

[29] Riesco J, Calvo J, Martin-Sanchez J M. Adaptive predictive expert (ADEX) control: application to wastewater treatment plants[C]//International Conference on Control Applications, 2002.

[30] Galluzzo M, Ducato R, Bartolozzi V, et al. Expert control of DO in the aerobic reactor of an activated sludge process [J]. Computers & Chemical Engineering, 2001, 25(4): 619-625.

[31] Tong R M, Beck M B, Latten A. Fuzzy control of the activated sludge wastewater treatment process [J]. Automatica, 1979, 16(6): 695-701.

[32] Ferrer J, Rodrigo M A, Seco A, et al. Energy saving in the aeration process by fuzzy logic control [J]. Water Science & Technology, 1998, 38(3): 209-217.

[33] Meyer U, Pöpel H J. Fuzzy-control for improved nitrogen removal and energy saving in WWT-plants with pre-denitrification [J]. Water Science & Technology, 2003, 47(11): 69-76.

[34] Bernard O, Polit M, Hadjsadok Z, et al. Advanced monitoring and control of anaerobic wastewater treatment plants: software sensors and controllers for an anaerobic digester [J]. Water Science &

Technology, 2001, 43(7): 175.

[35] Traor A, Grieu S, Puig S, et al. Fuzzy control of dissolved oxygen in a sequencing batch reactor pilot plant [J]. Chemical Engineering Journal, 2005, 111(1): 13-19.

[36] Huang M Z, Han W, Wan J Q, et al. Multi-objective optimisation for design and operation of anaerobic digestion using GA-ANN and NSGA-II[J]. Journal of Chemical Technology and Biotechnology, 2014, 91(1): 226-232.

[37] 李宇昊, 宋耀莲, 杨美菊, 等. 基于 GA-BP 网络的洱海水质预测研究 [J]. 软件导刊, 2017, 16(11): 189-192.

[38] Jia F Q, Tian Z J, Chen Z B, et al. The application of genetic algorithm backpropagation neural network model on the prediction and optimization of waste water treatment system[J]. Advanced Materials Research, 2014, 838-841: 2525-2531.

[39] Zhao L J, Chai T Y. Wastewater BOD forecasting model for optimal operation using robust time-delay neural network[J]. Advances in Neural Network, 2005, 34(98):1028 -1033.

[40] Farouq S, Mjalli S, Al-Asheh, et al. Use of artificial neural network black-box modeling for the prediction ofwastewater treatment plants performance [J]. Journal of Environmental Management, 2007, 83: 329-338.

[41] 卢彬, 马行, 穆春阳, 等. 基于 PCA-BN 的银川市空气质量预测 [J]. 安全与环境工程, 2020, 27(5): 70-76.

[42] 李德毅, 孟海军, 史雪梅. 隶属云和隶属云发生器 [J]. 计算机研究与发展, 1995: 15-20.

[43] 叶琼, 李绍稳, 张友华, 等. 云模型及应用综述 [J]. 计算机工程与设计, 2011, 32: 4198-4201.

[44] 范定国, 贺硕, 段富, 等. 一种基于云模型的综合评判模型 [J]. 科技情报开发与经济, 2003, 13(12):157-159.

[45] 柴日发, 徐文骞, 曾文华. 基于云模型的 BP 算法改进 [J]. 计算机仿真, 2002, 19: 123-126.

[46] Pi E, Lu H F, Jiang B, et al. Precise plant classification within genus level based on simulated annealing aided cloud classifier[J]. Expert Systems with Applications, 2011, 38(4): 3009-3014.

[47] Qin K, Xu K, Liu F L, et al. Image segmentation based on histogram analysis utilizing the cloud model[J]. Computers & Mathematics with Applications, 2011, 62(7): 2824-2833.

[48] 麻士东. 基于云模型的目标威胁等级评估 [J]. 北京航空航天大学学报, 2010, 36: 150-153.

[49] 田永青. 基于云理论神经网络决策树的生成算法 [J]. 上海交通大学学报, 2003, 37:113-117.

[50] 高键, 周岸, 李众. 船舶航向保持系统的云模型控制研究 [J]. 江苏科技大学, 2008, 22: 11-16.

[51] 杨志晓, 范艳峰. 基于云模型的虚拟人摇头动作不确定性控制 [J]. 计算机应用研究, 2011, 28: 1718-1720.

[52] 李众, 李军, 王海波. 基于云模型的水箱液位控制系统的设计与实现 [J]. 科学技术与工程, 2012, 12: 7078-7080.

[53] 郑恩让, 回立川, 王新民. 云模型算法及在过热汽温控制中的仿真研究 [J]. 系统仿真学报, 2007, 19: 98-100.

[54] 张飞舟, 范跃祖, 沈程智, 等. 利用云模型实现智能控制倒立摆 [J]. 控制理论与应用, 2000, 17(4): 519-523.

[55] 刘春艳, 凌建春, 寇林元, 等. GA-BP 神经网络与 BP 神经网络性能比较 [J]. 中国卫生统计, 2013, 30(2): 173-176.

[56] Wan J Q, Huang M Z, Ma Y W, et al. Prediction of effluent quality of a paper mill wastewater treatment using an adaptive network-based fuzzy inference system[J]. Applied Soft Computing, 2011, 11(3): 3238-3246.

[57] Jang S R. ANFIS: Adaptive-network-based fuzzy inference systems[J]. IEEE Transaction on Systems, Man, and Cybernetics, 1993, 23(3): 665-685.

[58] 陈冰梅, 樊晓平, 周志明, 等. 支持向量机原理及展望 [J]. 制造业自动化, 2010, 32(14): 136-138.

[59] 杜京义. 基于核算法的故障智能诊断理论及方法研究 [D]. 西安: 西安科技大学, 2007.

[60] Pacenr A. Molecular view of microbial diversity and the biosphere[J]. Science, 1997, 276(5313): 734-740.

[61] Parkerton T F, Konkel W J. Application of quantitative structure activity relationships for assessing the aquatic toxicity phthalate esters[J]. Ecotoxico Environ Safety, 2000, 45(1): 61-78.

[62] Kennedy J, Eberhart R. Particle swarm optimization[C]//Proceedings of the 1995 IEEE International Conference on Neural Networks, 1995, 4: 1942-1948.

[63] Deb A, Srinivas K C. Development of a new lumped-parameter model for vehicle side-impact safety simulation[J]. Proceedings of the Institution of Mechanical Engineers Part D-Journal of Automobile Engineering, 2008, 222(D10): 1793-1811.

[64] Deb K, Pratap A, Agarwal S, et al. A Fast and Elitist Multi-Objective Genetic Algorithm: NSGA-II[C]//IEEE Transactions on Evolutionary Computation, 2002, 6(2): 182-197.

[65] Del Moro G, Barca E, De Sanctis M, et al. Gross parameters prediction of a granular-attached biomass reactor by means of multi-objective genetic-designed artificial neural networks: touristic pressure management case[J]. Environmental Science and Pollution Research, 2016, 23(6): 5549-5565.

[66] Deb K, Jain H. An evolutionary many-objective optimization algorithm using reference-point-based nondominated sorting approach part I: Solving problems with box constraints[J]. IEEE Transactions on Evolutionary Computation, 2013, 18(4): 577-601.

[67] Das I, Dennis J E. Normal-boundary intersection: A new method for generating the Pareto surface in nonlinear multicriteria optimization problems[J]. Journal of Optimization, 1998, 8(3): 631-657.

第 2 章 废水物化处理的模糊神经网络控制

废水物化处理是以物理方法为主，化学方法为辅，主要去除废水中轻质与重质的杂物，以及部分悬浮物，用于减轻后续处理工艺的负荷，同时调节 pH，为后续处理提供条件。虽然影响物化反应出水水质的因素很多，但是其中最重要而且易于控制的一个因素是混凝剂的加入量。一般来说，若废水中的污染物胶粒带有负电荷，则须通过加入带有相反电荷的混凝剂，经电中和、吸附架桥和凝聚等作用，从而使絮状物成为较大的颗粒沉降，再经沉淀或气浮去除。如果混凝剂加入量不够，则达不到良好的混凝效果；若加入量过多，就会出现胶粒再稳定现象或电荷变性现象，因此控制药剂加入量尤其重要，如果能够在误差范围内控制好加药量，就可以基本保证废水物化处理系统的出水水质较为稳定。

随着神经网络研究的不断深入，并在许多研究领域取得了良好的应用效果，非线性系统的建模、辨识与智能控制成为其中的重要应用方向。大量的研究表明，对非线性系统而言，采用传统的分析方法只能是面向特定的应用，不存在普遍实用的方法，而人工神经网络以其出色的非线性映射逼近能力及自学习能力为非线性系统的建模提供了强有力的工具。随着模糊推理系统研究的发展，其不仅能够利用专家的语言知识，还可根据给定的数据调整参数以获得良好的模糊知识表达。如何将模糊系统的知识表达能力与神经网络的学习能力结合起来以解决像废水处理这样非线性系统的控制问题是备受关注的研究问题之一。神经网络和模糊逻辑控制相结合的智能控制构成了模糊神经网络控制器，这样的控制器不仅具有神经网络的学习和记忆功能，而且具有模糊控制器易于描述专家系统化的知识，使推理更清晰，设计一个性能优良的模糊神经网络控制器的关键是设计一组优化的推理规则。

本章在介绍自行开发的高效一体化混凝反应器的基础上，根据混凝过程特性，以水处理中的混凝沉淀环节为控制对象，在研究神经网络控制和模糊推理系统的理论基础上，采用基于聚类算法的模糊神经网络进行了混凝投药控制设计。在高效一体化混凝反应器下进行正交试验，考察废水处理系统出水 COD 与进水 COD、进水流量、加药量、出水 COD 的历史值及其变化趋势的相互关系，并通过模糊 C 均值聚类方法从样本数据中总结出模糊规则，同时结合混合算法完成网络的结构辨识和参数辨识，从而建立混凝投药预测控制模型。完成 MCGS 组态软件的组态和相关 PLC 程序的设计，并在高级开发包生成的 VB 程序框架中编写模糊神经网络模型算法，然后按照 MCGS 的接口函数规范将算法嵌入 MCGS 中，完成对混凝投药的智能控制，考察基于聚类算法的模糊神经网络混凝投药模型的控制效果。

2.1 废水处理智能控制系统的设计

在废水处理自动控制研究中，废水处理过程的复杂性常常导致其控制理论和技术的研究相对滞后，近年来有不少研究者在不断探索适合废水处理工艺特点的控制理论和方法。废水处理系统同常规的废水处理工艺一样，具备非线性、时变性、不确定性和滞后性、动力学模型复杂，求解十分困难且要做大量的工程假设等特点。同时，其工艺控制参数和可控变量比较多，导致其控制机理方面的研究很少，而可靠的控制系统是保证废水处理系统稳定、可靠运行的一个重要途径。

本章在分析造纸废水处理工艺特点及控制特性的基础上，进一步探究造纸废水处理智能控制系统的控制策略，从而建立起智能控制系统的框架结构，并在基于 Visual Studio 2003.net 环境下自行开发组态软件，同时结合嵌入式 MCGS 组态软件，搭建了废水处理自动控制系统。

2.1.1 废水物化处理简介

作者及团队长期从事造纸废水处理新技术的研究工作，并自主研制开发出一体化废水处理技术，该技术主要采用混凝沉淀与吸附过滤相结合的方法，在特效废水处理器中对造纸废水进行处理。一体化高效处理器结构紧凑，集废水与絮凝剂的混合反应和澄清过滤于一体，减小了设备的占地面积；还利用污水自身所含悬浮物在处理器内形成稳定的可连续自动更新地吸附过滤流动床，该流动床可以再对废水进行吸附过滤，实现处理效率的大幅提高，提高了出水水质。一体化高效反应器在使用时无须搅拌，可连续运行，操作方便，不用定期清洗 [1]，在全国数十家造纸厂得到应用，取得良好的经济效益和社会效益，一体化废水处理技术工艺流程简图如图 2-1 所示。

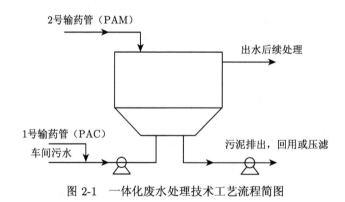

图 2-1 一体化废水处理技术工艺流程简图

目前，采用该物化处理技术的造纸厂废水处理普遍采用如图 2-2 所示的工艺。造纸废水先流到调节池里，进行 pH、温度、浓度等水质指标的均质处理，同时调节池中混合废水由进水泵打入高效反应器进行处理。助凝剂通过从反应器的顶部由一根加药管利用重力作用加入反应器的进水口，使助凝剂和废水进行充分的混合。废水由进水泵从反应器底部打入反应器的中心管，并从中心管的下部流出，经过反射板的阻挡向四周均匀分布，沿整个沉淀池断面上升，处理之后的废水沿反应器四周的溢流槽排出，出水进入生化池进一步进行厌氧–好氧生物处理。废水处理中的混凝剂包括絮凝剂和助凝剂，造纸废水目前主要使用的絮凝剂包括硫酸铝 ($Al_2(SO_4)_3$)、聚合氯化铝 ($[Al_2(OH)_nCl_{6-n}]_m$) (PAC)、六水三氯化铁 ($FeCl_3 \cdot 6H_2O$) 等，助凝剂一般为分子量在 700 万以上的聚丙烯酰胺 (PAM)。

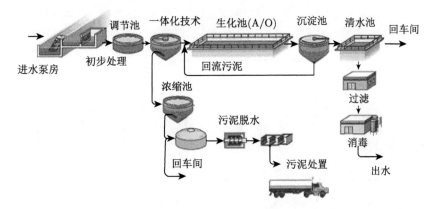

图 2-2　造纸废水常规处理工艺

2.1.2　实验室造纸废水处理智能控制系统

在实验室建立造纸废水处理智能控制系统小试工艺，具体工艺流程如图 2-3 所示，控制系统结构与界面设计如图 2-4 和图 2-5 所示。

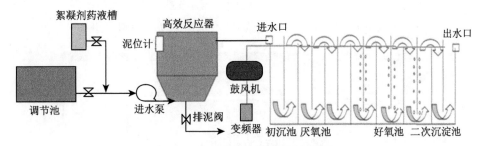

图 2-3　实验室条件下造纸废水处理流程

图 2-4 中，"1"代表 ADAM4520，它是连接 ADAM4024，ADAM4017+ 与主机的通信桥梁，是一个 RS232/485 转换器。"2"代表 ADAM4024，是 12 位分辨率 4 通道的数/模 (D/A) 转换模块，通过控制进水泵、蠕动泵和变频器，来达到控制废水流量、药液流量和曝气量的目的。在组态软件运行，用户在人机界面上改变进水水泵的流量，程序会自动将其转换为水泵的转速，达到控制进水流量的目的。对蠕动泵和鼓风机的控制也采用类似上述控制。"3"代表 ADAM4017+ 模/数转换模块，它是一个 16 位 8 通道双端模拟量输入模块。在本系统中把在线检测 COD 仪检测得到的 COD 值（COD 输出电流为 4~20 mA 范围）、DO（溶解氧）的值、ORP（氧化还原电位）的值、TOC（总有机碳）值、污泥高度、pH、温度等，转换成数字信号，送入嵌入式设备的实时数据库中。"4、5、6"分别代表 3 个切换电磁阀，"7"代表排泥阀，即当检测到泥位到达设置的高度时自动打开或关闭，它们的实时控制由 S7-200 来控制。这 3 个 ADAM 模块、PLC 与嵌入式计算机共同组成了废水处理实验控制系统，其他的元器件在下面的执行机构里进行了详细的介绍。

试验主体装置有两部分：废水工艺主体装置和废水处理智能控制平台，其中工艺主体装置包括一体化高效物化反应器和 A^2/O 废水生化处理系统。

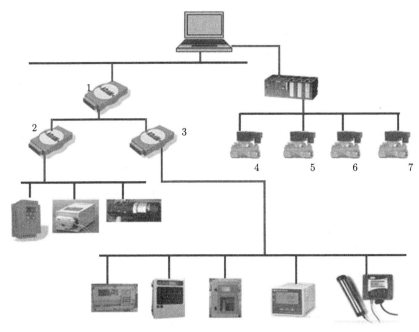

图 2-4　电气硬件控制分布图

1. ADDM4520, 2. ADAM4024, 3. ADAM4017, 4~6. 切换电磁阀, 7. 排泥阀

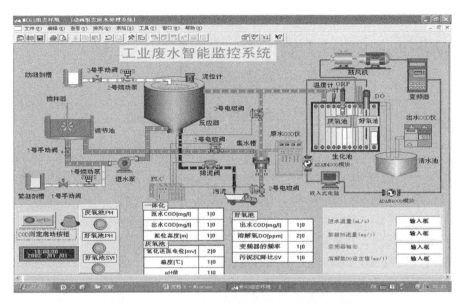

图 2-5　废水处理智能控制系统运行界面示意图

　　废水处理智能控制平台结构框架如图 2-6 所示，包括基于 Windows CE.NET 嵌入式操作系统的嵌入式计算机、在线测量仪 (在线 COD 检测、泥位高度检测、DO 检测、氨氮检测、废水进口流量检测、药液量检测等) 及用于实现各种智能控制方案的执行机构。

　　① 带有智能控制的嵌入式计算机：拟采用基于 Windows CE.NET 嵌入式操作系统的嵌入式计算机 (TPC150-TC21)，包括的主要功能有人机户交界面、过程动态建模、控制算

法运行、数字/模拟量输入/输出、逻辑顺序控制、报警等。

② 智能控制器：实现被控对象动态特性的辨识和预测，完成模糊化、模糊规则的收集和整理、反模糊化及模糊规则库的自适应更新等。

③ 在线测量仪：实时检测废水处理过程中的参数，包括在线 COD、泥位高度、废水进口流量、药液量、氨氮、污泥回流比、pH、DO、ORP 等的检测，检测得到的参数通过 I/O 提供给计算机，计算机根据提供的参数进行动态模型和控制。

④ 执行机构：主要包括电磁阀、风机和水泵，以接收来自控制器的控制指令，实现各种智能控制方案。

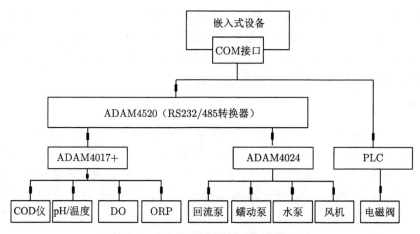

图 2-6　废水处理智能控制平台结构框架

2.1.3　系统设备配置介绍

1. 高效一体化反应器

根据工艺条件，设计高效反应器的体积为 140 L，高度为 80 cm，直径为 70 cm，下部锥体高度为 30 cm，锥度为 45°。废水从底部进水口进入反应器，经处理之后的废水从顶部自流溢出进入生化池，流经厌氧池、缺氧池、好氧池、二次沉淀池后进入清水池，达到国家出水标准后排出。造纸废水处理实验室系统的设计处理能力为 36～72 L/h，聚合氯化铝的质量分数为 5‰，其投加量为 0～600 mg/L，高效反应器水力停留时间为 2～4 h。

2. A²/O 生化处理系统

反应器由有机玻璃材料制成，其中厌氧池与缺氧池的有效容积均为 40 L，好氧池的有效容积为 160 L。

3. 美国 HACH COD 在线监测分析仪

水样、重铬酸钾、硫酸银溶液 (催化剂使直链脂肪族化合物氧化更充分) 和浓硫酸的混合液在消解池中被加热到 175 ℃，在此期间铬离子作为氧化剂从 Ⅵ 价被还原成 Ⅲ 价而改变了颜色，颜色的改变度与样品中有机化合物的含量成对应关系，仪器通过比色换算直接将样品的 COD 显示出来，测试量程：10～5000 mg/L。它主要用来测量进水的 COD，探头处于调节池中,因为造纸废水中含有较多的溶解性 COD,它更适合测含有少许悬浮物质的造纸废水,通过 COD 值采集模块 (ADAM4017+ 模拟输入转换模块),将测得的 COD 值送给嵌入式计算机,用于整个控制过程。

4. 法国 AWA COD 在线监测仪

通过测定废水对 UV254 的吸收程度来标定有机物的含量。我们选用法国 AWA 公司的 UV-pcx 水质在线检测仪,其 COD 值的计算公式为:

$$[C] = K\lg\left(l_{\text{in}}/l_{\text{out}}\right) \tag{2-1}$$

式中,$[C]$ 为样品浓度,即 COD 浓度;K 为样品的吸收系数 (每种分子的吸收系数不同);l_{in} 为样品输入的光密度;l_{out} 为样品输出的光密度。该仪器最短能够在 5 s 内测出废水的 COD 值,范围在 0~10 000 mg/L,且能够连续不间断检测,测量误差在 1% 以内,特别适合废水处理智能控制系统的在线检测。

5. 进水泵

进水泵为一台直流水泵,其功能是将调节池中的废水打入高效反应器,额定功率为 20 W,额定电压为 24 V,扬程为 3 m。由于试验过程中需要改变进水流量以取得试验数据,因此我们特别设计了一个控制电路,如图 2-7 所示。PC 机通过调速模块 (ADAM4024 模拟输出模块),经调速电路调整直流水泵电压,可以控制水泵的转速从而达到控制水泵流量的目的。当电机两端的电压发生改变时,电机转速发生改变,从而调整进水流量,电机在较短时间内可以稳定下来,进水泵流量的测量误差在 5% 以内。

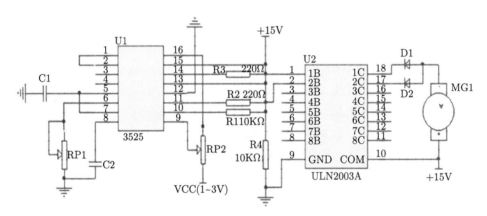

图 2-7 控制电路原理图

6. 加药泵

加药泵主要用于将絮凝剂加入废水中,根据工艺条件的要求絮凝剂投加量为 0~1 ml/s。因此选用兰格 BT00-100M 型蠕动泵,该蠕动泵带有外控接口 (DB-9),在 0~5 V 控制信号的作用下,蠕动泵转速的变动范围是 0~100 r/min,正反转可逆,流量变化范围 0~290 ml/min(0~4.83 ml/s)。在试验过程中,在嵌入式电脑中通过组态软件调节 ADAM4024 模块的输出电压来调节输出给蠕动泵的电压控制信号,从而达到调节蠕动泵转速以改变絮凝剂流量的目的。蠕动泵的转速流量外特性很好，转速在 10 r/min 以上时，几乎成线性关系，蠕动泵的测量误差在 1% 以内。

7. 研华系列模块

研华科技 (中国) 有限公司 (Advantech) 的通用智能数据采集模块有 3 个系列：ADAM 4000、ADAM5000、ADAM5000/CAN。它们可以通过 RS485 协议单独与 PC 相连，也可通过 485 基座、CAN(Controller Area Network) 总线基座与 PC 机相连。由 PC 控制并实现数据采集模块对现场的模拟量、开关量信号的输入和输出、脉冲信号的计数和测量脉冲频率等功能，ADAM4017 和 ADAM4024 的各项参数如表 2-1 所示。ADAM 4520 是信号转换模块。

另外配置了 ADAM Utility Software 软件，在本试验中可以检查 IPC 机 COM 口上是否连接了 PLC 和研华系列模块等设备及其对应的 COM 口地址，并可直接输入期望的电压，作为 ADAM4024 模块的电压信号，获取进水流量和 ADAM4024 模块输出电压的对应关系就是通过这个方法实现的。

表 2-1　ADAM 模块参数表

技术规格	模块型号	
	ADAM4017	ADAM4024
通道总数	8(模拟量输入)	4(模拟量输出)
信号输入、输出类型	mV, V, mA	V, mA
信号输入、输出范围	±150 mV, ±500 mV, ±1 V, ±5 V, ±10 V, ±20 mV, 4 ~ 20 mA	0 ~ 20 mA，4 ~ 20mA，±10 V, 0 ~ 10 V
精度	16 位	12 位
最大误差	± 0.1%	± 0.1%
功率	1.2 W	3 W

8. PLC

采用 PLC 来控制本试验中的开关量，而其他的控制量在 IPC 中通过组态软件和 A/D 转换模块来实现。本试验只需要控制 4 个开关量，即控制测量进水 COD 的电磁阀 1、控制测量出水 COD 的电磁阀 2、排掉测试槽中剩余水样的电磁阀 3 及排泥阀的开启，因此只需要小型的 PLC 即可实现该控制功能。我们选用西门子 S7-200 226 AC/DC/RELAY 型 PLC 作为下位机，该 CPU 有 24 个数字量输入和 16 个数字量输出。因此该型号的 PLC 对于实现本试验自动控制系统的控制功能已经能够满足需求。

9. ORP 差分传感器

美国 HACH 公司的 LDO(荧光法) 溶解氧在线分析仪。该仪器同时配备了一个 ORP(氧化还原电位) 传感器及可以连接多个传感器的 HACHsc100 数字化控制器，能实现多功能用途，而且比一般的仪器更加准确、稳定和快速。该仪器不受 pH 波动、硫化氢、水中化学物质或者重金属的影响，能够在更长的一段时间内提供更稳定、准确的测量，无需预热时间——只要将分析仪打开就可以开始测量，一旦打开分析仪，其响应非常迅速，时间不到 30 s，测量范围在 −1500 ~ 1500 mV。

10. 在线溶解氧分析仪

HACH 公司的 LDO 传感器被一种荧光材料覆盖。从 LED 光源发出的蓝光被传输到传感器表面。蓝光激发荧光材料，使它发出红光。从发出蓝光到释放出红光的这段时间被记录下来。存在的氧气越多，红光被释放出来所用的时间越短，这个时间被记录下来并关联成氧的浓度，测量范围在 0～20 mg/L。

11. 监控工作站

监控工作站是人机交互的中心，负责控制过程的一切调度。这里选用 TPC1521H 嵌入式电脑。TPC1521H 是一套以嵌入式低功耗 CPU 为核心 (主频 400 MHz) 的高性能嵌入式一体化工控机，同时还预装了微软嵌入式实时多任务操作系统 WindowsCE.NET（中文版）和 MCGS 嵌入式组态软件（运行版）。

2.1.4 系统软件

1. STEP7-Micro/Win32 编程软件

STEP7 是西门子公司开发用于 SIMATIC PLC 组态和编程的基本软件包，它包括功能强大、适用于各种自动化项目任务的工具 [2]。图 2-8 显示了 STEP7 软件是如何对 PLC 硬件进行编程和组态的。编程设备可以是 PG（编程器）或者 PC，它通过编程电缆与 PLC 的 CPU 模块相连。用户可以在 STEP7 中编写程序和对硬件进行组态，并将用户程序和硬件组态信息下载到 CPU，或者从 CPU 上载到 PG 或 PC。当程序下载、调试完成以后，PLC 系统就可以执行各种自动任务。在 STEP7-Micro/Win32 编程软件的编程环境下可编写本书相关的 PLC 程序，然后再下载到 PLC 中。本书的相关 PLC 程序如下所示。

其中 PLC 触点 M0.1 作为触发信号代表 MCGS 组态界面上的"COD 测定启动按钮"的按下动作，Q0.1、Q0.2、Q0.3 分别代表电磁阀 1、2、3 的触发信号。该 PLC 程序实现的控制功能可概括为：启动—测进水 COD—排剩余水—测出水 COD—排剩余水—测进水 COD—……

具体为：按下"COD 测定启动按钮"开始测量 COD，首先 Q0.1 作用，电磁阀 1 打开，电磁阀 2 和 3 都关闭，原水持续 1 min 进入切换槽；第 1～2 min 内电磁阀 1、2、3 均关闭，COD 仪抽水测量进水 COD，并将测量结果显示在 MCGS 组态软件界面上；第 2～3 min 内 Q0.2 作用，电磁阀 1、3 关闭，电磁阀 2 打开，排掉切换槽中的剩余原水，以免影响下一次出水 COD 的测量；第 3～4 min 内 Q0.3 作用，电磁阀 1、2 关闭，出水持续 1 min 进入切换槽；第 4～5 min 内 COD 仪抽水测量出水 COD，并将测量结果显示在 MCGS 组态软件界面上；第 5～6 min 内 Q0.2 作用，电磁阀 1、3 关闭，电磁阀 2 打开，排掉切换槽中的剩余出水；此时完成一个测量周期，接下来的时间 Q0.1 又开始起作用，开始循环进水 COD 的测量。值得注意的是，COD 仪测量 COD 的周期可以任意设定，但一旦设定后，在测量过程中就应固定不变，因此为了不在切换原、出水时引起 COD 测定值的混乱，COD 仪中的周期也应随着 PLC 的设定不同而改变，在此设为 1 min。

Network 1		Network 7	
LD	M0.1	LD	M0.1
AN	T38	A	T42
TON	T37, +600	AN	T44
Network 2		TON	T43, +600
LD	M0.1	**Network 8**	
A	T37	LD	M0.1
TON	T38, +3000	A	T43
Network 3		TON	T44, +1200
LD	M0.1	**Network 9**	
TON	T39, +1800	LD	M0.1
Network 4		AN	T37
LD	M0.1	=	Q0.1
A	T39	**Network 10**	
AN	T41	LD	M0.1
TON	T40, +600	AN	T43
Network 5		A	T42
LD	M0.1	=	Q0.2
A	T40	**Network 11**	
TON	T41, +3000	LD	M0.1
Network 6		A	T39
LD	M0.1	AN	T40
TON	T42, +1200	=	Q0.3

图 2-8　PLC 程序

另外，当反应器中的泥位达到设定值时，PLC 触点 Q0.0 起作用，排泥阀打开，排掉反应器中的污泥，泥位达到最低设定值时排泥阀自动关掉，对应的 PLC 程序如下，其中 M0.0 是泥位达到最大设定值时的触发信号。

$$LD \quad M\ 0.0$$

$$= \quad Q\ 0.0$$

2. MCGS 组态软件

MCGS 组态软件是由"MCGS 组态环境"和"MCGS 运行环境"两个系统组成，两部分互相独立，又紧密相关。在 MCGS 下进行组态包括五大部分内容：主控窗口、用户窗口、设备窗口、实时数据库和运行策略。每一部分分别进行组态操作，完成不同的工作，具有不同的特性。下面分别从这 5 个方面来介绍如何组态造纸废水处理自动控制系统，生成废水处理自动监控软件。

1) 主控窗口组态

主要的组态操作包括定义工程的名称、编制工程菜单、设计封面图形、确定自动启动的窗口、设定动画刷新周期、指定数据库存盘文件名称及存盘时间等。

2) 用户窗口组态

本窗口的作用是设置工程中人机交互的界面，诸如：生成各种动画显示画面、报警输出、数据与曲线图表等。用户窗口本身是一个"容器"，用来放置各种图形对象 (图元、图符和动画构件)，不同的图形对象对应不同的功能。通过对用户窗口内多个图形对象的组态，生成漂亮的图形界面，为实现动画显示效果做准备。

3) 设备窗口组态

设备窗口是连接和驱动外部设备的工作环境。在本窗口内配置数据采集与控制输出设备，注册设备驱动程序，定义连接与驱动设备用的数据变量。该部分包括串口父设备下挂接西门子 S7-200 型 PLC 和 ADAM4000 系列采集模块。

(1) PLC 组态

在"西门子 S7-200PPI"中设置了 8 个通道，分别对应 Q0.0～Q0.5、M0.0 和 M0.1，在系统运行过程中实现电磁阀的控制和实时显示运行状态的功能。

(2) ADAM4017 组态

ADAM4017 模块是 8 通道 16 位精度的模拟量输入模块，可以将采集到的模拟信号转换为数字信号，输入 MCGS 实时数据库中做进一步的处理。因此，在"ADAM4017+"中设置了 8 个通道，分别连接 COD 仪、DO 计、ORP 计、TOC 监测仪、泥位计、pH 计、温度计的信号输出端和备用通道。

在实际应用中,经常需要对从设备中采集到的数据或输出到设备的数据进行前处理,以得到实际需要的工程物理量,如从 AD 通道采集进来的数据一般都为电流值,以 mA 为单位,需要进行量程转换或查表计算等处理才能得到所需的物理量。例如，COD 仪测量得到的 COD 值先转换为电流信号,而后需要再转换为 COD 值以便在工控机中显示出来,这一功能可通过设备窗口的"数据处理"来设置。

表 2-2 为 COD 仪测定的 COD 值和 COD 仪输出信号电流之间的关系，即 COD 仪测定的 COD 值和 ADAM4017+ 模块输出的电流关系。在设备窗口的"数据处理"中建立这种对应关系就实现了数据的转换。泥位高度、pH 和温度的数据转换类似 COD 值的转换,只要将各自与电流信号的对应关系 (表 2-2) 在设备窗口的"数据处理"中进行设置即可实现。

表 2-2　COD 仪测定的 COD 值和 ADAM4017+ 模块输出的电流关系表

项目	COD	DO	ORP	TOC	泥位高度	pH	温度
实际值范围	0～5000/ $(mg \cdot L^{-1})$	0～10/ $(mg \cdot L^{-1})$	-2100～ 2100/ $(mg \cdot L^{-1})$	0～500/ $(mg \cdot L^{-1})$	0～ 100/cm	0～14	0～60/℃
输出电流范围/mA	4～20	4～20	4～20	4～20	4～20	4～20	4～20

(3) ADAM4024 组态

ADAM4024 模块是 4 通道 12 位精度的模拟量输出模块，可实现对外部设备的工作状态进行实时检测与控制的目的。在"ADAM4024"中设置了 4 个通道,其中 0 通道连据处理功能建立进水流量与 ADAM4024 模块输入电压、蠕动泵调节絮凝剂流量与 ADAM4024 模块输入电压的对应关系。这样,可以在工程运行时,进行人机交互,直接用工程量 (进水流量、絮凝剂流量、曝气量和回流比) 来计算和显示。表 2-3 为通过试验得到的絮凝剂流量、回流量和蠕动泵转速关系,表中记录的是蠕动泵不同转速时相对应的流量。表 2-4 为曝气量和变频器的频率关系表。表 2-5 为蠕动泵转速和变频器频率与 ADAM4024 模块输出电压关系表。表 2-6 为进水流量和 ADAM4024 模块输出电压关系。其中,进水流量和 ADAM4520 模块输出电压之间的关系通过试验获得。具体的做法是,在嵌入式中通过 ADAM Utility Software 软件控制 ADAM4024 模块的输出从 2.15 V 到 2.8 V,测试进水泵的流量跟模块的输出电压一一对应。ADAM4520 模块是 RS232/485 转换模块。由于标准计算机的配置只提供 RS232C 通信口,而 RS232C 只能进行点对点通信,且传输距离短,因此必须将其转换,而 RS485 信号最大距离可达 1200 m。ADAM4024 和 ADAM4017+ 的通信端口支持 RS485 协议,经模块 ADAM4520,通过 RS232C 与嵌入式计算机的 COM1 连接。

表 2-3　流量和蠕动泵转速关系表

序号	流量/(ml·s^{-1})	蠕动泵转速/(r·min^{-1})	序号	流量/(ml·s^{-1})	蠕动泵转速/(r·min^{-1})
1	0	0	10	1.92	45
2	0.24	5	11	2.12	50
3	0.44	10	12	2.33	55
4	0.65	15	13	2.55	60
5	0.85	20	14	2.77	65
6	1.06	25	15	2.98	70
7	1.28	30	16	3.45	80
8	1.50	35	17	3.93	90
9	1.71	40	18	4.53	100

表 2-4　曝气量和变频器频率关系表

序号	曝气量/(m^3·h^{-1})	变频器频率/Hz	序号	曝光量/(m^3·h^{-1})	变频器频率/Hz
1	0	0	10	0.73	22
2	0.24	5	11	0.98	25
3	0.44	10	12	1.12	27
4	0.65	12	13	1.31	30
5	0.25	13	14	1.37	32
6	0.32	15	15	1.4	35
7	0.37	16	16	1.52	40
8	0.44	18	17	1.62	45
9	0.6	20	18	1.80	50

表 2-5　蠕动泵转速和变频器频率与 ADAM4024 模块输出电压关系表

对应值	转速/(r·min^{-1})	频率/Hz	输出电压/V
最小值	0	0	0
最大值	100	50	5

表 2-6　进水流量和 ADAM4024 模块输出电压关系表

序号	进水流量/(ml·s^{-1})	输出电压/V	序号	进水流量/(ml·s^{-1})	输出电压/V
1	8.0	2.15	8	16.4	2.5
2	9.2	2.2	9	17.4	2.55
3	11.1	2.25	10	18.0	2.6
4	11.8	2.3	11	18.4	2.65
5	13.9	2.35	12	19.0	2.7
6	14.5	2.4	13	19.2	2.75
7	15.6	2.45	14	20.3	2.8

4) 实时数据库窗口

实时数据库窗口是工程各个部分的数据交换与处理中心，它将 MCGS 工程的各个部分连接成有机的整体。在本窗口内定义不同类型和名称的变量，作为数据采集、处理、输出控制、动画连接及设备驱动的对象。

在实时数据库窗口中建立了多个数据对象，包括数值型对象：COD、DO、ORP、pH、出水 COD、出水 COD 的历史值、出水 COD 的设定值、出水 COD 的预测值、进水流量、泥位高度、温度、絮凝剂流量、进水 COD 等；开关型对象：电磁阀 1、2、3，开始测 COD 和排泥阀等。另外，MCGS 引入了一种特殊类型的数据对象即数据组对象，它类似于一般编程语言中的数组和结构体，用于把相关的多个数据对象集合在一起，作为一个整体来定义和处理，如在此将进水 COD、出水 COD、DO、TOC、ORP、絮凝剂流量、进水流量等对象设置成组对象的成员，这样"历史数据浏览"窗口、数据保存等可以很方便地调用这个组对象进行曲线的显示和存盘等操作。在系统运行中，从外部设备采集来的实时数据送入实时数据库，系统其他部分操作的数据也来自实时数据库。

5) 运行策略

"运行策略"是用户为实现对系统运行流程自由控制所组态生成的一系列功能块的总称。MCGS 的"运行策略"有启动策略、退出策略、循环策略、用户策略、报警策略、事件策略、热键策略 7 种。对每个策略组态时，MCGS 开发环境提供了多种能实现特定功能的策略构件，用户可以方便地利用这些策略构件实现一定的功能。此外，还可以在符合 MCGS 接口规范的情况下，开发自己的策略构件。

3. VB 语言环境中控制算法的编制

MCGS 用 Active DLL 构件的方式来实现策略构件，通过规范的 OLE 接口挂接到 MCGS 中，使其构成一个整体。编写 MCGS 组态软件的扩充构件时，采用 Visual Basic 作为开发工具，用 Visual Basic 作开发工具开发出来的扩充构件具有很高的速度和性能。鉴于 Visual Basic 通用性和简单性，我们也在 Visual Basic 环境中编写智能控制算法。

1) 利用开发向导生成框架

MCGS 提供了一个高级开发工具包，能快速为用户生成功能构件的源程序框架，在此基础上既可快速编程，又可降低出错的可能性。

启动 VB6.0，选择"外接程序"的"MCGS 开发向导"选项，按照提示设置构件工程名为"MyDLL"，构件类型名为"我的构件"。构件工程名为功能构件在 VB 下源程序的工程名，编译生成的 Active DLL 构件的名称为 MyDLL.dll。构件类型名用于标示对应的构件，最后可显示在 MCGS 的策略工具箱中；开发向导完成工作后，MCGS 即开始自动生成功能构件的源程序框架——"MyDLL"工程组。在 VB 的工程组窗口中可以看到该工程组包含如下两个 VB 工程。MyDLL 工程对应于功能构件，该工程包含的类模块 clsAddIn 完成了完成策略构件所需的所有接口；TestDLL 工程只用于在 VB 环境下对功能构件进行调试，在实际编程时，无须对该工程进行任何修改工作。

2) 移植智能算法

MCGS 开发向导只是生成构件的源程序框架，没有任何具体的功能，要完成特定的功能，还需要在此基础上，针对具体要求进行进一步的编程和调试工作。根据建立好的智能模型，用 VB 语言分别编写预测程序和控制程序，在 MyDLL 工程中添加类模块 clscontrol 和类模块 clsPrediction，把编写的控制模型程序和预测模型程序分别移植到这两个类模块中。同时在类模块 clsAddIn 的 SvrStgyRunOperator 接口中，编写 MCGS 与 VB 程序的接口代码。

3) 测试模糊神经网络算法

MCGS 为功能构件提供了一套在 VB 环境下进行在线调试的运行机制，使用户能随时对所做的修改进行测试调试、检验其正确性。启动 MCGS 组态软件，打开组态好的废水处理自动控制系统，同时运行 VB 算法程序文件。在 VB 环境下，按 F5 键运行工程组，调出调试窗口，该窗口中的两个按钮分别用于调用组态环境接口和运行环境接口，中间的输入框用来显示功能构件的类型名称。按不同的按钮可对功能构件的接口进行测试，根据构件所需的功能，不断进行调试测试，直到完成所有工作和没有错误产生为止。

4) 策略构件与 MCGS 的挂接及组态

完成所有的编程调试工作以后，生成最后可以使用的 Active DLL 文件：MyDLL.dll，并把这个文件复制到 MCGS 安装目录下的"用户定制构件"文件夹下，这样开发的策略构件成为 MCGS 的一部分，可以在 MCGS 环境下进行组态。

启动 MCGS 组态软件，重新打开组态好的废水处理自动控制系统，在"工具"菜单下单击"策略构件管理"项，把用户定制构件中的"我的构件"添加到策略工具箱中。进入 MCGS 循环策略组态对话框，添加新的策略行，把策略工具箱中的"我的构件"添加到新的策略行中。

其中，设置循环周期为 0.5 h，每隔 0.5 h 组态软件就会自动调用"我的构件"的运行接口，通过 MCGS 提供的函数"Get Value From Name"从实时数据库中读取需要的数据，如进水流量、进水 COD、DO、ORP 等，当调用类模块 clscontrol 和 clsPrediction 时把这些数据赋给算法程序，完成预测控制的计算，得到修正后的控制量；最后通过函数"Set Value From Name"将新的控制量传送给 MCGS，进而改变蠕动泵和曝气量的转速，达到自动调整控制量的目的，也就实现了预测控制的功能。至此完成了废水处理自动控制系统的 MCGS 组态和算法程序的编写及嵌入工作。

2.2　混凝投药预测控制系统的设计

本试验的造纸废水处理系统神经网络预测控制结构如图 2-9 所示。它由 4 部分组成：一体化高效处理系统、模糊神经网络预测模型、模糊神经网络控制器和一个优化处理器 (网络模型算法)。首先，由预测模型预一体化处理系统的出水 COD，再将预测值同期望值相比较得到 $e(t+\Delta t)$ 和 $ec(t+\Delta t)$，以这两个量输入控制器，计算得到加药变化量 $\Delta u(t)$，再去修正当前的加药量 $u(t)$，进而完成加药量的自动调整。这一控制量同时输出到预测模型作为预测模型的一个输入参数，由预测模型计算在这一加药量的作用下，系统下一时刻的出水 COD。由于建模不可能完全精确，因此由预测模型输出的出水 COD 和期望出水 COD 之间存在误差，将误差信号和该时刻的期望出水 COD 进行比较再作为输入量输入控制模型，得到下一周期应加给系统的控制量大小，依此循环进行，从而实现废水处理系统的在线预测和实时控制。

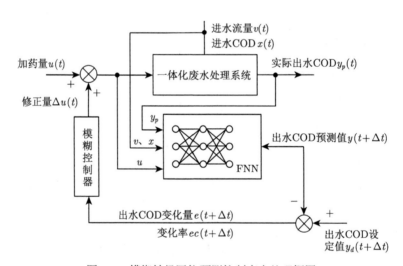

图 2-9　模糊神经网络预测控制废水处理框图

考虑到废水处理系统具有时变和不确定等因素，神经网络模型不能很好地逼近对象的动态特性，控制器模型也就不能很好地映射对象的逆动态特性。因此，在系统运行过程中把实时的试验数据作为预测模型和控制模型的训练样本，对神经网络模型进行动态训练以保证闭环系统的稳定性和良好的控制效果。

考虑到废水处理过程具有纯滞后非线性特性，模型由两类网络组成：一类用于系统控制的模糊神经控制器 (Fuzzy Neural Network Controller，FNNC)，位于前向通道；另一类用于被控对象输出预测的模糊神经预测器 (Fuzzy Neural Network Prediction，FNNP)，预测器通过对网络的学习，预测被控对象的未来输出，使控制器预先感知系统输出状态的变化趋势，从而做出相应的调整。

废水处理系统属于大滞后性系统，需要根据当前时刻影响出水 COD 的因素，预测未来时刻出水 COD，以便与出水 COD 期望值比较，根据它们的差值来调节当前时刻的加药量，这就涉及 3 方面的工作：① 确定影响出水 COD 的因素；② 如何较准确地预测出水 COD；③ 如何实现加药量的调节。

影响造纸废水物化处理效果的因素主要有：水温、pH、反应器的进水流量、反应器的进水 COD、加药量、操作工人的素质等。由于本书所有的试验都在室温条件下进行，而从工厂取回的废水 pH 也都稳定在 6.5~7.5，因此水温和 pH 这两个因素可以忽略不计，而操作工人的素质不在本书研究范围内，亦可忽略。而对非线性大时滞系统实现快速稳定控制是过程控制工程中的一个难题 [3]，大滞后系统响应不仅跟当前时刻的因素有关，还跟历史时刻的发展趋势有关，反映在废水处理中就是出水 COD 不仅与上述因素有关，还会跟历史时刻的出水 COD 有一定的关系。因此，最终确定的因素有：进水流量、进水 COD、加药量、出水 COD 的历史值及其变化趋势。

2.2.1　模糊神经网络模型结构

模糊神经网络是按照模糊逻辑系统的运算步骤分层构造，再利用神经网络学习算法的模糊系统，它不改变模糊逻辑系统的基本功能，如模糊化、模糊推理和反模糊化等，其网络结构如图 2-10 所示。由于模糊逻辑系统可和多种神经网络相结合生成模糊神经网络，所以模糊神经网络的结构和学习算法也多种多样，其中较常用的有基于标准型和基于 Takagi-Sugeno 推理的模糊神经网络结构及其算法。它通过使用输入输出数据集合，用于实现传统模糊逻辑控制，具有分布式学习能力和学习输入输出隶属函数的能力。

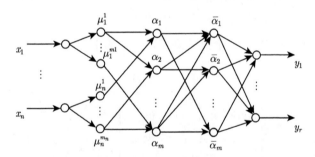

图 2-10　基于标准型的模糊神经网络结构

第一层为输入层。该层的各个节点直接与输入向量的各分量 x_i 连接，它起着将输入值 $\boldsymbol{x} = [x_1, x_2, \cdots, x_n]^{\mathrm{T}}$ 传送到下一层的作用。该层的节点数 $N_1 = n$。

第二层为隶属度层。每个节点代表一个语言变量值，如 NB、PS 等。它的作用是计算各输入分量属于各语言变量值模糊集的隶属函数 μ_i^j。

$$\mu_i^j = \mu_{A_i}^j (x_i), i = 1, 2, \cdots, n; j = 1, 2, \cdots, m_i \tag{2-2}$$

式中，n 是输入量的维数，m_i 是 x_i 的模糊分割数，如若隶属函数采用高斯函数，则：

$$\mu_i^j = \mathrm{e}^{\frac{-(x_i - c_{ij})^2}{\sigma_{ij}^2}} \tag{2-3}$$

该层节点数为 $N_2 = \sum\limits_{i=1}^{n} m_i$。

第三层为模糊规则层。每个节点代表一条模糊规则，它的作用是用来匹配模糊规则的前件，计算每条规则的适用度，即：

$$\alpha_j = \min\{\mu_1^{i_1}, \mu_2^{i_2}, \cdots, \mu_n^{i_n}\} \tag{2-4}$$

式中，$i_1 \in \{1, 2, \cdots, m_1\}, i_2 \in \{1, 2, \cdots, m_2\}, \cdots, i_n \in \{1, 2, \cdots, m_n\}; j = 1, 2, \cdots, m; m = \prod\limits_{i=1}^{n} m_i$。该层节点数 $N_3 = m$。

对于给定的输入，只有在输入点附近的那些语言变量值才有较大的隶属度值，远离输入点的语言变量值或者很小 (高斯隶属函数) 或为 0(三角形隶属函数)。当隶属度很小 (如小于 0.05) 时近似取为 0。因此在 α_j 中少量节点输出非 0，而多数节点的输出为 0。

第四层为归一化层。其节点数 $N_4 = N_3 = m$。有

$$\overline{\alpha_j} = \alpha_j / \sum\limits_{i=1}^{m} \alpha_i, j = 1, 2, \cdots, m \tag{2-5}$$

第五层为输出层。节点数为 $N_5 = r$，实现的是清晰化计算，即

$$y_i = \sum\limits_{j=1}^{m} w_{ij}\overline{\alpha_j}, i = 1, 2, \cdots, r; j = 1, 2, \cdots, m \tag{2-6}$$

在此，w_{ij} 相当于 y_i 的第 j 个语言值隶属函数的中心值，上式写成向量形式为：

$$\boldsymbol{y} = \boldsymbol{w}\bar{\boldsymbol{\alpha}} \tag{2-7}$$

其中：$\boldsymbol{y} = \begin{bmatrix} y_1 \\ y_2 \\ \vdots \\ y_3 \end{bmatrix}$，$\boldsymbol{w} = \begin{bmatrix} w_{11} & w_{12} & \cdots & w_{1m} \\ w_{21} & w_{22} & \cdots & w_{2m} \\ \vdots & \vdots & & \vdots \\ w_{r1} & w_{r2} & \cdots & w_{rm} \end{bmatrix}$，$\overline{\boldsymbol{\alpha}} = \begin{bmatrix} \overline{\alpha_1} \\ \overline{\alpha_2} \\ \vdots \\ \overline{\alpha_m} \end{bmatrix}$

网络需要确定的参数有：式 (2-3) 中的高斯函数的中心值 c_{ij} 和方差 σ_{ij}；式 (2-6) 中的 w_{ij}。网络学习算法可采用一阶梯度法寻优，并利用前馈神经网络的 BP 算法。

2.2.2 网络结构辨识

1. 模糊 C 均值聚类

聚类抽象来说是依据一定的目标函数将一个数据集划分为若干组，使得组内的相似性大于组间相似性，它不仅被广泛地应用于数据的组织和分类，而且在数据压缩和模型构造方面很有用处。一般来说有如下 4 种聚类方法：硬 K 均值聚类、模糊 C 均值聚类、山峰聚类法和减法聚类法。模糊聚类得到样本属于各个类别的不确定程度，可表达样本类属的

中介性，即建立起样本对于类别的不确定描述，更能客观地反映现实世界，从而成为聚类分析研究的主流 [4]。Ruspini[5] 于 1969 年提出了数据集模糊划分的概念，首次系统地研究了模糊聚类算法。随后，Zadeh[6]、Tarmura[7] 等学者也相继提出了基于相似关系和模糊关系的聚类方法。Dunn[8] 于 1974 年首次提出模糊 C 均值 (FCM) 算法是基于目标函数的模糊聚类方法。Bezdek[9] 于 1981 年又将该方法进一步扩展，建立了较为完善的模糊聚类理论。它是硬聚类 C 均值 (HCM) 算法的推广，目前已经是模糊聚类算法的主要实用算法。FCM 把 n 个向量 $x_i(i = 1, 2, \cdots, n)$ 分成 c 个模糊组，并求每组的聚类中心，使得非相似性指标的目标函数最小。它与 HCM 的区别在于 FCM 用模糊划分，使得每个给定数据点用在 $(0, 1)$ 间的隶属度值来确定其属于各个组的程度，与引入模糊划分相适应，隶属矩阵 U 允许有取值在 $(0, 1)$ 间的元素，不过加上归一化规定，一个数据集的隶属度的总和总等于 1。

$$\sum_{i=1}^{c} u_{ij} = 1, \forall j = 1, \cdots, n \tag{2-8}$$

FCM 的目标函数采用如下形式：

$$J(U, c_1, \cdots, c_c) = \sum_{i=1}^{c} J_i = \sum_{i=1}^{c} \sum_{j=1}^{n} u_{ij}^m d_{ij}^2 \tag{2-9}$$

式中，u_{ij} 介于 $(0, 1)$ 间，c_i 为模糊组 i 聚类中心，$d_{ij} = \|c_i - x_j\|$ 为第 i 个聚类中心与第 j 个数据点间的欧几里得距离，且 $m \in [1, \infty]$ 是一加权指数。构造新的目标函数，可求得使式 (2-9) 达到最小值的必要条件：

$$\bar{J}(U, c_1, \cdots, c_c, \lambda_1, \cdots, \lambda_n) = J(U, c_1, \cdots, c_c) + \sum_{j=1}^{n} \lambda_j \left(\sum_{i=1}^{c} u_{ij} - 1 \right)$$
$$= \sum_{i=1}^{c} \sum_{j}^{n} u_{ij}^m d_{ij}^2 + \sum_{j=1}^{n} \lambda_j \left(\sum_{i=1}^{c} u_{ij} - 1 \right) \tag{2-10}$$

这里 $\lambda_j(j = 1, \cdots, n)$ 是式 (2-10) 的 n 个约束式的拉格朗日乘子。对所有输入参量求导，使式 (2-10) 达到最小的必要条件为：

$$c_i = \frac{\sum_{j=1}^{n} u_{ij}^m x_j}{\sum_{j=1}^{n} u_{ij}^m} \tag{2-11}$$

$$u_{ij} = \frac{1}{\sum_{k=1}^{c} \left(\dfrac{d_{ij}}{d_{kj}} \right)^{2/(m-1)}} \tag{2-12}$$

由上述两个必要条件，FCM 算法是一个简单的迭代过程，可利用下列步骤确定聚类中心 c_j 和隶属矩阵 U。

① 用值在 $(0, 1)$ 间的随机数初始化隶属矩阵 U，使其满足式 (2-8) 中的约束条件；

② 用式 (2-11) 计算 c 个聚类中心 $c_i, i = 1, 2, \cdots, c$；

③ 用式 (2-9) 计算目标函数。如果它小于某个确定的阈值，或它相对上次目标函数值的改变量小于某个阈值，则算法停止；

④ 用式 (2-10) 计算新的 U 阵，返回步骤②。

2. 聚类分析用于系统结构的辨识

聚类法被广泛地用于解决模糊规则的确定问题，它可以和模糊神经建模一起使用，把模糊神经系统中的规则数作为设计参数，并根据输入–输出数据对来确定规则的数目，基本思想是把输入输出数据对分成组，一组采用一条模糊规则，即模糊规则的数目等于组的数量。即首先利用上述模糊 C 均值聚类进行输入空间划分，得到的 c 个聚类作为 c 条模糊规则，同时就确定了 T-S 模型第一层的节点数；将 c 个聚类中心作为式 (2-3) 高斯函数的中心 c_i 的初始值，σ_i 初始值通过公式 $\sigma_i = \|x_{\mu i1} - x_{\mu j2}\|$ 来选取，$x_{\mu i1}$、$x_{\mu j2}$ 是在每个聚类中心两侧隶属度最小的两个样本，这样网络的初始值就可以初步确定，接下来的工作就是对这些值进行调节以达到预期值。

2.2.3　网络参数学习算法

网络各参数的初始值确定之后，必须通过对训练样本的学习来调整权值，才能使网络的输出值更接近实际值。混合学习算法要点包括：在每一个训练步的前半步固定前提参数，采用最小二乘法 (Least Square Estimate，LSE) 对后件参数进行修正；在后半步固定后件参数，采用 BP 算法对前件参数进行修正。这样交替对前后件参数进行调节，经过若干次的训练后，网络可以以高的精度逼近所要建模的系统。

2.3　废水处理混凝投药预测模型

2.3.1　预测数学模型

建立预测数学模型的目的是希望通过 t 时刻的进水 COD、进水 SS、加药量、进水流量、pH、温度及出水 COD，来预测废水处理系统 $t + \Delta t$ 时刻的出水 COD。用数学表达式表达如下：

$$y(t + \Delta t) = F \left\{ \begin{array}{c} x(t), s(t), q(t), u(t), p(t), v(t) \\ y(t), y(t - \Delta t), y_1(t - \Delta t) \end{array} \right\} \tag{2-13}$$

式中，$y(t + \Delta t)$ 表示预测的 $t + \Delta t$ 时刻废水处理系统的出水 COD，$x(t)$、$s(t)$、$q(t)$、$u(t)$、$p(t)$、$v(t)$、$y(t)$ 分别表示 t 时刻的进水 COD、进水 SS、进水流量、加药量、pH、温度和出水 COD；$y(t - \Delta t)$ 表示 $t - \Delta t$ 时刻的出水 COD；$y_1(t - \Delta t) = y(t) - y(t - \Delta t)$ 表示出水 COD 在 $t - \Delta t$ 时刻的一阶导数，用于代表出水 COD 的变化趋势，在此 Δt 取 0.5 h。

2.3.2　训练样本数据的获取

本试验考虑的变量有进水 COD、进水流量、加药量及出水 COD，通过试验我们考察高效反应器出水 COD 值和进水 COD、进水流量、加药量之间的关系，为建立废纸造纸废水处理的模糊控制模型取得足够、合适的训练样本，而忽略诸如 BOD、SS 等其他指标，因为它们的建模原理是一样的，只要在网络输出层再加这些变量即可。

本试验的废水取自某造纸厂，主要原料为废旧箱纸板 (Obsolescence Corrugated Cardboard, OCC)，其水质参数如表 2-7 所示，试验装置和工艺流程如图 2-3 所示，絮凝剂 PAC 的质量分数为 5‰。本试验中的各变量的改变周期为 0.5 h，出水 COD 为剔除了异常值之后的测量平均值，由于在实际生产过程中出水 COD 是变化的，因此每次从工厂取来的进水 COD 都是不同的。

表 2-7　造纸废水的水质参数

COD/(mg·L^{-1})	BOD$_5$/(mg·L^{-1})	SS/(mg·L^{-1})	pH
620~2200	250~510	500~1100	6.5

由上述可知，在试验过程中需要改变进水 COD、进水流量、絮凝剂流量 3 个因素的值，考察相应的出水 COD 变化情况。在多因素的实验中，为了得到正确的结论，按理需对每个因素水平都进行全面的搭配实验才是最好的办法，但全面实验只有当因素不多，每个因素待实验的水平数较少的情况下才可能进行 [5]。

由于实验时进水 COD 的变化范围为 648 ~2120 mg/L，加药量的变化范围为 0.2~1.3 mg/L，进水进水流量的变化范围为 12~18 mg/L。由此可以看出，进水 COD 变化范围大，为了更好地覆盖所有变量空间，需要选择多个水平，假设水平为 6 个，如果加药量和进水流量也都为 6 个，做全面实验至少需要 6×6×6=216 次实验，若选取的水平更高的话，实验次数更多，在目前实验条件下这样的数目是很难完成的。为了满足上述样本数据的要求，结合实验室条件情况，采用正交实验法较为合理，即考虑进水 COD、进水流量和加药量 3 个因素，每个因素选取 4 个水平，在 3 个因素的变化范围内，根据正交实验搭配 L$_{16}$(4^5) 分配实验号进行实验。

实验过程中通过在工厂取回来的废水中加入一定量的清水的方式得到所需的不同 COD 值；在 MCGS 中通过调节 ADAM4024 模块的输出电压改变蠕动泵的转速，得到所需的不同加药量值；在 MCGS 中通过调节 ADAM4024 模块的输出电压改变进水泵电机的转速，从而得到所需的不同进水流量。每一组实验号历时 0.5 h，在这个过程中出水 COD 值自动保存在 MCGS 实时数据库中。

本试验是基于 MCGS 组态软件完成的，因此我们可以从 MCGS 的实时数据库中筛选足够数据作为神经网络的训练样本，本试验中样本数为 64，表 2-8 为用于网络学习的部分样本数据，从表中可看出 COD 值范围为 648~2120 mg/L，大致覆盖了进水 COD 的范围。

表 2-8 用于网络学习的部分样本数据

序号	进水 COD $x(t)/$ $(\mathrm{mg}\cdot\mathrm{L}^{-1})$	加药量 $u(t)/$ $(\mathrm{ml}\cdot\mathrm{s}^{-1})$	进水流量 $v(t)/$ $(\mathrm{ml}\cdot\mathrm{s}^{-1})$	出水 COD $y(t-2\Delta t)/$ $(\mathrm{mg}\cdot\mathrm{L}^{-1})$	出水 COD $y(t-\Delta t)/$ $(\mathrm{mg}\cdot\mathrm{L}^{-1})$	出水 COD $y(t)/$ $(\mathrm{mg}\cdot\mathrm{L}^{-1})$	导数 y_1	导数 y_2	期望出水 COD/ $(\mathrm{mg}\cdot\mathrm{L}^{-1})$
1	2 120	0.7	12	453	472	460	−12	−31	481
2	1 244	0.5	18	335	342	321	−21	−28	336
3	2 120	1.3	18	467	492	457	−35	−60	471
4	648	0.5	14	237	258	245	−13	−34	250
5	1 815	0.7	14	448	467	439	−28	−47	453
6	1 244	0.7	16	298	306	314	8	0	320
7	1 815	1.3	16	425	417	438	21	29	418
8	1 638	0.7	16	418	429	407	−22	−33	415
9	1 638	0.9	18	409	426	413	−13	−30	420
10	1 375	0.4	14	499	525	484	−41	−67	471
11	1 815	0.9	12	437	419	431	12	30	420
12	1 638	1.1	12	394	424	416	−8	−38	407
13	1 638	1.3	14	389	419	398	−21	−51	401
14	979	0.5	12	245	222	237	15	38	215
15	979	0.7	14	311	334	323	−11	−34	328
16	1 520	1.1	14	371	358	351	−7	6	361
17	1 520	1.3	12	346	328	319	−9	9	328
18	2 120	1.1	16	431	458	419	−39	−66	452

······

2.3.3 样本数据分析与处理

1. 数据预处理

理论上讲，BP 神经网络对其输入无限制，但由于样本的各个指标不相同，原始样本中各变量的数量级差别很大，为了一开始就使各变量的重要性处于同等地位，在本试验中对样本的输入按下式进行归一化处理 [6]：

$$\overline{x_i} = \frac{x_i - x_{i\min}}{x_{i\min}x_{i\max}} \tag{2-14}$$

式中，x_i、$x_{i\max}$、$x_{i\min}$ 分别表示第 i 个输入或输出数据及其在学习样本中的最大、最小值，$\overline{x_i}$ 表示归一化后的第 i 个输入向量，其范围为 $(0,1)$。

同理，对于 BP 神经网络的输出进行归一化处理也是必要的。因为 BP 神经网络的算法是力图减小输出层各神经元输出误差的平方和。如果各输出变量在数值上相差太大，那些输出值大的神经元的误差是网络误差中的主要成分，从而得到算法的"特别关照"，致使那些数值较小的输出变量的相对误差较大。而这个问题通过对输出量进行归一化就能解决。输出量的归一化方法与输入量相同。

2. 样本聚类分析

首先分别计算出经过预处理的各样本之间的欧氏距离、马氏距离、布洛克距离及闵可夫斯基距离，再分别采用最短距离法、最长距离法、平均距离法与质心距离法将样本归类，创建聚类树，最后计算出归类前后样本距离的 Cophenetic 相关系数。该参数表示数据与该分类结构拟合程度，用于衡最该分类的歪曲程度。Cophenetic 相关系数大小越接近 1 越好，该度量可用于比较用不同算法得到的分类解，采用不同距离及不同聚类方法求得的 Cophenetic 相关系数值列于表 2-9。

可见，采用布洛克距离，质心距离法的 Cophenetic 相关系数 (0.710 3) 最大。以此为依据，对学习集样本进行归类，生成的聚类冰柱图见图 2-11，可发现样本点 33、46、64 离群倾向明显。

表 2-9　预测网络学习样本的 Cophenetic 相关系数

	欧氏距离	马氏距离	布洛克距离	闵可夫斯基距离
最短距离法	0.373 6	0.825 9	0.459 6	0.758 6
最长距离法	0.657 2	0.840 1	0.638 4	0.748 4
平均距离法	0.693 8	0.867 9	0.700 7	0.783 9
质心距离法	0.690 6	0.862 5	0.710 3	0.783 2

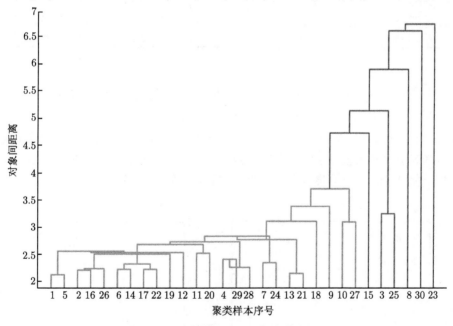

图 2-11　样本数据欧氏距离聚类冰柱图

3. 学习样本主成分分析

主成分分析功能有两个方面：其一是通过成分分析，探讨输入适量降维的可能性 (用几个互不相关的综合因子来代表原来众多的变量)；其二是识别学习集中可能的离群点。对样本集变量做主成分分析，主成分解释方差的帕累托图，如图 2-12 所示。

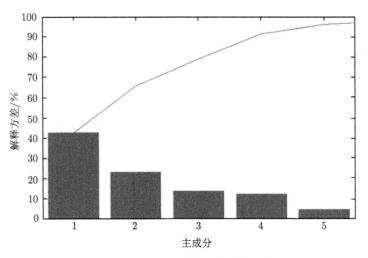

图 2-12　主成分解释方差的帕累托图

各主成分所解释的总方差百分比及累计百分比见表 2-10。

表 2-10　各主成分所解释的总方差百分比及累计百分比

主成分	1	2	3	4	5	6	7	8
解释的总方差百分比/%	42.43	23.08	13.71	12.25	4.53	1.98	1.65	0.37
累计方差百分比/%	42.43	65.51	79.22	91.47	96.00	97.98	99.63	100

利用主成分分析判别学习集中的离群点，结论同聚类分析。图 2-13 给出了二维主成分背景下样本的分布状况，可疑离群点的样本序号已标出。

综合聚类冰柱图与二维主成分背景下学习样本分布图可确定 46、64 离群倾向明显，若用于网络学习会导致大误差，特别是离群点与密集点之间过渡带由于信息稀少，势必难以保证模型泛化性能，从学习集数据分布均匀的要求出发，有必要去除这两点。

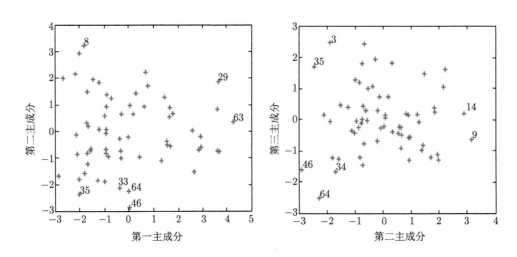

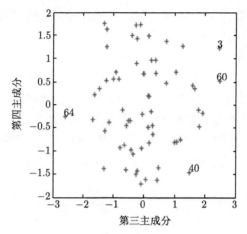

图 2-13　二维主成分背景下样本分布

2.3.4　预测模型的结构辨识

通过对模糊神经网络模型进行性能分析，预测模型结构如图 2-14 所示，隶属度函数选用式 (2-3) 的高斯函数。神经网络的输入量和输入层构成了网络的输入空间划分部分。该部分完成对输入数据的聚类、聚类中心修正工作。系统输入空间由 8 个变量构成，输入空间 $\boldsymbol{X} = (x_1, x_2, \cdots, x_N)$ 中，变量 $x_i(i = 1, 2, \cdots, 8)$ 表示式 (2-2) 中的 8 个变量。神经网络输入节点的个数为输入空间中的变量个数 8。每个输入节点 x_i 与隐层中的 s 个节点相连，其节点个数 s 代表了对输入变量 x_i 的模糊分割数，也就是通过聚类方法得到的模糊规则数。因此输入层节点个数为 $8s$。

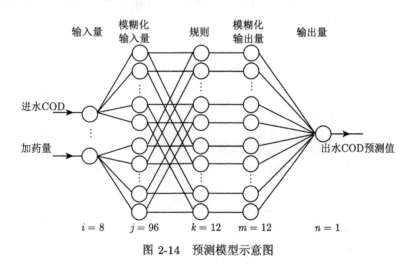

图 2-14　预测模型示意图

系统的模糊推理部分由第一、二、三隐层完成，实现每条规则的匹配工作。若通过聚类方法得到的模糊规则数为 s 条，则第一、二、三隐层的节点数均为 s。

网络的输出层由 1 个节点构成，表示经过推理之后的出水 COD 预测值。

将通过预处理后得到的 62 组数据分成训练数据和测试数据，为了使训练后的网络具有代表性，训练数据选 32 组样本数据，其余 30 组数据为测试数据，它们分别用于聚类工作、网络训练和检验训练后的网络泛化能力。

由于 T-S 模型对输入空间的划分是线性的，即输入变量间是彼此独立的。对于复杂的非线性输入空间，应用 T-S 模型必须将输入空间分割得很细，这样系统中规则的数目将急剧增加，系统显得庞大而不易理解，而聚类算法则能够很好地解决这个问题。在此通过 MATLAB 提供的模糊 C 均值聚类函数对训练数据进行聚类[7]，得到 12 个聚类及其中心，这 12 个类就是从训练数据中归纳出的 12 条模糊规则，即对应的如下规则。

R_i : If x is A_i and v is B_i and $\cdots$ and y_1 is G_i and y_2 is H_i, then $z = f(x, v, \cdots, y_1, y_2)$,
$i = 1, 2, \cdots, 12$。
其中，$A, B, \cdots, G, H$ 为属于变量 $x, v, \cdots, y_1, y_2$ 的模糊变量；$f(\cdot)$ 表示输出 z 与所有输入变量间的线性函数。

而聚类中心也就是式 (2-3) 中的前件参数的初始值，从而也就可以辨识网络结构：第一层的输入变量对应式 (2-2) 的 8 个变量 (节点数 8)；第二层计算每个输入变量对应的隶属度 (节点数 8×12)，第三层实现每条规则的前件计算 (节点数 12)，第四层计算每条规则的适用度 (节点数 12)，第五层为网络输出，计算出水 COD 的预测值 (节点数 1)，其示意图见图 2-14。

从图中可以看出，网络具有 3 层隐含层，可以表达 if-then 控制规则的知识结构，其中隐层第一层把输入变量转换成前提部分的隶属度函数，隐层第一层到第三层是模糊规则部分，输出层是规则的合成输出。

2.3.5 预测模型的参数辨识及仿真

确定模糊神经网络预测模型结构和前件参数初始值后，利用混合算法对网络进行训练，训练过程见图 2-15，当经过 937 步训练后误差 E 达到规定值，此时可以得到修正后的网络前后件参数，它们能够大大改善系统的功能。

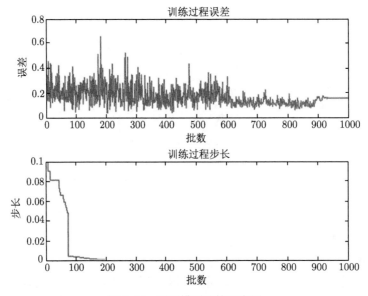

图 2-15　预测模型训练示意图

修正后的预测模型前件参数，即式 (2-3) 高斯函数的中心值和方差如表 2-11 所示，从中可看出，对于每个类，预测模型的 8 个输入变量均有各自的中心值和方差，96(8×12) 个中心值和方差对应 96 个节点。

表 2-11　预测模型前件参数

聚类数	进水 COD$x(t)$		加药量 $v(t)$		进水流量 $u(t)$		出水 COD$y(t-2\Delta t)$	
	中心 c	方差 σ	中心 c	方差 σ	中心 c	方差 σ	中心 c	方差 σ
1	1 638	468.4	0.856 2	0.614 3	15.89	2.104	418	88.46
2	648	468.4	0.307 2	0.343 3	15.96	1.851	275	88.46
3	1 520	468.4	1.301	0.141 3	13.98	1.866	371	88.46
4	2 120	468.4	1.28	0.393 1	18	1.917	467	88.46
5	2 120	468.4	0.673 3	0.369 6	11.98	1.883	453	88.46
6	1 244	468.4	0.503 8	0.357 5	18	1.908	335	88.46
7	1 244	468.4	0.338 2	0.286	12	1.905	374	88.46
8	1 375	468.4	0.081 16	0.052 29	12.02	1.93	515	88.46
9	979	468.4	0.500 3	0.379 7	12	1.913	245	88.46
10	1 375	468.4	0.451 5	0.201 6	15.99	1.922	504	88.46
11	648	468.4	0.792 6	0.412 7	15.98	1.933	495	88.46
12	1 815	468.4	1.327	0.286 4	16	1.92	425	88.46

聚类数	出水 COD$y(t-\Delta t)$		出水 COD$y(t)$		一阶 $y_1(t-\Delta t)$		二阶 $y_2(t-\Delta t)$	
	中心 c	方差 σ	中心 c	方差 σ	中心 c	方差 σ	中心 c	方差 σ
1	429	96.41	407	96.73	-22	23.23	-33	35
2	294	96.41	288	96.73	-5.998	23.23	-25	35
3	358	96.41	351	96.73	-7.003	23.23	6	35
4	492	96.41	457	96.73	-35	23.23	-60	35
5	372	96.41	460	96.73	-12	23.23	-31	35
6	342	96.41	321	96.73	-21	23.23	-28	35
7	368	96.41	399	96.73	31	23.23	37	35
8	489	96.41	461	96.73	-28	23.23	-1.997	35
9	222	96.41	237	96.73	15	23.23	38	35
10	478	96.41	495	96.73	17	23.23	43	35
11	389	96.41	541	96.73	-42	23.23	-32	35
12	417	96.41	438	96.73	21	23.23	29	35

相应修正后的预测模型后件参数，即式 (2-7) 的参数见表 2-12。由于网络输出是输入变量的线性函数，因而每一类均有 9 个常数参数，利用得到的网络前后件参数即可实现样本数据的仿真。

利用训练好的网络模型对训练数据进行仿真，结果见图 2-16，相应的相对误差见图 2-17。从图中可以看出网络的仿真输出与实际输出非常接近，两者的相对误差绝对值范围为 0~0.065%，说明该模型的训练是成功的，具有很强的学习能力，它"储存"了废水处理系统的运行"信息"。正如式 (2-13) 表示的，模型输出变量与输入变量具有时间差的映射关系，因此只要采集到该式右边相关的变量值，模型的输出就是废水的出水 COD 预测值。测试数据的仿真输出见图 2-18，相应的输出相对误差见图 2-19。从图中可看出模型输出曲线很好地跟踪了实际输出曲线，样本模型输出与实际输出的相对误差绝对值范围为 $0.267\,9\%\sim16.105\,7\%$，除了第 4 样本的相对误差 (-16.105%) 较大外，其他样本的相对误差较小。相对误差较大的原因是，足够的训练样本及如何选择训练样本对网络的学习和泛化能力影响甚大，在测试数据仿真误差较大点，其相对于训练样本空间的分布较稀疏，即训练样本空间未能完全包含各种可能的系统信息，网络在其周围未能得到充分的训练。

表 2-12   预测模型后件参数

类号	模型后件参数								
	a	b	c	d	e	f	g	h	i
1	0.038 15	0.133 5	0.701 1	$-0.250\,4$	0.478 7	0.567 4	0.134	$-0.596\,1$	$-0.058\,51$
2	0.102 2	$-0.057\,64$	$-0.183\,4$	-1.629	0.586 8	1.636	1.051	-1.164	$-0.007\,33$
3	$-0.119\,6$	$-0.006\,06$	0.166 4	1.117	0.173 3	0.175 9	0.002 588	0.945 9	0.001 796
4	0.110 8	$-0.066\,1$	0.298 8	0.510 6	$-0.053\,37$	0.15	0.204 1	0.768 1	0.047 08
5	0.075 09	$-0.079\,34$	$-0.477\,4$	0.443 7	0.146 6	0.145 2	$-0.001\,23$	0.295 8	$-0.021\,37$
6	$-0.007\,01$	$-0.024\,94$	0.386 8	0.902	0.179 3	$-0.036\,32$	$-0.203\,9$	0.518 6	0.013 76
7	$-0.219\,3$	$-0.002\,68$	0.062 79	0.480 8	0.594 7	0.646 8	0.052 14	$-0.061\,75$	0.002 753
8	5.71×10^{-5}	8.42×10^{-9}	5.17×10^{-7}	2.12×10^{-5}	2.03×10^{-5}	1.93×10^{-5}	-1.05×10^{-6}	-1.60×10^{-7}	4.21×10^{-8}
9	0.242 4	0.000 239	0.030 89	$-0.224\,7$	0.137 9	0.080 07	$-0.057\,83$	$-0.420\,4$	$-0.001\,23$
10	$-0.085\,34$	$-0.000\,76$	0.010 89	0.401 8	0.387 3	0.422 9	0.035 62	0.050 07	0.000 782
11	$-0.387\,7$	$-0.011\,03$	$-0.103\,2$	1.108	1.305	-0.701	-0.191	$-0.426\,3$	$-0.005\,3$
12	$-0.101\,9$	$-0.001\,47$	0.113 7	0.47	0.850 2	0.202 9	$-0.647\,3$	-1.028	0.002 693

注：$f = ax(t) + bv(t) + cu(t) + dy(t-2\Delta t) + ey(t-\Delta t) + fy(t) + gy_1(t-\Delta t) + hy_2(t-\Delta t) + i$。

另外，输出误差比训练数据的误差大是因为测试数据是网络模型未见过的信息，误差自然相对大些，但这样的误差在废水处理领域是可以接受的，可以用来预测废水出水 COD。

值得提出的是，62 组训练样本数据是分批次实验得到的，因此各批次在时间上是不连续的，但仿真时没有表现出明显的差异，表明神经网络具有很强的抗干扰能力；同时其中 30 组训练样本数据并未参加网络训练，仍能得到较好地输出，说明网络具有较强的泛化能力。

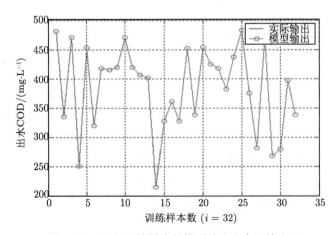

图 2-16   32 组训练样本的模型输出和实际输出

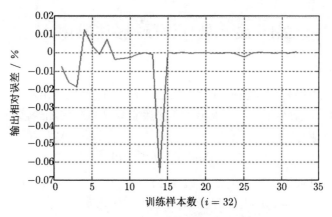

图 2-17　32 组训练数据相对误差

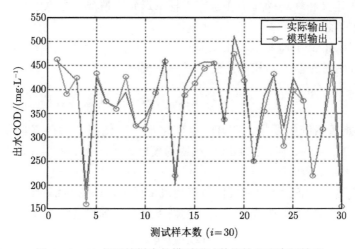

图 2-18　30 组训练样本的模型测试数据输出和实际输出

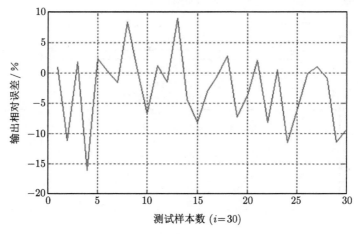

图 2-19　30 组测试数据相对误差

2.4 废水处理混凝投药控制模型

2.4.1 控制数学模型

建立模糊神经网络控制模型的目的是通过 $(t+\Delta t)$ 时刻期望出水 COD 值 $y_d(t+\Delta t)$(一般为定值) 和预测值 $y(t+\Delta t)$，来求出 t 时刻废水处理系统的加药修正量，进而改变加药量，数学表达式如下：

$$\Delta u(t) = F(e, ec) \qquad (2\text{-}15)$$

式中，$\Delta u(t)$ 为 t 时刻的加药修正量；$e(t+\Delta t) = y_d(t+\Delta t) - y(t+\Delta t)$ 为 COD 值变化量；$ec(t+\Delta t) = [y(t) - y(t+\Delta t)]/\Delta t$ 为 COD 值变化率。

2.4.2 控制模型的结构辨识

根据模糊集定义和现场操作员在操作过程中遇到的情况及专家经验，可以得到 49 条模糊规则，模型描述为：

R_m : if x_1 is A_1^i and x_2 is A_2^j, then u is $B^m, i = j = 1, 2, \cdots, 7; m = ij$

其中，x_1, x_2 分别对应偏差 e 和偏差变化率 ec，另：

$$A_1^i = A_2^j = B^m = \{\text{NB}, \text{NM}, \text{NS}, \text{NO}, \text{PS}, \text{PM}, \text{PB}\}$$

根据废水处理系统的要求，COD 值变化量、变化率、加药量的基本论域设定为：$[-50, +50]$、$[-20, +20]$、$[-0.5, +0.5]$，相应的模糊论域均为 $[-6, +6]$，论域中的元素个数为 13，因此量化因子和比例因子为 $k_e = n/x_e = 6/50 = 0.12$；$k_{ec} = m/x_{ec} = 6/20 = 0.3$；$k_u = y_u/l = 0.5/6 = 0.0833$。隶属度函数采用高斯函数，如图 2-20 所示。可以看出，论域中的元素个数约为模糊子集总数的 2 倍，模糊子集对论域的覆盖较好。

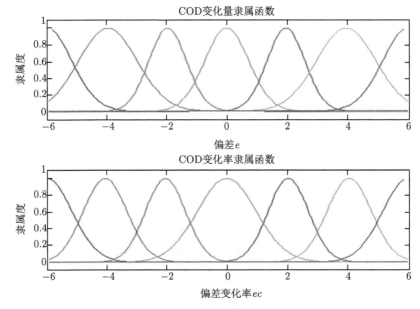

图 2-20 输入变量隶属函数示意图

　　模糊控制模型的结构, 第一层为 2 个节点, 代表 e 和 ec; 第二层为 14 个节点, 代表 14 个隶属度函数, 完成隶属函数值的求取; 第三层为 49 个节点, 代表 49 条模糊规则, 完成模糊规则的前件计算; 第四层为 49 个节点, 代表 49 个隶属度的适用度; 第五层为 1 个节点, 代表 t 时刻加药量的修正量, 控制模型示意图如图 2-21 所示。

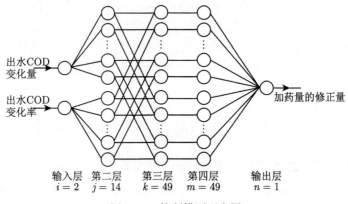

图 2-21　控制模型示意图

2.4.3　控制模型的参数辨识

　　将 49 条模糊规则视作 49 个样本数据对, 对模糊神经网络进行训练, 当网络输出误差最小时, 即已完成 "记住" 模糊规则的任务。相应得到 14 个隶属度函数的参数 (即控制模型的前件参数) 和权值 w[即控制模型的后件参数, 参见式 (2-6)] 如表 2-13、2-14 所示。由于模糊控制规则表包含了废水处理运行过程需要调节加药量的所有可能情况, 控制模型只要记住它们就能起到调节加药量的功能, 并不像预测模型那样还需要检验网络的泛化能力, 因此得到的前后件参数可以准确地映射输入 e、ec 和输出 Δu 的关系, 其模型输出与期望输出误差很小, 几乎为零。

表 2-13　控制模型前件参数

语言变量值		NB	NM	NS	NO	PS	PM	PB
变化量 e	中心 c	-6	-3.945	-1.954	-1.06×10^{-6}	1.954	3.945	6
	方差 σ	0.848 9	0.983 9	0.625 2	0.731 5	0.625 2	0.983 9	0.848 9
变化率 ec	中心 c	-6	-4.046	-2.032	6.08×10^{-7}	2.032	4.046	6
	方差 σ	0.849 1	0.736 1	0.667 7	0.977 8	0.667 7	0.736 1	0.849 1

表 2-14　控制模型后件参数

连接权序号	网络权值						
W1～W7	5.999	5.999	5.996	6.02	3.833	$-0.052\ 63$	0.000 31
W8～W14	6.011	6.011	6.008	6.031	3.859	$-0.040\ 94$	0.012 19
W15～W21	3.714	3.713	3.751	3.858	-1.029	-2.255	-2.237
W22～W28	4.015	4.041	2.202	5.33×10^{-7}	-2.202	-4.041	-4.015
W29～W35	2.237	2.255	1.029	-3.858	-3.751	-3.713	-3.714
W36～W42	$-0.012\ 19$	0.040 94	-3.859	-6.031	-6.008	-6.011	-6.011
W43～W49	$-0.000\ 31$	0.052 63	-3.833	-6.02	-5.996	-5.999	-5.999

当网络有输入 $e(t+\Delta t)$ 和 $ec(t+\Delta t)$ 时，即可得到相应的输出 $\Delta u(t)$。

同时将预测控制模型结合在一起，用于造纸废水处理的控制。其中网络已经训练好，具体的工作过程为：在一体化废水处理系统正常运行过程中，通过采集模块读取 $x(t)$、$u(t)$、$v(t)$、$y_p(t)$，连同 $y_1(t-\Delta t)$、$y_2(t-\Delta t)$ 输入预测模型，经算法计算得到预测值 $y(t+\Delta t)$，预测值与设定值 $y_d(t+\Delta t)$ 比较得到 $e(t+\Delta t)$、$ec(t+\Delta t)$，分别乘以 K_e 和 K_{ec} 后输入模糊控制器，得到 $\Delta u(t)$，再乘以 K_u 后去修正当前的加药量 $u(t)$，进而完成加药量的自动调整，接着重复相同的动作进入下一个周期。至此，完成了预测控制模型的设计工作，接下来就是编写模型算法，并与 MCGS 组态软件相结合，实现在实验室条件下对废水处理过程的智能控制。

2.5 废水处理混凝投药控制效果分析

2.5.1 进水流量变化、进水 COD 不变时的控制效果

在试验过程中，将进水 COD 固定在 1 044 mg/L，在 MCGS 中改变进水流量 12～20 mg/L，其他条件不变，考察废水经高效反应器处理之后的出水 COD 变化。随着进水流量的改变，策略构件会根据控制系统的要求计算出此时应加给废水处理系统的加药量，使出水 COD 控制在 374 mg/L 左右。从 MCGS 实时数据库中调用运行数据，如表 2-15 所示，从表中数据可以看出当进水流量改变时，智能控制系统计算出的加药量使得经高效反应器处理后的废水出水 COD 在 374 mg/L 附近波动，波动范围为 348～413 mg/L，说明该智能控制系统是成功的。

表 2-15 进水流量变化、进水 COD 不变的出水 COD 值

进水 COD/ $(mg\cdot L^{-1})$	进水流量/ $(ml\cdot s^{-1})$	加药量/ $(ml\cdot s^{-1})$	期望出水 COD 设定值/ $(mg\cdot L^{-1})$	出水 COD/ $(mg\cdot L^{-1})$
	12	0.44		359
	13	0.56		395
	14	0.66		348
	15	0.74		350
1044	16	0.83	374	355
	17	0.91		376
	18	1.02		387
	19	1.11		411
	20	1.19		413

2.5.2 进水流量不变、进水 COD 变化时的控制效果

同时，在试验过程中，我们将进水流量固定在 14 ml/s，通过在调节池中加入清水来使进水 COD 从 1 250 mg/L 减少到 632 mg/L，其他条件不变，考察废水经高效反应器处理之后的出水 COD 变化。随着进水 COD 的改变，策略构件会根据控制系统的要求自动计算出此时应加给废水处理系统的加药量，将出水 COD 控制在 400 mg/L 左右。从 MCGS实时数据库中调用运行数据来考察出水 COD 的变化，如表 2-16 所示。从表中数据可以看

出当进水 COD 改变时，智能控制系统计算出的加药量使得经高效反应器处理后的废水出水 COD 在 365 mg/L 附近的小范围内波动，变化范围为 336～395 mg/L，说明该智能控制系统是成功的。

表 2-16　进水流量不变、进水 COD 变化的出水 COD

进水 COD/ (mg·L^{-1})	进水流量/ (ml·s^{-1})	加药量/ (ml·s^{-1})	期望出水 COD 设定值/ (mg·L^{-1})	出水 COD/ (mg·L^{-1})
1 250		1.17		371
1 166		1.14		337
1 048		1.06		378
923	14	0.99	365	395
865		0.9		368
789		0.85		361
703		0.71		347
632		0.63		336

除此之外，在 MCGS 数据库中还保存了系统运行时的丰富数据，个别出水 COD 远离设定值，这可能是由系统运行过程中的异常情况引起的，但是从整体来看，采用加药量自动调节环节后，出水 COD 还是稳定在设定值范围内，部分运行数据见表 2-17。

表 2-17　部分运行数据

进水 COD/ (mg·L^{-1})	进水流量/ (ml·s^{-1})	加药量/ (ml·s^{-1})	出水 COD/ (mg·L^{-1})	进水 COD/ (mg·L^{-1})	进水流量/ (ml·s^{-1})	加药量/ (ml·s^{-1})	出水 COD/ (mg·L^{-1})
1 986	8	0.52	327	1 352	18	1.35	381
1 044	12	0.87	351	1 751	9	1.27	280
1 553	12	0.71	310	1 671	11	0.87	274
1 034	14	1.12	334	1 106	10	0.85	340
1 253	14	1.05	289	898	10	0.68	321
1 354	10	1.21	313	914	13	0.90	314
1 305	9	0.82	330	883	8	0.80	278
932	18	1.32	347	792	8	0.60	280
1 340	16	1.30	296	1 271	12	0.87	354
1 205	9	0.90	284	925	10	0.77	291
1 548	12	0.71	306	954	14	1.05	271
1645	10	1.10	258	1 283	11	1.25	282
1 152	11	1.10	323	997	11	0.82	287
1 042	8	0.55	277	1 547	9	1.17	265
769	7	0.67	318	1 326	13	1.24	256
1 137	15	1.26	276	1 306	14	1.28	243
1 454	11	0.78	315	1 237	12	1.13	318
1 278	16	1.35	306	1 415	8	0.97	327
1 245	10	0.97	320	883	12	0.72	380
873	18	1.32	267	794	15	1.08	257
1 583	10	0.85	307	757	7	0.63	263
1 747	14	1.18	345	725	11	0.75	317
1 892	7	0.75	301	1 005	9	0.95	320
1 152	9	0.87	294	1 154	16	1.23	352

最后需要指出的是，系统从开始运行到停止的过程中，除了往调节池添加废水、配制

5‰ PAC 需要手工操作外，其他操作如 COD 的测定及保存、一体化反应器中污泥的排放、PAC 药量的调节等都是自动完成的，可实现废水处理设备运行状态和出水口水质的自动记录和保存。出水外观清澈透明，实际生产时可部分回用于车间的有关工段，大大减少车间生产工段清水的补充量，而 COD 可以大致稳定在较小的设定值范围内，特别有利于后续的生化处理。

参 考 文 献

[1] 万金泉, 马邕文, 王艳. 废纸造纸废水特点及其处理技术 [J]. 造纸科学与技术，2005, 24(5): 58-60.

[2] 西门子公司. STEP7-MicroWIN32 编程软件说明书.

[3] 董娜, 常建芳, 韩学烁, 等. 大时滞系统的无模型控制方法及应用 [J]. 哈尔滨工程大学学报，2018, 39(12) :1987-1993.

[4] 高新波. 模糊聚类分析及其应用 [M]. 西安: 西安电子科技大学出版社, 2004.

[5] Ruspini E H. A new approach to clustering[J]. Information and control, 1969, 15(1): 22-32.

[6] Zadeh L A. Similarity relations and fuzzy orderings[J]. Information sciences, 1971, 3(2): 177-200.

[7] Tamura S, Higuchi S, Tanaka K. Pattern classification based on fuzzy relations[J]. IEEE Transactions on Systems, Man, and Cybernetics, 1971 (1): 61-66.

[8] Dunn J C. Well-separated clusters and optimal fuzzy partitions[J]. Journal of cybernetics, 1974, 4(1): 95-104.

[9] Bezdek J C. Pattern recognition with fuzzy objective unction algorithms[M]. New York: Plenum Press, 1981.

[10] 张震, 张德聪. 实验设计与数据评价 [M]. 广州: 华南理工大学出版社, 2014.

[11] Roda I R. Development of a case-based system for the supervision of an activated sludge process [J]. Environmental Techonlogy, 2001, 22: 477-486.

[12] Du Y G, Tyagi R D, Bhamidimarri R. Use of fuzzy neural-net model for rule generation of activated sludge process [J]. Process Biochemistry, 1999, 35: 77-83.

第 3 章　废水厌氧处理的混合软测量模型及多目标优化

随着我国工业化水平的不断发展，水污染问题变得尤为突出，水污染控制依旧任重而道远。厌氧处理工艺由于其具有高效、污泥产量小、可生成沼气实现资源回收利用等优点，在工业废水处理中变得越来越重要。然而，厌氧处理过程是一个对环境因素极为敏感的复杂过程，特别是产甲烷菌对环境条件的改变非常敏感，因此为保持废水处理的高效稳定，对废水厌氧处理过程中厌氧反应器的状态进行监控就显得格外重要。

近年来，人们将计算机技术、自动化技术及人工智能技术应用于废水处理过程中，取得了较好的成果。而随着对这些技术的深入研究，软测量技术为解决上述问题提供了新的思路，软测量模型的设计、参数优化等逐渐受到越来越多的关注，是当前废水处理监测与控制领域一个备受关注的研究课题。厌氧处理过程是一个受到物理、化学和生物等多重因素影响的复杂过程，为提高厌氧工艺处理效果，使其高效运行，保证出水水质的同时使沼气产量最大化，对厌氧工艺的参数进行多目标优化是必要的。本章在较为全面地分析了废水厌氧处理工艺的基础上，系统地研究了软测量模型的建模及多目标优化过程中的思路与实现方法，对智能算法在废水厌氧处理中的应用做了一些探索性的工作，为监控、优化和理解厌氧处理过程提供了一定的指导。

3.1　厌氧处理工艺自动监控系统的设计

在实验室条件下搭建了废水厌氧处理过程的自动控制系统。根据实验室具体条件，选择安装软件和硬件设备，完成了工控组态设计，并搭建了实验室废水厌氧处理工艺的自动控制系统，为获取多目标优化模型所需的实验数据做好了准备。

3.1.1　废水厌氧处理简介

IC 厌氧处理工艺技术是由荷兰 Paques 公司研发并推广应用的一种采用新一代高效厌氧内循环反应器的废水厌氧生物处理技术，其核心技术是 IC (内循环) 反应器。IC 反应器具有 2 套并立的三相分离器和 1 套特别的内循环系统，整个反应器按功能分可分为泥水混合区、颗粒污泥膨胀床 (第 I 反应区)、精处理区 (第 II 反应区)、内循环系统和出水区 5 个部分，如图 3-1 所示，具体功能如下：泥水混合区，位于反应器的底部，在该区域中废水和颗粒污泥在进水冲力的作用下均匀混合形成泥水混合状态；第 I 反应区，位于泥水混合区上部，在此区域中，随着废水的不断进入和沼气的不断产生，废水和颗粒污泥在进水和沼气共同作用下充分接触，从而在保持颗粒污泥活性的同时大部分有机物被有效降解，颗粒污泥和沼气在浮力和重力的作用下经第 I 级三相分离器被分离；第 II 反应区，位于第 I 反应区上部，已经过第 I 反应区处理后的废水进入该区域时仅剩下少量的有机物，且颗粒污泥浓度低，因此，沼气产生量少，该区域相对稳定，颗粒污泥和产生的沼气在第 Ⅱ 级三相分离器的作用下再次分离；经过第 Ⅰ、Ⅱ 反应区处理后的泥水混合物会在沉淀区沉降分离，而由三相分离器分离出的沼气会被集中收集到集气室。

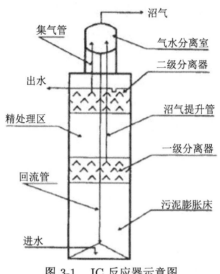

图 3-1   IC 反应器示意图

经过 IC 反应器处理后的有机废水及其有机物质含量明显降低，其中很大一部分被转化为新能源沼气。与其他厌氧处理技术相比，这种处理技术具有承载力强、抗冲击能力强、投资成本低、占地面积小和经济效益好的特点。目前，该技术已成功地应用于造纸[1]、养殖[2] 和啤酒加工[3] 等工业废水处理过程中。

在实验室搭建的废水厌氧处理系统的实验装置示意图如图 3-2 所示，该系统的主体是由本实验室自主设计的 IC 反应器，其直径为 200 mm，高为 1 272 mm，反应器有效体积为 25.12 L。

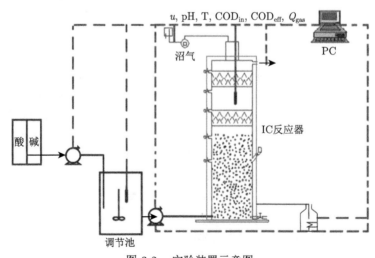

图 3-2   实验装置示意图

该系统设置有一个调节池，并安装有搅拌器以调匀废水水质；在该反应器的最外层，设有一套温度调节装置；酸调节泵、碱调节泵和进水泵均为蠕动泵，可以通过调节泵的输入电压来调节转速，从而实现对进水 pH 的调节和对进水流量的控制。为了方便测量进水和出水 COD，在调节池和出水口分别引出一条小管，通过切换管段可以实现对进水和出水 COD 的在线监测；在反应器顶部的集气室引出一条气体导流管，用于实现产气量的监测。

3.1.2　废水厌氧处理自动控制系统的硬件构架

厌氧处理自动控制系统如图 3-3 所示，工控机 (Industry Personal Computer，IPC) 作为上位机，可编程逻辑控制器 (Programmable Logic Controller，PLC) 作为下位机。本系统所使用的硬件数据采集模块包括 ADAM4520、ADAM4017+ 和 ADAM4024，这些模块的主要功能如下：ADAM4520 是从 RS232 到 RS485 的数据交流装置，能够实现 ADAM4017+、ADAM4024 与工控机之间信息的实时通信，用于实现工控机对驱动设备的远程操控和监测数据的远程在线收集；ADAM4017+ 是一个拥有 16 位分辨率和 8 通道的模/数转换模块，在本系统中用于收集在线监测的进出水 COD 值、pH、温度和产气量等数据；ADAM4024 是一个 12 位分辨率和 4 通道的数/模转换模块，在本系统中用于控制蠕动泵进而调节进水流量和进水 pH。另外，本系统中还有 3 个电磁阀，分别是电磁阀 A、电磁阀 B 和电磁阀 C，系统会通过交替切换这 3 个电磁阀实现对进出水 COD 的测量。

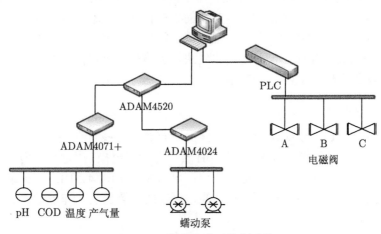

图 3-3　厌氧处理自动控制系统

厌氧处理自动控制系统的硬件配置包括一台基于 Windows CE.NET 嵌入式操作系统的工控机、COD 在线分析仪、pH 在线分析仪、产气量监测仪及其他用于实现本智能控制方案的硬件设备。这些硬件设备包括进水泵、酸调节泵和碱调节泵等，通过控制上位机将信号传递给这些设备，从而实现对进水 pH 和进水流量的调节。

1. IC 厌氧处理系统

该系统的主体为一台由本实验室自主设计，采用有机玻璃材质制造的 IC 反应器，其直径为 200 mm，高为 1 272 mm，有效体积达 25.12 L。该反应器包括第 I 反应区、第 II 反应区、沉降区、集气室、三相分离系统及内循环系统,其中第 I 反应区高为 640 mm,第 II 反应区高为 160 mm,沉降区高为 200 mm,集气室有效高度为 100 mm,回流倾角为 $\pi/3$。

2. 进水泵、酸调节泵和碱调节泵

进水泵、酸调节泵和碱调节泵均采用保定兰格 BT600-2J 型蠕动泵,该型号蠕动泵配有 YZ1515x 型泵头,并可手动设定转速,也可以由外接线路进行远程控制。其适用电源为交流电 90 ～ 260 V,转速范围为 1 ～ 600 r/min,可正向、逆向转动,转速分辨率为 1 r/min,并能提供 0.07 ～ 2200 ml/min 的流量。兰格 BT600-2J 型蠕动泵还具有断电记录功能,可以记录断电前的工作状态,在机器断电后重新接电时,该泵可以根据上次的工作状态继续工作。另外,该泵还具有 RS485 通信功能及外控模拟量和脉冲控制功能。在实验过程中,工控机通过组态软件和数据模块,将数据信号转换为模拟信号传递给蠕动泵,进而实现对进水流量和 pH 的控制。

3. COD 在线分析仪

本系统中的 COD 在线分析仪为美国 HACH 公司的 CODmax 重铬酸钾法 COD 分析仪。该仪器将重铬酸钾氧化法经典分析技术与全新的测试技术相结合,拥有自我检漏、自我状况诊断、自动校正和自动冲洗功能,具有标准 RS485 或 Profibus 通信功能,能够实现双向通信和远程控制。该分析设备不仅能自定义测量时间间隔,还具有数据保存功能,能记忆保留 2000 组数据。它的工作原理是:样品和重铬酸钾、硫酸银溶液、浓硫酸溶液混合,在 175℃ 的高温下被快速完全消解,样品中的有机物从低价态被氧化到高价态,铬离子则因从 VI 价被还原成 III 价而改变颜色,根据电子得失守恒原理,铬离子的颜色改变程度与样品中的有机物含量相对应,仪器通过比色法将色差换算成有机物含量,从而显示出样品的 COD,其测量量程为 3.3 ～ 5000 mg/L,分辨率低于 1 mg/L,准确度 ±10%。

4. pH 在线分析仪

采用美国 HACH 公司 GLI MODEL33 分析仪进行在线监测。该分析仪采用该公司独创的差分测量技术,用三传感器取代传统 pH 传感器的双电极。测量量程为:−2.00 ～ 14.00,灵敏度为 ±0.01 pH。采用 RS485 通讯协议,可以完成与电脑、PLC、记录仪等的信息通讯。同时该仪器具有一键恢复出厂设置功能,可连续存储超过 1 年的数据。

5. 温度监测仪

本系统采用北京九纯健科技发展有限公司生产的 JCJ-100R 型温度感应装置对温度进行在线监测。该型号设备采用进口温度敏感元件,温度量程为 0 ～ 50℃,准确度 ≤ ±0.5℃,可在 −20 ～ 80℃ 的环境中工作,其采用标准的 RS485 通信协议,能够实现与计算机、PLC、记录仪等的实时通信。

6. ORP 在线检测仪

本系统采用广州特佳环保科技有限公司生产的 GOLDTO TP560 型 ORP 监测仪。该分析仪具有双组继电器高低点控制、迟滞量可调、高低点报警指示、掉电记忆等优点。测量量程为 −1000 ～ 1000 mV,灵敏度为 ±1 mV。

7. 湿式气体流量计

本系统采用长春汽车滤清器有限责任公司生产的 LML-1 型湿式气体流量计。流量计有关参数如下：额定流量为 0.2 m^3/h，流量记录为 100 m^3，超额流量为 0.3 m^3/h，最小刻度值为 0.1 × 10^{-4} m^3，正常压力值为 1 000 Pa。

8. 其他参数检测仪及方法

反应器产生的沼气组分采用气相色谱 (A90 气相色谱仪) 外标法测定，VFA 浓度及其组分含量采用气相色谱外标法测定，气相色谱型号为 A90 气相色谱仪，COD 采用快速密闭消解法测量 (韶关明天环保有限公司生产的 XJ-Ⅲ 型 COD 消解仪)。以上指标均采用中华人民共和国生态环境部发布的各项指标检测标准方法测定。

9. 可编辑逻辑控制器

本系统采用可编程逻辑控制器 (PLC) 来控制本自动监控系统中的开关量，而其他量的控制则通过工控机与数/模及模/数模块来实现。本系统中需要控制的 3 个开关量分别为进水 COD 电磁阀、出水 COD 电磁阀和排水阀 (即图 3-3 中的电磁阀 A、电磁阀 B 和电磁阀 C)，因此，小型的 PLC 已能满足本系统的要求，故本系统选用具有 24 个数字量输入和 16 个数字量输出的西门子 S7-200 CPU226(AC/DC/RELAY) 型 PLC 作为下位机。

10. 研华系列模块

研华科技 (中国) 有限公司制造的数据采集模块包括以下几种类型：ADAM4000、ADAM5000 和 ADAM5000/CAN，它们可以通过数据通信协议连接到工控机，从而可以在工控机上远程控制和完成现场的数据收集、模拟量输入/输出、数字量输入/输出、继电器和计数/定时等操作。在本系统中，ADAM4520 作为隔离变换器，将信号隔离转换为 R485 信号；ADAM4024 负责接收工控机发出的数据信号并将其转换为模拟信号传递给蠕动泵；ADAM4017+ 负责将各种在线监测信号转换为数据信号并传送到工控机上。

11. 上位机

上位机，即工控机，作为人机互动的调度中心，负责监测和控制这个系统。本系统选用的工控机为 TPC1521H 嵌入式工业控制计算机，该型号工控机不仅装配有一个主频为 400 MHz 的嵌入式低功耗 CPU，一块尺寸为 15 in①、分辨率为 1024 × 768 的高亮度液晶显示屏和一块分辨率为 1024 × 1024 八线式电阻触摸屏，同时该机型还提前安设有 Windows CE.NET(中文版) 和昆仑 MCGS 组态软件 (运行版)。

3.1.3　废水厌氧处理自动监控系统的软件构架

1. STEP7-Micro/Win32 编程软件

作为一款基于 Windows 操作系统的应用软件，STEP7-Micro/Win32 编程软件是由德国西门子公司开发出来用于可编程逻辑控制器组态和编程的软件包。用户首先在 PC 上使用 STEP7-Micro/Win32 进行编程，接着将编写好的程序下载至 PLC 的 CPU 中，PLC 根

_____

① 1in=2.54cm

据程序信息调度各执行设备以实现自动化控制。本系统在编程软件上进行编程的基础上,通过 PLC 对电磁阀 A/B/C 的控制,实现进出水 COD 的在线监测,具体如下:首先,A/B/C 3 个电磁阀均处于关闭状态;接着,阀门 A 打开,使原水进入 COD 检测槽,持续 1 min 之后关闭阀门 A,CODmax 分析仪对进水 COD 进行分析;2 min 后阀门 C 打开,将 COD 检测槽中的废水排出,8 min 后关闭阀门 C;再过 19 min 后阀门 B 打开,使反应器出水进入 COD 检测槽,持续 1 min 之后关闭阀门 B,CODmax 分析仪对出水 COD 进行分析;2 min 后阀门 C 打开,将 COD 检测槽中的废水排出,8 min 后关闭阀门 C;阀门 A 打开,使原水进入 COD 检测槽,持续 1 min 之后关闭阀门 A,CODmax 分析仪对进水 COD 进行分析;这样循环操作下去。

2. MCGS 组态软件

MCGS 组态软件是我国自主研发出的一款工业组态控制软件,可通过与硬件设备配套组合实现现场数据采集与处理、实时监测和过程控制等,具有视觉性强、操作简易、安全性高、可维护性强等特点。MCGS 组态软件由 McgsSet 和 McgsRun 两大板块组成,McgsSet 可供操作者实现组态界面设计、设备组建、操作策略编辑、数据表格设置等组态工作,McgsRun 用于运行和操作已设计完成的组态,McgsSet 与 McgsRun 结合在一起所组成的系统被称为工程。

MCGS 组态软件所建立的工程具有 5 个部分,如图 3-4 所示,分别为:主控窗口、设备窗口、用户窗口、实时数据库和运行策略,各部分具有不同的操作功能如图 3-5 所示。通过对各部分组态的设定以完成工程的搭建,本书中造纸废水厌氧处理工艺自动化控制系统的组态设计具体情况如下。

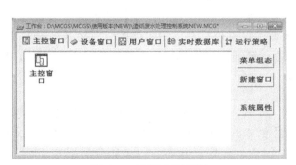

图 3-4　工程主界面图

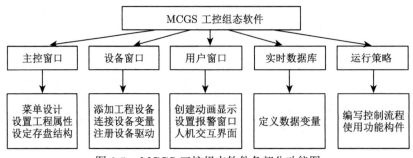

图 3-5　MCGS 工控组态软件各部分功能图

1) 菜单组态设计

主控窗口主要用于对运行环境的菜单编辑、工程信息定义及存盘信息设定等，本系统设计的运行环境菜单包括系统管理、造纸废水厌氧工艺自动化控制系统、历史数据和报警系统，如图 3-6 所示。

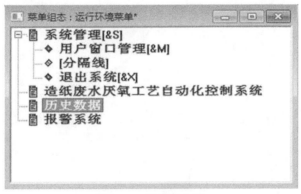

图 3-6　菜单组态图

2) 设备组态设计

设备组态的设计在设备窗口中完成，用于完成组态工程与外部设备的连接，从而实现现场数据采集和设备的控制等。本系统中设计 2 台通用串口父设备如图 3-7 所示，即通用串口父设备 0 和通用串口父设备 1。通用串口父设备 0 中设有设备 0，即西门子 S7-200PPI，用于连接组态软件与 PLC 之间的信息通信；通用串口父设备 0 下设有设备 1、2、3，分别驱动模块 ADAM 4017+、ADAM 4024 和 ADAM 4520，用于实现 MCGS 组态软件与数据采集模块之间信息的实时通信。

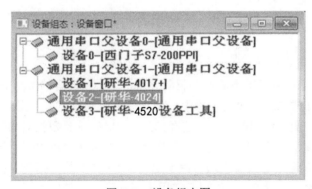

图 3-7　设备组态图

3) 用户窗口组态设计

本系统所建立起的用户窗口组态如图 3-8 所示，包括系统界面、历史数据和报警系统。其中，系统界面为主界面，该界面显示有进水 COD、pH、温度值、产气量和出水 COD 及 pH 的设定值，其运行效果如图 3-9 所示；历史数据界面用于显示系统所存储的历史数据，包括进出水 COD、pH、温度值、产气量和进水流量等，供用户查看与打印相关数据；报警系统界面用于系统运行紊乱时的提醒与记录，便于用户及时调整，保证系统正常运行。

图 3-8   用户窗口组态图

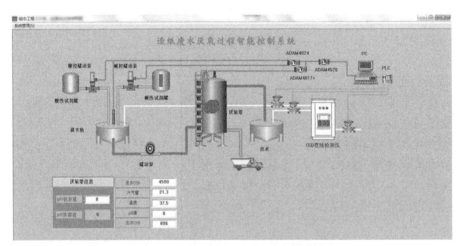

图 3-9   造纸废水厌氧过程智能控制系统界面

4) 实时数据库组态设计

实时数据库用于自定义采集数据、驱动设备、动画衔接等的数据对象属性，如图 3-10 和图 3-11 所示。在数据对象属性设置中，用户可以选择性定义数据对象的名称、初始值、工程单位、小数位、最大值和最小值及注释信息，但必须选择数据对象的类型，组态软件中的数据对象类型包括：开关型、数值型、字符型、事件型和组对象型。开关型通常用于定义 I/O 类型数据对象的状态；数值型通常用于定义读/写数字的数据对象；字符型通常用于定义读/写字符信息的数据对象；事件型通常用于定义记录事件发生或结束的数据对象；组对象型用于定义其他类型的数据对象。本系统中定义为数值型的数据对象包括进水流量、进水 COD、出水 COD、pH、温度值和产气量，定义为开关型的数据对象包括电磁阀 A、电磁阀 B 和电磁阀 C。

5) 运行策略组态设计

运行策略部分用于编写工作流程和使用功能构建，包括策略组态、新建策略和策略属性，用户通过新建策略和策略组态及定义策略属性来实现对工程的运行流程控制，使得工

图 3-10　实时数据库

图 3-11　数据对象属性设置图

程能按要求有序运行。如图 3-12 所示，策略的类型总共有用户策略、循环策略、报警策略、事件策略和热键策略 5 种，各类型用于定义不同功能的策略。其中，用户策略是供按钮类、菜单类及其他类使用的策略；循环策略是按照用户所设置的时间间隔反复有序运行的策略；报警策略是只有当报警事件发生时才触发的策略；事件策略是当某事件满足用户所设置的条件时才触发的策略；热键策略是当按下某个特定按键时才触发特定操作的策略。本系统中设定的策略有 6 个，如图 3-13 所示，其中启动策略和退出策略为系统本身自带的策略，循环策略、保存数据、读进水 COD 和读出水 COD 为自定义策略。循环策略用于按照设定的循环时间读写电磁阀 A/B/C 的状态；保存数据策略用于保存系统数据；读进水 COD 策略和读出水 COD 策略分别用于读取进水和出水的 COD。

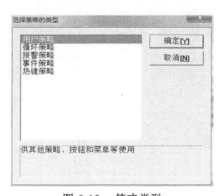

图 3-12　策略类型

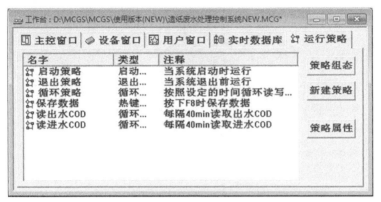

图 3-13　运行策略图

3.2　基于云模型的 pH 智能控制器

3.2.1　废水处理 pH 控制策略

　　废水厌氧生物处理是一个复杂的过程，受到多种成分的影响，主要环境影响成分包含温度、pH、碱度、微量元素、氧化还原电位及有毒有害组分等。其中，pH 作为最重要的影响因素之一，通过影响厌氧微生物的生长和群落的分布，间接影响到厌氧处理效果的好坏，尤其对废水厌氧处理过程中甲烷菌的生长影响很大，产甲烷菌最宜于生长的 pH 在 $6.5 \sim 7.8$[4]。在控制 pH 时，通常是通过人工手动加药调节 pH，这种调节方式存在着诸多弊端，如难以确定最适的药剂量，引起大量药剂浪费问题等。因此，采用自动化控制技术调节 pH 取代人工调节 pH 是废水厌氧处理技术中的一大发展趋势。

　　pH 是对溶液酸碱度的定义，可根据溶液中的 $[H^+]$ 浓度表示为 $pH = -\lg 10[H^+]$ 或 $[H^+] = 10 - pH$。废水 pH 控制过程实质上是酸碱中和的过程，而酸碱中和是强烈的非线性过程，同时造纸废水的不稳定性和时变性特点使得 pH 与控制量之间存在着严重的非线性关系，难以建立准确的 pH 数学控制模型。图 3-14(a) 为 pH 调节过程原理图，表明实际控制中控制器通过将控制信号传递给酸碱液泵从而实现对 pH 的控制。图 3-14(b) 为酸碱

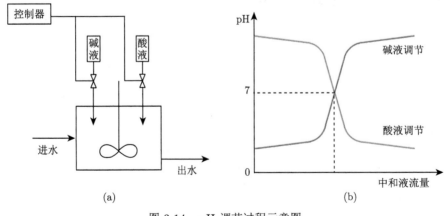

(a)　　　　　　　　　　　　　　　　　　(b)

图 3-14　pH 调节过程示意图

中和液与 pH 之间的变化曲线，由图可知，当采用酸碱中和液对 pH 进行调节控制时，在 pH=7 附近调节液对 pH 的改变非常迅速。所以智能控制器对目标的控制，实质上归结于对信号的处理和控制。因此，本控制器也通过对泵的控制来实现对 pH 的控制，即被控对象为酸碱泵，并在 Simulink 中与传统 PID 控制器进行比较和验证。

3.2.2　云模型控制器设计

云模型控制器的结构如图 3-15 所示，整体结构与传统的 PID 控制器类似，同样由比例控制、积分控制和微分控制 3 部分组成，输入量为 pH 设定值与实测值之间的偏差 e 及偏差变化率 ec，输出量为泵的速度 u，但与传统的 PID 控制器不同的是云模型控制器在比例、积分和微分阶段的参数具有自整定能力，能够根据情况自发调整参数，进而实现更佳的控制。对于传统的 PID 控制器比例、积分和微分阶段的控制参数 K_P、K_I 和 K_D 的修正原则如下。

① 当偏差 $|e|$ 较大时，取较大的 K_P 有助于提高响应速度；为了防止偏差变化率 ec 瞬时过大，应取较小的 K_D，这样可以避免可能出现的微分过饱和情况；另外，为了避免产生较大的超调量，应对 K_I 加以限制，通常会取零，以避免可能产生的积分过饱和情况。

② 当偏差 $|e|$ 和偏差变化率 $|ec|$ 适中时，为使控制系统具有较小的超调量，需要小一点的 K_P，同时需要适中的 K_I 和 K_D 来保证系统具有较快的响应速度。

③ 当偏差 $|e|$ 较小即真实值与设定值相近时，为了使系统保持良好的稳定性，K_P 与 K_I 均应取大些，为避免在平衡点出现振荡 K_D 取值要适当。

④ 一般情况下，$|ec|$ 较大时，需要一个较小的 K_D；而 $|ec|$ 较小时需要一个较大的 K_D，以尽量减小平衡点出现的振荡。当调节 $|ec|$ 时，K_P 与 K_I 的取值成反比例关系，即 $|ec|$ 较大时，K_P 越小 K_I 越大；$|ec|$ 较小时，K_P 越大 K_I 越小。

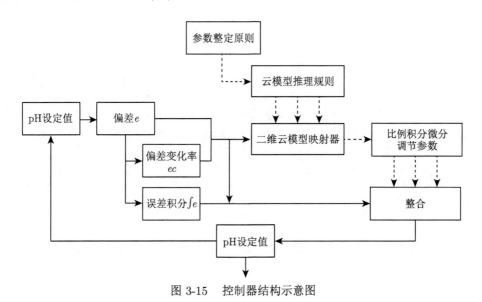

图 3-15　控制器结构示意图

根据上述原则及上一节云发生器、云推理机和二维云模型基本概念的描述，对云控制器进行设计。首先，对云模型的输入 e 和 ec 进行预处理，使得偏差 $e \in [-1, +1]$，偏差变

化率 $ec \in [-1, +1]$；接着，定义云模型输出为 K_p'、K_i' 和 K_d'，其中 K_p'、K_i' 和 K_d' 均属于 $[-1, +1]$。K_p'、K_i' 和 K_d' 用于修正原设定的 K_p、K_i 和 K_d，即修正后比例控制阶段的参数为 $K_p + K_p'$，修正后积分控制阶段的参数为 $K_i + K_i'$，修正后微分控制阶段的参数为 $K_d + K_d'$，按照上述方法分别建立比例云模型、积分云模型和微分云模型，其中设定：

e 云模型的规则前件为 $e \in \{e_1, e_2, e_3, e_4, e_5, e_6, e_7\}$；

ec 云模型的规则前件为 $ec \in \{ec_1, ec_2, ec_3, ec_4, ec_5, ec_6, ec_7\}$；

K_p' 云模型的规则后件为 $k_p \in \{k_{p1}, k_{p2}, k_{p3}, k_{p4}, k_{p5}, k_{p6}, k_{p7}\}$；

K_i' 云模型的规则后件为 $k_i \in \{k_{i1}, k_{i2}, k_{i3}, k_{i4}, k_{i5}, k_{i6}, k_{i7}\}$；

K_d' 云模型的规则后件为 $k_d \in \{k_{d1}, k_{d2}, k_{d3}, k_{d4}, k_{d5}, k_{d6}, k_{d7}\}$。

根据参数整定原则，设定各子云模型的数字特征如表 3-1、表 3-2 和表 3-3 所示。

表 3-1 K_p' 云模型前后件数字特征

规则前件 e	云模型特征	规则前件 ec	云模型特征	规则后件 k_p	云模型特征
e_1	$(-1, 0.3, 0.01)$	ec_1	$(-1, 0.3, 0.01)$	k_{p1}	$(-1, 0.3, 0.01)$
e_2	$(-0.75, 0.3, 0.01)$	ec_2	$(-0.75, 0.3, 0.01)$	k_{p2}	$(-0.5, 0.3, 0.01)$
e_3	$(-0.28, 0.3, 0.01)$	ec_3	$(-0.5, 0.3, 0.01)$	k_{p3}	$(-0.25, 0.3, 0.01)$
e_4	$(0, 0.3, 0.01)$	ec_4	$(0, 0.3, 0.01)$	k_{p4}	$(0, 0.3, 0.01)$
e_5	$(0.28, 0.3, 0.03)$	ec_5	$(0.5, 0.3, 0.01)$	kp_5	$(0.25, 0.3, 0.01)$
e_6	$(0.75, 0.3, 0.01)$	ec_6	$(0.75, 0.3, 0.03)$	k_{p6}	$(0.5, 0.3, 0.03)$
e_7	$(1, 0.3, 0.03)$	ec_7	$(1, 0.3, 0.03)$	k_{p7}	$(1, 0.3, 0.03)$

表 3-2 K_i' 云模型前后件数字特征

规则前件 e	云模型特征	规则前件 ec	云模型特征	规则后件 k_i	云模型特征
e_1	$(-1, 0.4, 0.01)$	ec_1	$(-1, 0.4, 0.01)$	k_{i1}	$(-0.06, 0.006, 0.01)$
e_2	$(-0.5, 0.4, 0.01)$	ec_2	$(-0.5, 0.4, 0.01)$	k_{i2}	$(-0.03, 0.006, 0.01)$
e_3	$(-0.25, 0.4, 0.01)$	ec_3	$(-0.25, 0.4, 0.01)$	k_{i3}	$(-0.015, 0.006, 0.01)$
e_4	$(0, 0.4, 0.01)$	ec_4	$(0, 0.4, 0.01)$	k_{i4}	$(0, 0.006, 0.01)$
e_5	$(0.25, 0.4, 0.01)$	ec_5	$(0.25, 0.4, 0.01)$	k_{i5}	$(0.015, 0.006, 0.01)$
e_6	$(0.5, 0.4, 0.01)$	ec_6	$(0.5, 0.4, 0.01)$	k_{i6}	$(0.03, 0.006, 0.01)$
e_7	$(1, 0.4, 0.01)$	ec_7	$(1, 0.4, 0.01)$	k_{i7}	$(0.06, 0.006, 0.01)$

表 3-3 K_d' 云模型前后件数字特征

规则前件 e	云模型特征	规则前件 ec	云模型特征	规则后件 k_d	云模型特征
e_1	$(-1, 0.1, 0.01)$	ec_1	$(-1, 0.1, 0.01)$	k_{d1}	$(-0.03, 0.003, 0.01)$
e_2	$(-0.5, 0.1, 0.01)$	ec_2	$(-0.5, 0.1, 0.01)$	k_{d2}	$(-0.015, 0.003, 0.01)$
e_3	$(-0.25, 0.1, 0.01)$	ec_3	$(-0.25, 0.1, 0.01)$	k_{d3}	$(-0.008, 0.003, 0.01)$
e_4	$(0, 0.1, 0.01)$	ec_4	$(0, 0.1, 0.01)$	k_{d4}	$(0, 0.003, 0.01)$
e_5	$(0.25, 0.1, 0.01)$	ec_5	$(0.25, 0.1, 0.01)$	k_{d5}	$(0.08, 0.003, 0.01)$
e_6	$(0.5, 0.1, 0.01)$	ec_6	$(0.5, 0.1, 0.01)$	k_{d6}	$(0.015, 0.003, 0.01)$
e_7	$(1, 0.1, 0.01)$	ec_7	$(1, 0.1, 0.01)$	k_{d7}	$(0.03, 0.003, 0.01)$

依照参数整定原则，并结合技术专家和实际操作人员的经验，设定 K_p' 云模型的推理规则库如表 3-4 所示，这种情况下产生的 K_p' 与 e 和 ec 的关系如图 3-16 所示。

设定 K_i' 云模型的推理规则库如表 3-5 所示，这种情况下产生的 K_i' 与 e 和 ec 的关系如图 3-17 所示。

表 3-4　K_p' 云模型推理规则库

K_p'		ec						
		ec_1	ec_2	ec_3	ec_4	ec_5	ec_6	ec_7
	e_1	k_7	k_7	k_6	k_6	k_5	k_4	k_4
	e_2	k_7	k_7	k_6	k_5	k_5	k_4	k_3
	e_3	k_6	k_6	k_6	k_5	k_4	k_3	k_3
e	e_4	k_6	k_6	k_5	k_4	k_3	k_2	k_2
	e_5	k_5	k_5	k_4	k_3	k_3	k_2	k_2
	e_6	k_5	k_4	k_3	k_2	k_2	k_2	k_1
	e_7	k_3	k_3	k_2	k_2	k_2	k_1	k_1

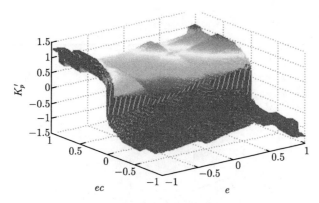

图 3-16　K_p' 与 e 和 ec 之间的关系

表 3-5　K_i' 云模型推理规则库

K_i'		ec						
		ec_1	ec_2	ec_3	ec_4	ec_5	ec_6	ec_7
	e_1	k_1	k_1	k_2	k_2	k_3	k_4	k_4
	e_2	k_1	k_1	k_2	k_3	k_3	k_4	k_4
	e_3	k_1	k_2	k_3	k_3	k_4	k_5	k_5
e	e_4	k_2	k_2	k_3	k_4	k_5	k_6	k_6
	e_5	k_2	k_3	k_4	k_5	k_5	k_6	k_7
	e_6	k_4	k_4	k_5	k_5	k_6	k_7	k_7
	e_7	k_4	k_4	k_5	k_6	k_6	k_7	k_7

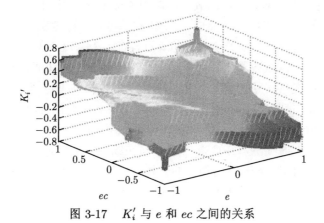

图 3-17　K_i' 与 e 和 ec 之间的关系

设定 K_d' 云模型的推理规则库如表 3-6 所示，这种情况下产生的 K_d' 与 e 和 ec 的关系如图 3-18 所示。

表 3-6　　K_d' 云模型推理规则库

K_d'		ec						
		ec_1	ec_2	ec_3	ec_4	ec_5	ec_6	ec_7
e	e_1	k_5	k_3	k_1	k_1	k_1	k_2	k_5
	e_2	k_5	k_3	k_1	k_2	k_2	k_3	k_4
	e_3	k_4	k_3	k_2	k_2	k_3	k_3	k_4
	e_4	k_4	k_3	k_3	k_3	k_3	k_3	k_4
	e_5	k_4	k_4	k_4	k_4	k_4	k_4	k_4
	e_6	k_7	k_3	k_5	k_5	k_5	k_5	k_7
	e_7	k_7	k_6	k_6	k_6	k_5	k_5	k_7

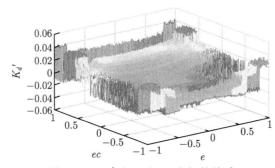

图 3-18　K_d' 与 e 和 ec 之间的关系

建立好云模型控制器结构后，接下来将在实际运行和仿真对比情况下验证该控制器的效果和性能。

3.2.3　MCGS 下实现 pH 的控制与结果

OPC (OLE for Process Control) 标准是一种通用的工业标准，该标准以 Windows 系统的 OLE 技术为基础，采用标准化接口的形式，从应用层实现自动化数据的传输 [5]。OPC 标准由 OPC 服务器和 OPC 客户端组成，其中 OPC 服务器是实现上位机与下位机信息交流的平台，它由 OPCsever、OPCgroup 和 OPCitem 3 部分组成，所有的信息交互均通过 OPCgroup 下设立的 OPCitem 完成。OPC 技术可以很好地实现 PLC 与组态软件的通信，从而实现 PLC 运行及监控的全虚拟仿真过程 [6]。MATLAB 2010b 软件集成了 OPC 工具箱，能够建立 OPC 服务器，为用户提供数据访问与传输功能。本部分使用的 MCGS 组态软件具有 OPC 功能，用户通过设定能够实现上位机与下位机之间的信息互动，进行 MATLAB 与 MCGS 信息交流，进而实现实际操作中云模型控制器对 pH 的控制。

整个控制过程如图 3-19 所示，具体工作流程如下：先在 MCGS 中设定 pH 的期望值即 $\mathrm{pH_{set}}$，然后，MCGS 通过 OPC 将 $\mathrm{pH_{set}}$ 与在线监测装置监测到的 pH 真实值 $\mathrm{pH_{real}}$ 传送给 MATLAB，MATLAB 调用预设的云模型控制程序对 $\mathrm{pH_{set}}$ 和 $\mathrm{pH_{real}}$ 进行处理并产生一个控制量值 u，即加药泵的转速。接着，MATLAB 通过 OPC 将 u 返还给 MCGS，MCGS 通过 D/A 模块将控制信息传给加药泵，加药泵执行命令，这样便实现了对 pH 的控制。在实验操作中，设定 pH 的期望值 pH_{set} 为 9，运行该控制系统，结果如图 3-20 所示。从图上可知，经过 22 min 后废水的 pH 被控制在 9 附近，这说明本节所设计的云模型控制器是成功的，在实际运行中能够有效地控制 pH。

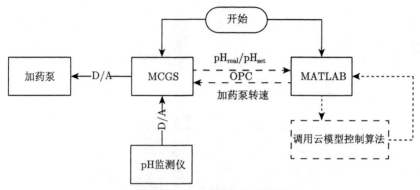

图 3-19　pH 实际控制流程图

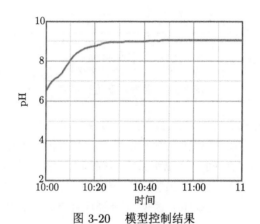

图 3-20　模型控制结果

3.2.4　仿真分析

在 MATLAB/Simulink 环境下进行仿真实验，在 pH 控制过程中，被控对象为酸碱调节泵，因此传递函数选为

$$G(S) = \frac{K \times e^{-\tau s}}{(T_1 \times S + 1) \times (T_2 \times S + 1)} \tag{3-1}$$

取滞后时间 $\tau = 0$，$K = 32$，$T_1 = 2$，$T_2 = 1$，即仿真过程中的传递函数为

$$G(S) = \frac{32}{2S^2 + 3S + 1} \tag{3-2}$$

同时将传统 PID 控制器与云模型控制器进行对比，设定参数均为 $K_P = 1.2, K_I = 0.1$，$K_D = 0.5$，仿真结果如图 3-21 所示。

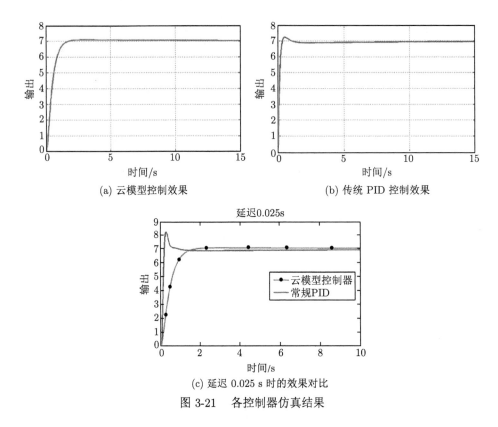

(a) 云模型控制效果   (b) 传统 PID 控制效果

延迟0.025s

(c) 延迟 0.025 s 时的效果对比

图 3-21   各控制器仿真结果

与常规 PID 的控制效果相比，云模型控制器表现出更小的超调量，更快的参数整定速度和更短的调节时间。从系统响应上看，云模型控制器的稳态响应延迟时间要短于常规 PID 控制器的稳态响应延迟时间。这说明云模型控制器的控制性能优于常规 PID 控制器，这种控制策略有效可行。当延迟为 0.025 s 时云模型控制器的控制效果良好，而常规 PID 控制器出现了更大的超调量，这说明云模型控制器具有更好的鲁棒性。由于云模型将模糊性与随机性有机地结合在一起，利用不确定性原理实现了概念与定量数据之间的相互转换，在对控制参数进行微调的过程中，一方面，随机性为控制器能在总体上获得优化参数提供了可能；另一方面云模型的定性概念又保证了参数的倾向性。值得一提的是，二维云模型的规则库为控制器参数的整定指明了方向，从而使得控制器各阶段的参数得到整定，仿真结果表明云模型控制器对 pH 的控制效果优于 PID 控制器。云模型控制器的结构简单、推理过程直观明朗、设计简单，能够实现对 pH 的有效控制。

3.3   基于 PCA-LSSVM 的厌氧处理出水水质软测量

3.3.1   PCA-LSSVM 的厌氧处理出水水质软测量模型

在实验室搭建厌氧废水处理系统，完成常温下厌氧反应器的启动后，分别在两个稳定运行阶段采集数据，为后续建立出水 VFA 和 COD 稳态软测量建模提供充足建模数据；然后研究浓度、水力和碱度 3 种冲击负荷下厌氧反应器 pH、ORP、产气量及其组分、出水 COD 和 VFA 等参数的响应情况，为出水 COD 和 VFA 的动态软测量建模提供数据。

　　经过 15 天的运行，厌氧反应器已经适应了人工配制的葡萄糖废水，接着将进行两阶段的稳态试验。

　　第一阶段稳态试验以初步启动后的状态为基础，通过提高进水流量控制 HRT 为 15.36 h，12.29 h，9.83 h，通过调节饱和 $NaHCO_3$ 溶液的流量将反应器内的 pH 控制在 6.5 ~ 7.2，厌氧反应器依然在室温下运行。在每个水力停留时间运行稳定后开始采集稳定运行数据，另外通过降低进水碱度使反应器酸化来获取少量干扰数据。这一阶段取得的数据将用于厌氧废水处理系统出水 VFA 的软测量建模。第二阶段的稳态试验，在进水 COD 为 3 000 mg/L、4 000 mg/L 和 5 000 mg/L 的条件下通过调节进水量将 HRT 控制在 12 h，9 h，6 h。同样通过调节 $NaHCO_3$ 的加入量将反应器内的 pH 控制在 6.5 ~ 7.2，与以往不同的是，这一阶段的试验设置了进水热交换装置以将反应器内的温度控制在 35℃ 左右。这一阶段的试验数据将用于出水 COD 的软测量建模。

　　厌氧消化系统对环境的波动比较敏感，而这种波动很可能是有机物浓度冲击、水力冲击、毒性冲击及厌氧反应器碱度不足造成的。为了保持厌氧消化系统的稳定性，需要对厌氧消化系统的各项指标进行密切监测以识别扰动。

　　进行冲击负荷试验前，调整反应器运行状态，使其在进水 COD 为 10 000 mg/L、HRT 为 24 h 的条件下运行稳定，冲击负荷试验也设置热交换装置维持厌氧反应器稳定在 35℃ 左右运行。如表 3-7 所示，一共设计了 3 个典型的冲击负荷试验，分别为 6 倍有机浓度冲击、6 倍水力冲击和零碱度冲击 (指进水不添加 $NaHCO_3$ 而非真实碱度为 0)。

表 3-7　冲击试验操作条件

试验名称	持续时间	操作条件
6 倍有机浓度冲击	8 h	进水 COD 60 000 mg/L 进水 $NaHCO_3$ 浓度 3 000 mg/L HRT 24 h, OLR 60 kgCOD/(m³·d)
6 倍水力冲击	12 h	进水 COD 10 000 mg/L 进水 $NaHCO_3$ 浓度 3 000 mg/L HRT 4 h, OLR 60 kgCOD/(m³·d)
零碱度冲击	12 h	进水 COD 10 000 mg/L 进水不添加 $NaHCO_3$ HRT 24 h, OLR 10 kgCOD/(m³·d)

3.3.2　厌氧出水 VFA 软测量模型

1. VFA 稳态软测量模型

1) 原始数据采集及预处理

　　采用颗粒污泥接种，厌氧反应器可以快速启动。厌氧废水处理系统稳定运行后开始采集数据，按照实验方法连续运行 120 d。稳态采集到的数据人工剔除明显异常值后利用拉依达准则剔除离群值，然后从中选取 90 组数据作为稳态数据，其中前 70 组作为训练数据，后 20 组作为测试数据。为了验证模型对厌氧反应器酸化条件的预测性能及 LSSVM 模型的抗干扰及泛化能力，降低进水碱度使反应器酸化并采集酸化条件下的非稳态数据，再选取 30 组数据加入稳态数据组成稳态干扰数据，共 120 组数据。前 85 组做训练数据，后 35 组做预测数据。数据选择好以后，分别对稳态数据和稳态干扰数据进行归一化处理以消除量纲影响。

2) 主成分分析

为了去除冗余信息及减少 LSSVM 的计算量，对预处理后的数据使用 MATLAB 2013a 软件进行 PCA 分析，在明确各个输入变量的相关性的同时，降低输入数据维数。图 3-22 和图 3-23 分别是稳态数据和稳态干扰数据的 2-D 双标图，双标图显示了辅助变量与样本点之间的多元关系。

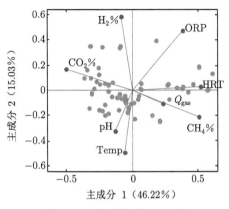

图 3-22　稳态数据的双标图

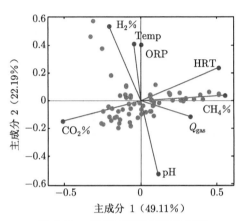

图 3-23　稳态干扰数据的双标图

稳态数据第一主成分的方差贡献率为 46.22%，第二主成分的方差贡献率为 15.03%，合起来总贡献率为 61.25%，属于中等稍偏高的拟合度水平。前两个主成分的信息比 IR 值均大于 1 (见表 3-8，分别为 3.24 和 1.05)，表明稳态数据的 2-D 双标图可以很好地体现数据中的规律。对于稳态干扰数据，第一主成分的方差贡献率为 49.11%，第二主成分的方差贡献率为 22.19%，合起来总贡献率为 71.30%，也属于中等稍偏高的拟合度水平。稳态干扰数据前两个主成分的 IR 值分别为 3.43 和 1.55，均大于 1，因此稳态干扰数据的 2-D 双标图也可以很好地体现数据中的规律。

表 3-8　各主成分方差贡献率、累计方差贡献率及信息比

数据类型	测量类型	主成分						
		1	2	3	4	5	6	7
稳态数据	方差贡献率/%	46.22	15.03	13.97	9.91	6.56	4.80	3.51
	累计方差贡献率/%	46.22	61.25	75.22	85.13	91.69	96.49	100
	信息比 IR	3.24	1.05	0.98	0.69	0.46	0.36	0.25
稳态干扰数据	方差贡献率/%	49.11	22.19	14.29	7.96	3.64	1.79	1.02
	累计方差贡献率/%	49.11	71.3	85.59	93.55	97.19	98.98	100
	信息比 IR	3.43	1.55	1.00	0.56	0.25	0.13	0.07

从表 3-8 可以看出，对于稳态数据前 4 个主成分的累计方差贡献率为 85.13%，前 5 个主成分的累计方差贡献率达 91.69%；对于稳态干扰数据前 3 个主成分的累计方差贡献率为 85.59%，前 4 个主成分的累计方差贡献率则达到 93.55%。综合考虑，对于稳态数据选择前 5 个主成分作为 LSSVM 模型的输入变量，对于稳态干扰数据选择前 4 个主成分作为 LSSVM 模型的输入变量。

3) LSSVM 模型参数确定

建模时，为了得到较好的性能，需要选择合适的核函数、核参数 σ^2 和正则化参数 γ。本书选取 RBF 函数作为 LSSVM 的核函数，应用 MATLAB 2013a 软件，使用 LSSVMlab 工具箱并编写程序，采用网格搜索法确定核参数 σ^2 和 γ 最优范围，然后用 10 倍交叉验证法最终选出稳态数据 LSSVM 模型最优 $\sigma^2 = 0.04187$，$\gamma = 41.475$，稳态干扰数据 LSSVM 模型的 $\sigma^2 = 0.30875$，$\gamma = 162.206$。

4) 仿真结果分析

(1) VFA 稳态 LSSVM 模型仿真结果

稳态 LSSVM 的仿真结果见图 3-24、图 3-25、图 3-26 及表 3-9。

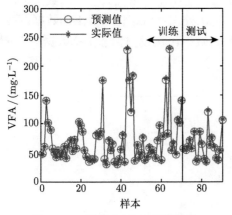

图 3-24　模型对 VFA 预测结果

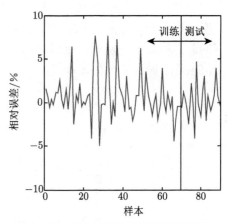

图 3-25　模型的训练和测试相对误差

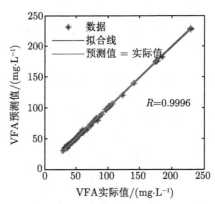

图 3-26　稳态 LSSVM 模型的相关系数

表 3-9　稳态模型与稳态干扰模型 LSSVM 的预测性能

模型类型	数据类型	预测数据		
		REmax	MAPE	RMSE
稳态模型	训练数据	7.67%	1.75%	1.36
	测试数据	4.72%	1.61%	1.08
稳态干扰模型	训练数据	104.93%	11.78%	11.02
	测试数据	105.28%	15.83%	15.45

由图 3-24～图 3-26 及表 3-9 可知，在训练过程中稳态 LSSVM 模型的最大相对误差 (REmax) 为 7.67%，平均相对百分比误差 (MAPE) 为 1.75%，均方根误差 (RMSE) 为 1.36；在测试数据中模型的最大相对误差为 4.72%，平均相对百分比误差为 1.61%，均方根误差为 1.08，整体预测数据与实际数据的相关系数达 0.999 6。由以上评价指标可以看出稳态 LSSVM 模型对稳态条件下厌氧废水处理系统的出水 VFA 具有很强的仿真预测能力。

(2) 稳态干扰 LSSVM 模型仿真结果

稳态干扰 LSSVM 的仿真结果见图 3-27、图 3-28 及表 3-9。由图 3-27 可看出，稳态干扰 LSSVM 模型基本上可以预测系统的稳态干扰变化。具体来看，由模型的性能指标可以发现在训练过程中稳态干扰 LSSVM 模型的最大相对误差为 104.93%，在测试过程中模型的最大相对误差为 105.28%，两者与稳态下的模型性能相比可以说大了一个数量级，这很大程度上是因为稳态干扰数据中添加了部分厌氧废水处理系统酸化条件下的数据。酸化条件下的数据相对于稳态下的数据来说可以算是异常数据，这使得稳态干扰数据中 VFA 的最大值也几乎提升了一个数量级。

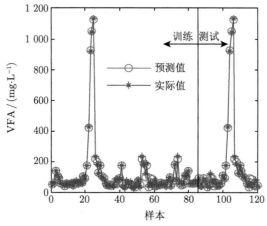

图 3-27　稳态干扰 LSSVM 模型对 VFA 预测结果

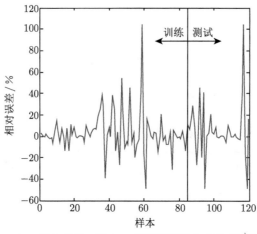

图 3-28　稳态干扰 LSSVM 模型的训练和参数相对误差

稳态干扰 LSSVM 模型的训练过程与测试过程平均相对百分比误差分别为 11.78% 和 15.83%，相对于稳态 LSSVM 模型相对误差百分比来说偏大，但是考虑到数据变化幅度的增大，这一点还是可以接受的。与平均相对误差百分比相似，稳态干扰模型的均方根误差也有相应幅度的变大，训练和测试的均方根误差分别为 11.02 和 15.45。

与上述 3 个性能指标不同，模型的预测值与实际值仍然具有较高的相关系数 (0.998 4)，这也在一定程度上说明上述 3 个性能指标的下降可能是少量酸化数据造成的。从最大相对误差、平均相对百分比误差和均方根误差的角度来看，稳态干扰 LSSVM 模型性能有大幅度下降，不足以预测稳态干扰变化下厌氧系统出水 VFA 的浓度，但考虑到数据幅度的变化及模型整体预测性能，稳态干扰 LSSVM 模型还是能够预测出水 VFA 浓度波动的，因此仅用一个指标来评价模型的性能是不合适的，若要更为精确地预测出水 VFA 的浓度波动，可能需要更多酸化数据来训练模型。

2. VFA 的动态软测量建模

动态 VFA 软测量建模过程与稳态 VFA 软测量建模过程基本相同。动态 VFA 软测量模型主要针对浓度冲击、水力冲击和碱度冲击 3 种扰动下出水 VFA 的建模，数据的输入包括 pH、ORP、产气量、氢气含量、甲烷含量及二氧化碳含量 6 个变量。为了消除量纲的影响、去除冗余信息及降低模型的复杂度，同样需要对采集到的数据进行归一化处理，然后进行主成分分析，以降低输入数据维数。

图 3-29、图 3-30 和图 3-31 分别是浓度冲击、水力冲击和零碱度冲击数据的 2-D 双标图，表 3-10 是 3 种数据主成分分析后各主成分方差贡献率，累计方差贡献率及信息比。

对于 6 倍浓度冲击数据，第一主成分的方差贡献率为 85.19%，第二主成分的方差贡献率为 12.24%，合起来总贡献率为 97.43%，属于较高的拟合度水平。6 倍浓度冲击数据的第一个主成分信息比大于 1 (见表 3-10，为 4.26)，但第二个主成分的信息比为 0.61，这表明仅第一个主成分就能充分近似浓度冲击数据。对于 6 倍水力冲击数据，第一主成分的方差贡献率为 61.55%，第二主成分的方差贡献率为 24.88%，合起来总贡献率为 86.43%，也属于较高的拟合度水平。6 倍水力冲击数据有且仅有前两个主成分的 IR 值大于 1，分别为 3.08 和 1.24，因此 6 倍水力冲击数据的 2-D 双标图能够很好地体现数据中的规律。对于零碱度冲击数据，第一主成分的方差贡献率为 56.55%，第二主成分的方差贡献率为 35.27%，合起来总贡献率为 91.82%，属于很高的拟合度水平。零碱度冲击数据也只有前两个主成分的 IR 值大于 1，分别为 2.83 和 1.76，因此零碱度冲击数据的 2-D 双标图能够很好地体现数据中的规律。

从表 3-10 可以看出，对于 6 倍浓度冲击数据，前两个主成分的累计方差贡献率为 97.43%，对于 6 倍水力冲击数据前两个主成分的累计方差贡献率为 86.43%，前三个主成分的累计方差贡献率则达到了 96.06%，对于碱度冲击数据前两个主成分的累计方差贡献率已经达到 91.82%，前三个更是达到了 97.14%。综合考虑，对于 6 倍浓度冲击数据选择前两个主成分作为 LSSVM 模型的输入变量，对于 6 倍水力冲击数据和碱度冲击数据选择前三个主成分作为 LSSVM 模型的输入变量。

同样采用网格搜索法确定核参数 σ^2 和 γ 的最优范围，然后用 10 倍交叉验证法最终选出浓度冲击、水力冲击和碱度冲击下动态 VFA 软测量的 LSSVM 模型参数，3 种条件下的模型参数见表 3-11。

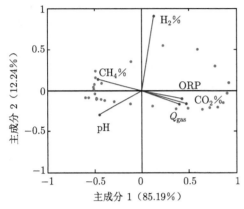

图 3-29　浓度冲击数据的双标图

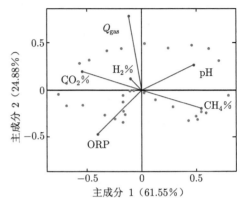

图 3-30　水力冲击数据的双标图

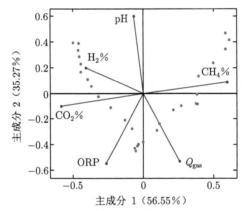

图 3-31　零碱度冲击数据的双标图

表 3-10　各主成分方差贡献率、累计方差贡献率及信息比

试验名称	测量类型	主成分				
		1	2	3	4	5
6 倍浓度冲击	方差贡献率/%	85.19	12.24	1.60	0.71	0.27
	累计方差贡献率/%	85.19	97.43	99.03	99.74	100
	信息比 IR	4.26	0.61	0.08	0.03	0.01
6 倍水力冲击	方差贡献率/%	61.55	24.88	9.63	3.73	0.21
	累计方差贡献率/%	61.55	86.43	96.06	99.79	100
	信息比 IR	3.08	1.24	0.48	0.19	0.01
零碱度冲击	方差贡献率/%	56.55	35.27	5.32	1.86	0.99
	累计方差贡献率/%	56.55	91.82	97.14	99.00	100
	信息比 IR	2.83	1.76	0.27	0.09	0.05

表 3-11　动态 VFA 软测量 LSSVM 模型参数

模型参数	浓度冲击模型	水力冲击模型	碱度冲击模型
正则化参数 γ	239.906	311.567	169.733
核参数 σ^2	8.103	0.707	0.824

3 种冲击负荷下动态 LSSVM 模型对 VFA 的仿真结果见图 3-32～图 3-37 及表 3-11。

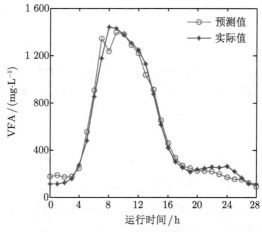

图 3-32　浓度冲击下动态 LSSVM 模型对 VFA 的预测结果

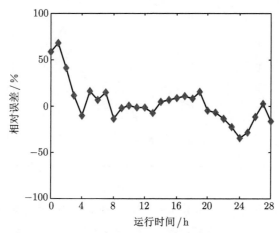

图 3-33　浓度冲击下动态 LSSVM 模型的相对误差

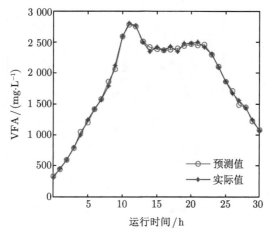

图 3-34　水力冲击下动态 LSSVM 模型对 VFA 的预测结果

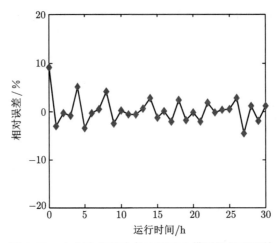

图 3-35　水力冲击下动态 LSSVM 模型的相对误差

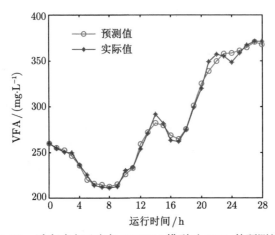

图 3-36　碱度冲击下动态 LSSVM 模型对 VFA 的预测结果

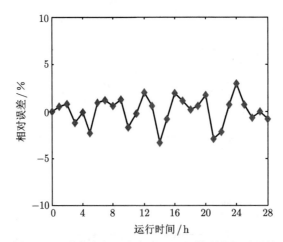

图 3-37　碱度冲击下动态 LSSVM 模型的相对误差

由图 3-32、图 3-34、图 3-36 可以看出，3 种动态 LSSVM 模型基本上可以预测 3 种冲击负荷下 VFA 的变化情况。由图 3-32 可以发现，浓度冲击下的动态 LSSVM 模型对第 9 个小时出水 VFA 的预测值有较大偏差，这很可能是因为这个采样点数据采集有问题，同时该模型对浓度冲击刚进行的前几个小时和系统在基本恢复正常的时刻的预测性能也相对不好，这一点在其相对误差图 3-33 中也有体现，这很可能是数据幅度变化较大导致的。以上两点使得模型的平均百分比误差和均方根误差较大，分别为 15.48% 和 65.92。尽管如此浓度冲击下动态 LSSVM 模型的预测值与实际值的相关系数依然高达 0.990 1，所以该模型对某些点的预测效果不好，但整体预测性能还是很好的，能够预测出浓度冲击下出水 VFA 的变化规律。

图 3-34 和图 3-35 分别是水力冲击下动态 LSSVM 模型对出水 VFA 的预测结果及相对误差，从这两幅图可以看出，该模型具有良好的预测性能，具体体现在相对误差基本在 10% 以内，最大相对误差为 9.17%。此外，模型的平均百分百误差和均方根误差也较小，分别为 1.89% 和 36.30，模型预测值与实际值的相关系数更是高达 0.998 7。

碱度冲击下动态 LSSVM 模型对出水 VFA 的预测性能更佳，见图 3-36 及图 3-37。模型预测的相对误差最大只有 3.32%，平均相对误差只有 1.17%，均方根误差为 4.46，该动态 LSSVM 模型完全可以预测碱度冲击下出水 VFA 的变化，模型预测值与实际值的相关系数 (R) 高达 0.996 6。碱度冲击下模型能够获得如此好的预测性能与碱度冲击下 VFA 的变化幅度较小有很大关系，这一点与浓度冲击下 VFA 变化幅度大时模型预测性能不佳相互对应。3 种冲击负荷下动态 LSSVM 模型对 VFA 的预测性能见表 3-12。

表 3-12　3 种冲击负荷下动态 LSSVM 模型对 VFA 的预测性能

模型类型	REmax	MAPE	RMSE	R
浓度冲击模型	67.62%	15.48%	65.92	0.990 1
水力冲击模型	9.17%	1.89%	36.30	0.998 7
碱度冲击模型	3.32%	1.17%	4.46	0.996 6

3.3.3　厌氧出水 COD 软测量模型

1. COD 稳态软测量模型

COD 软测量建模的数据来源于第二阶段的稳态试验，在进水 COD 为 3 000 mg/L、4 000 mg/L 和 5 000 mg/L 的条件下通过调节进水量控制 HRT 为 12 h、9 h、6 h。反应器通过调节 $NaHCO_3$ 的加入量将 pH 控制在 $6.5 \sim 7.2$，反应器通过进水热交换装置将温度控制在 35℃ 左右。在每种条件运行稳定后采集数据，经过异常值剔除等操作从中共选出 120 组样本数据，选择其中的 100 组作为模型训练数据，剩下 20 组作为测试数据。将选取的数据组先进行归一化处理，然后进行主成分分析。

从表 3-13 和图 3-38 可以看出，COD 稳态数据第一主成分的方差贡献率为 47.28%，第二主成分的方差贡献率为 29.58%，合起来总贡献率为 76.86 %，属于中等偏上的拟合度水平。COD 稳态数据的前两个主成分的 IR 值大于 1，分别为 2.36 和 1.48，因此 COD 稳态数据的 2-D 双标图能够很好地表现数据中的规律。

COD 稳态数据前两个主成分的累计方差贡献率为 76.86%，前三个主成分的累计方差贡献率为 92.34%，因此选择前三个主成分作为稳态 COD 软测量模型的输入。

表 3-13　各主成分方差贡献率、累计方差贡献率及信息比

测量类型	主成分				
	1	2	3	4	5
方差贡献率/%	47.28	29.58	15.48	4.62	3.04
累计方差贡献率/%	47.28	76.86	92.34	96.96	100
信息比 IR	2.36	1.48	0.77	0.23	0.15

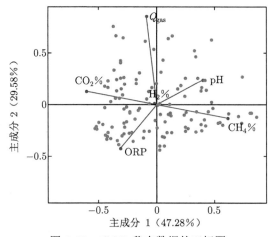

图 3-38　COD 稳态数据的双标图

同样用网格搜索法确定核参数 σ^2 和 γ 最优范围，然后用 10 倍交叉验证法最终选出稳态数据 LSSVM 模型最优 $\sigma^2 = 0.006049054$，$\gamma = 196.3868$。

COD 稳态 LSSVM 软测量模型的仿真结果见图 3-39 至图 3-41 及表 3-14。在训练过程中 COD 稳态 LSSVM 模型的最大相对误差为 11.45%，平均相对百分比误差为 0.79%，均方根误差为 3.04；在测试数据中模型的最大相对误差为 40.98%，平均相对百分比误差为 15.77%，均方根误差为 45.32。由上述指标可以看出 COD 稳态 LSSVM 模型在训练中表现很好，但在测试时性能下降很多。这可能是多方面因素引起的，首先可能是因为 120 组数据取自 9 种工况，120 组数据本身就属于小样本，平均到每种工况就十多个数据，数据量可能偏少，预测数据可能出现了训练中没有出现的状况，因此需要进一步加大数据量；其

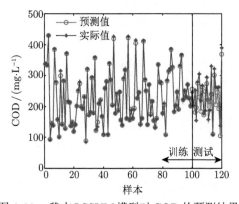

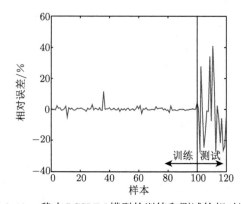

图 3-39　稳态 LSSVM 模型对 COD 的预测结果　图 3-40　稳态 LSSVM 模型的训练和测试的相对误差

次可能是因为仅选取 pH、ORP、产气量及组分这几个低级的指标对于预测出水 COD 略显不足，如果能加入更多进水信息，模型的预测性能应该能有所提升；再次本书仅用了网格搜索和交叉验证来选取模型的参数，如果能利用遗传算法、粒子群算法等优化算法进一步优化模型参数，模型应该会有更好的性能。

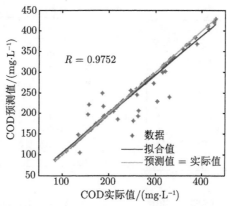

图 3-41　稳态 LSSVM 模型的相关系数

表 3-14　COD 稳态模型 LSSVM 的预测性能

数据类型	REmax	MAPE	RMSE
训练数据	11.45%	0.79%	3.04
测试数据	40.98%	15.77%	45.32

　　尽管 COD 稳态 LSSVM 模型在测试数据上表现不佳，但整体预测数据与实际数据的相关系数依然可以达到 0.975 2，因此该模型的预测结果对出水 COD 还是有一定参考价值的。

2. 动态 COD 软测量模型

　　COD 动态软测量模型的建模数据与 VFA 动态软测量建模数据相同，同样来自浓度冲击、水力冲击和碱度冲击 3 种冲击负荷下的数据，只是主导变量由 VFA 变成了 COD。

　　对于浓度冲击数据，前两个主成分的累计方差贡献率为 97.43%，对于水力冲击数据前两个主成分的累计方差贡献率为 86.43%，前三个主成分的累计方差贡献率则达到了 96.06%，对于碱度冲击数据前两个主成分的累计方差贡献率已经达到 91.82%，前三个更是达到了 97.14%。综合考虑，对于浓度冲击数据选择前两个主成分作为 COD 动态 LSSVM 模型的输入变量，对于水力冲击数据和碱度冲击数据选择前三个主成分作为 COD 动态 LSSVM 模型的输入变量。

　　采用网格搜索法确定核参数 σ^2 和 γ 最优范围，然后用 10 倍交叉验证法最终选出浓度冲击、水力冲击和碱度冲击下动态 COD 软测量 LSSVM 模型参数，3 种条件下的模型参数见表 3-15。

　　在 3 种冲击负荷下，COD 动态 LSSVM 软测量模型的仿真结果见图 3-42 至图 3-47 及表 3-16。从图可知，3 种动态 LSSVM 模型可以较好地预测 3 种冲击负荷下出水 COD 的变化规律。

表 3-15　COD 动态 LSSVM 软测量模型参数

模型参数	冲击类型		
	浓度冲击	水力冲击	碱度冲击
正则化参数 γ	710 730.955	1 222.301	103 749.962
核参数 σ^2	268.733	1.136	0.314

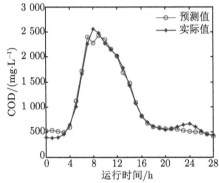

图 3-42　浓度冲击下动态 LSSVM 模型
对 COD 的预测结果

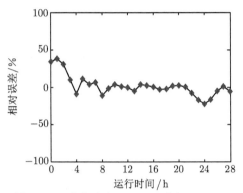

图 3-43　浓度冲击下 COD 动态 LSSVM
模型的相对误差

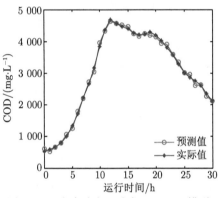

图 3-44　水力冲击下动态 LSSVM 模型
对 COD 的预测结果

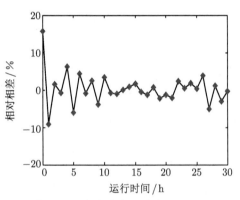

图 3-45　水力冲击下动态 LSSVM
模型的相对误差

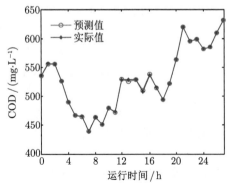

图 3-46　碱度冲击下动态 LSSVM 模型
对 COD 的预测结果

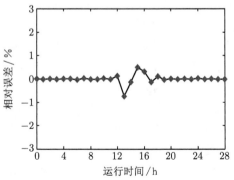

图 3-47　碱度冲击下动态 LSSVM
模型的相对误差

表 3-16　　3 种冲击负荷下动态 LSSVM 模型对 COD 的预测性能

数据来源	REmax	MAPE	RMSE	R
浓度冲击	38.37%	8.90%	92.34	0.991 7
水力冲击	15.76%	2.77%	69.11	0.998 6
碱度冲击	0.74%	0.08%	0.95	0.999 9

浓度冲击负荷下的 COD 动态 LSSVM 模型总体上可以预测 COD 的变化趋势, 如图 3-42 所示, 与该条件下 VFA 的预测结果较为相似的是浓度冲击下的动态 LSSVM 模型对第 9 个小时出水 COD 的预测值也有较大偏差, 这进一步确认了采样点数据可能存在问题, 同时该模型对浓度冲击刚进行的前几个小时和系统在基本恢复正常的时刻的部分预测性能也相对不好, 相对误差偏大, 最大相对误差达 38.37%。

通过图 3-44 同样可以发现水力冲击下 COD 动态 LSSVM 模型对初始几个小时 COD 的预测相对误差也较大, 初始几个小时的 COD 在 500 mg/L 左右, 而整个过程的最大 COD 接近 5 000 mg/L, 这就更加确定了数据幅度变化较大会影响模型的性能。对于这种情况, 可以采用多模型建模策略, 将数值较小的数据和数值较大的数据分开建模以提高模型的精度。除了相对误差, 水力冲击下的平均百分比误差和均方根误差也较小, 分别为 2.77% 和 69.11。

与浓度冲击和水力冲击条件下的 COD 动态 LSSVM 模型相比, 碱度冲击下的 COD 动态 LSSVM 模型有更好的性能, 如图 3-46 所示, 相对误差不超过 1%, 最大相对误差仅为 0.74%。平均百分百误差和均方根误差分别为 0.08% 和 0.95, 这充分说明了碱度冲击下动态 LSSVM 模型预测性能很好。从图 3-46 可以看出碱度冲击下 COD 的变化幅度在 400 ~ 650 mg/L, 变化幅度较小, 这很可能是该模型预测性能较好的重要原因。

从表 3-16 可以看出浓度、水力和碱度 3 种冲击负荷下 COD 动态 LSSVM 模型预测值与实际值的相关系数分别为 0.991 7, 0.998 6 和 0.999 9, 因此冲击负荷下 COD 动态 LSSVM 模型完全可以预测出水 COD 的变化。

3.4　基于 PSO-SVM 的废水处理过程软测量

3.4.1　PSO-SVM 的废水处理过程软测量

1. 基于 PSO-SVM 的软测量模型建立

模型的参数选择对于模型的抗干扰能力、泛化能力和预测性能具有决定性的作用, 需要额外为模型选择较为合适的核函数、核参数和正则化参数, 这里选取 RBF 函数作为 SVM 模型的核函数, 利用 PSO 算法优化模型, 为 SVM 模型选择最优参数, 通过 MATLAB 2015b 软件平台建立模型。

整个基于 PSO-SVM 的软测量模型流程如图 3-48 所示。元数据首先被分成测试集和训练集, 训练集用于训练模型建立主导变量与辅助变量之间的关系函数, 测试集用于验证模型的精度。将得到的元数据分为训练集 $p_{训练} = \{x; y\}$ 和测试集 $p_{测试} = \{x'; y'\}$, 并将数据集 $p = \{x \quad x'; y \quad y'\}$ 做归一化处理; 将训练集数据用于 SVM-regression 模型建模, 得到训练集的模型输出量 Y, 根据模型输出量 Y 与训练集实际值 y 的相对误差, 将训练集分成两个训练集, 即训练集①和训练集②, 也即 $p_{训练\,1} = \{x_1; y_1\}$ 和 $p_{训练\,2} = \{x_2; y_2\}$, 并标记训练集①和训练集②的元数据标签分别为 1 和 -1; 根据分类的训练集①和训练集②, 利用 SVM-classification 模型将测试集分成两个对应的测试集, 即测试集①和测试集②, 也即 $p_{测试\,1} = \{x_1'; y_1'\}$ 和 $p_{测试\,2} = \{x_2'; y_2'\}$, 从而将元数据分为两组数据集, 即数据集①和数据集②, 也即 $p_1 = \{x_1\quad x_1'; y_1\quad y_1'\}$ 和 $p_2 = \{x_2\quad x_2'; y_2\quad y_2'\}$; 将得到的训练集①和训练集②分别利用 SVM-regression 模型进行处理, 并分别用对应的测试集①和测试集②验证模型。其中 PSO-SVM 模型的各项参数见表 3-17。

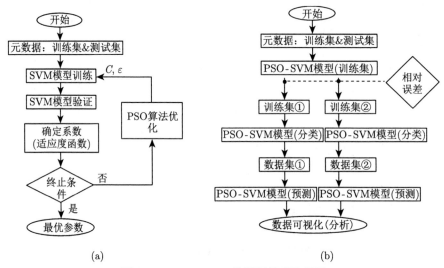

(a) 　　　　　　　　　　　　　　　　　　(b)

图 3-48　　PSO-SVM 软测量模型流程图

表 3-17　　PSO-SVM 模型参数

		参数					
		迭代次数	粒子数	$C1$	$C2$	最优 C	最优 ε
COD 去除率	元数据集	200	20	1.5	1.7	87.599 1	0.135 7
	数据集①	200	20	1.5	1.7	100	0.030 23
	数据集②	200	20	1.5	1.7	100	0.037 31
VFA 浓度	元数据集	200	20	1.5	1.7	66.829 3	0.067 89
	数据集①	200	20	1.5	1.7	100	0.017 86
	数据集②	200	20	1.5	1.7	100	0.001

2. 原始数据采集及预处理

IC 厌氧反应器通过进水条件梯度变化成功运行 60 d, 获得不同进水条件下反应器的运行情况。所采集的原始数据集一般会存在噪声, 本节利用拉依达准则剔除明显离群值, 共得到 159 组元数据。本节为模型选取的输入量包括进水有机负荷, 出水 pH、T、产气量及产气组分 (甲烷、二氧化碳产量)、进水碱度、反应器 ORP(氧化还原电位), 输出量包括出水总 VFA 浓度及反应器 COD 去除率。为确保模型的辅助变量和主导变量输入模型之前是大致均匀统计分布的, 需要将元数据集做归一化处理。

3.4.2　厌氧处理 COD 去除率预测模型

1. 元数据集分类结果

在数据集分类前，数据集分为训练集和测试集，其中训练集共 100 组数据，测试集共 59 组数据。模型运行开始后，根据模型针对训练集的输出量与实际值之间的误差将训练集平分为两个训练集 (训练集①及训练集②)，再经过 PSO-SVM-classification 模型将测试集分成两类测试集 (测试集①及测试集②)。至此，元数据集分类成两类数据集——数据集①：训练集共 50 组数据、测试集共 28 组数据；数据集②：训练集共 50 组数据、测试集共 31 组数据。

2. 模型仿真结果

图 3-49 是 PSO 算法优化 SVM 模型的过程。从图 3-49 可知，分类之前模型经过 98 次迭代达到最佳适应度 [图 3-49(a)]，分类之后，两个模型分别经过 25 次和 30 次迭代达到最佳适应度 [图 3-49(b) 及 (c)]。模型对于废水厌氧处理系统 COD 去除率预测仿真结果见表 3-18 及图 3-50。由表 3-18 分析模型训练过程中的性能指标，对比分类前后模型的表现，引入分类策略将元数据集有效分成两类之后模型的输出值与实际值之间相关系数由 74.85% 提高到 91.43% 和 92.62%，在元数据集分类之后模型训练过程中的其他指标均有提升，由此可知分类之后模型获得了输入量与输出量之间更为明确的模糊关系。

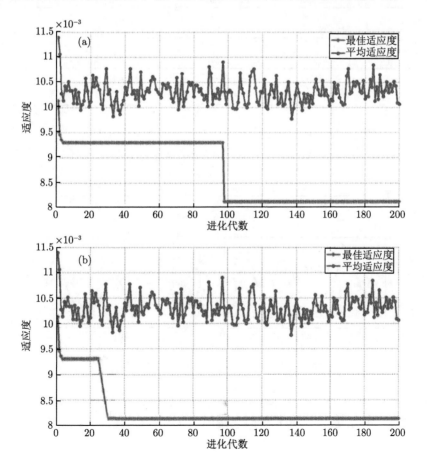

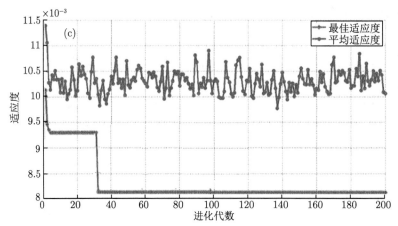

图 3-49 厌氧处理 COD 预测模型 PSO 算法优化 SVM 模型过程

表 3-18 厌氧体系 COD 去除率模型预测性能

		性能指标		
		MAPE	RMSE	R
元数据集	训练集	5.23%	4.34	74.85%
	测试集	4.61%	5.94	65.86%
数据集①	训练集	1.17%	2.39	91.43%
	测试集	2.96%	3.75	92.34%
数据集②	训练集	1.89%	3.57	92.62%
	测试集	2.75%	3.73	83.41%

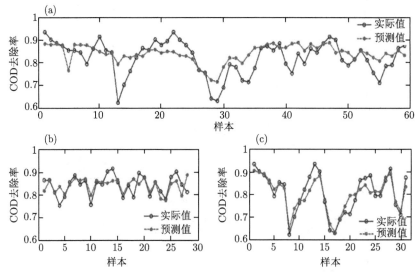

图 3-50 PSO-SVM 模型对 COD 去除率的仿真结果

图 3-50(a) 与图 3-50(b)、图 3-50(c) 为分类前后的模型仿真结果表现，分类之前，模型的各性能指标 (测试集) 为：模型的输出量的估计值与实际值的均方根误差为 5.94，平均绝对百分比误差为 4.61%，相关系数为 65.86%。分类之后，数据集①及数据集②的性能指

标分别为：模型的输出量的估计值与实际值的均方根误差为 3.75、3.73，平均绝对百分比误差为 2.96%、2.75%，相关系数为 92.34%、83.41%。通过比较可以看出，模型在数据集有效分类后的性能得到了较大的提升，虽然在水质变化较大时，模型对个别样本的估计依旧表现不够理想，但是相对于分类前模型表现提升较大。

图 3-51 表示的是模型仿真结果与实验值的相对误差，模型分类前相对误差最大为27.10%，分类后相对误差最大分别为 11.84%、11.95%。模型整体性能提升较大。

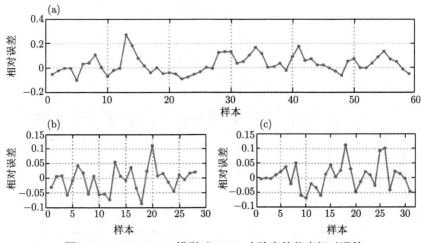

图 3-51　PSO-SVM 模型对 COD 去除率的仿真相对误差

3.4.3　厌氧处理 VFA 浓度预测模型

1. 原始数据集分类结果

数据集分为训练集和测试集，其中训练集共 100 组数据，测试集共 59 组数据。模型运行开始后，根据模型针对训练集的输出量与实际值之间的误差将训练集平分为两个训练集 (训练集①及训练集②)，经过 PSO-SVM-classification 模型将原测试集分成两类测试集 (测试集①及测试集②)，至此，元数据集分类成两类数据集：数据集①和数据集②。其中数据集①训练集共 50 组数据，测试集共 32 组数据；数据集②训练集共 50 组数据，测试集共 27 组数据。

2. 模型仿真结果

图 3-52 是 PSO 算法优化 SVM 模型的过程。从图 3-52 可知，分类之前模型经过 127次迭代达到最佳适应度 [图 3-52(a)]，分类之后，两个模型分别经过 8 次和 10 次迭代达到最佳适应度 [图 3-52(b) 及 (c)]。废水厌氧处理系统 VFA 浓度预测仿真结果见表 3-19 及图3-53。这表明经过数据集分类后模型在寻优过程中更快地获得了最佳参数，结合表 3-19 分析模型原始数据集分类前后训练的结果差异，分类之前模型训练集相关指标为：模型的输出量的估计值与实际值的均方根误差为 62.56，平均绝对百分比误差为 52.31%，相关系数为 74.85%。原始数据分类之后，相关指标为：模型的输出量的估计值与实际值的均方根误差为 23.91、12.57，平均绝对百分比误差为 13.17%、8.89%，相关系数为 91.43%、92.62%，由此可见分类之后模型获得了输入量与输出量之间更为明确的模糊性关系。

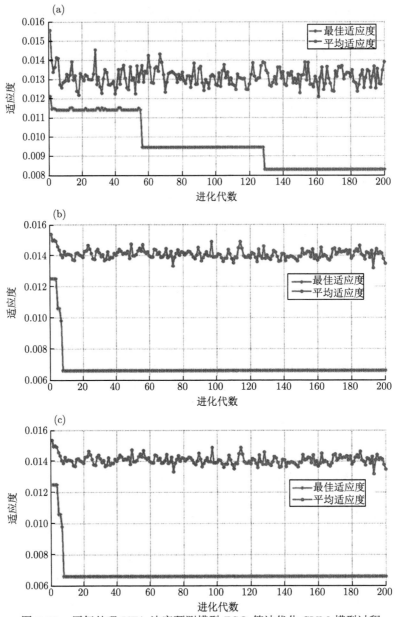

图 3-52　厌氧处理 VFA 浓度预测模型 PSO 算法优化 SVM 模型过程

表 3-19　厌氧体系 VFA 浓度模型预测性能

		性能指标		
		MAPE	RMSE	R
元数据集	训练集	52.31%	62.56	74.85%
	测试集	42.97%	59.75	85.25%
数据集①	训练集	13.17%	23.91	91.43%
	测试集	12.11%	20.45	99.14%
数据集②	训练集	8.89%	12.57	92.62%
	测试集	7.16%	9.64	99.59%

通过分析图 3-53(a)，可以发现 PSO-SVM 模型对废水厌氧处理系统 VFA 浓度具有较强的预测仿真能力，但是随着进水水质变化较大时，反应器内挥发性脂肪酸的浓度变化波动变得频繁，模型开始出现欠拟合的问题，个别样本的估计不准确。对比分类前后的模型的仿真结果，分类之前，模型的各性能指标 (测试集)：模型输出量估计值与实际值的均方根误差为 59.75，平均绝对百分比误差为 42.97%，相关系数为 85.25%。分类之后，数据集①及数据集②的性能指标分别为：模型估计值与实际值的均方根误差为 20.45、9.64，平均绝对百分比误差为 12.11%、7.16%，相关系数为 99.14%、99.59%。由此可见，数据集经分类策略有效分类之后，模型的性能表现得到了较大的提升。

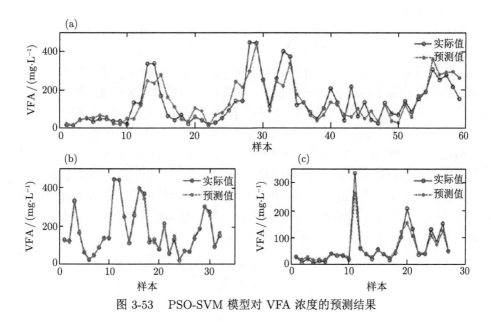

图 3-53 PSO-SVM 模型对 VFA 浓度的预测结果

图 3-54 表示的是模型仿真结果与实验值的相对误差，模型分类前相对误差最大为

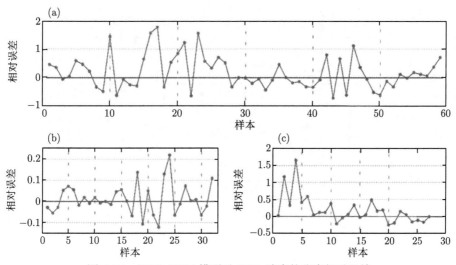

图 3-54 PSO-SVM 模型对 VFA 浓度的仿真相对误差

179.47%，分类后相对误差最大分别为 21.91%、165.85%。此时，元数据集分类后，模型对个别样本单元的预测表现依然不够理想，这可能是由于随着进水条件的变化及负荷的提升，废水厌氧处理过程中系统 VFA 浓度波动较为剧烈。若要使模型针对每个样本集获得更为精确的预测结果，一方面需要更多的数据量来训练分类模型和回归模型；另一方面需要优化模型的核函数、分类策略等。

3.5   基于动力学和 PSO-SVM 的废水处理产气量的混合软测量

3.5.1   动力学模型

1. 厌氧消化 1 号模型 (ADM1) 简介

1987 年，国际水协会 (International Water Association，IWA) 推出了活性污泥 1 号模型 (Activated Sludge Model No.1，ASM1)。随着对活性污泥法等机理的研究的深入、分析测试水平及计算能力的提高、活性污泥法在工程上的经验积累，IWA 相继推出了活性污泥 2 号模型 (Activated Sludge Model No.2，ASM2)、活性污泥 3 号模型 (Activated Sludge Model No.3，ASM3) 及厌氧消化 1 号模型 (Anaerobic Digestion Model No.1，ADM1)。ADM1 是一个结构化的模型，包括产酸发酵、产乙酸和产甲烷、胞外分解及胞外水解 3 个总生化步骤，在该模型中水解、产酸和产乙酸有许多平行反应方程 [7]。另外，针对复杂的厌氧消化过程，ADM1 在描述时做了一些假设，所有的胞外步骤都被假定为一级反应。图 3-55 是 ADM1 模型中使用的厌氧消化转化过程。

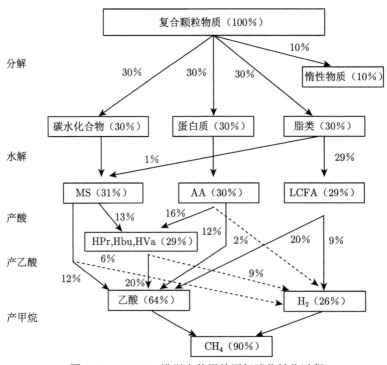

图 3-55   ADM1 模型中使用的厌氧消化转化过程

IWA 最初提出的 ADM1 模型存在局限性和诸多缺陷，如没有包含硫酸盐还原、硝化与反硝化等过程。因此，近年来学术界对其进行了扩展 [8]。Barrera 等 [9] 将 ADM1 扩展到包含硫酸盐还原过程，该研究通过研究厌氧消化处理甘蔗葡萄酒的建模，以此为基础将 ADM1 模型扩展到模拟高浓度含硫酸盐废水的厌氧消化过程。基于灵敏度分析，该研究对原始 ADM1 和所有硫酸盐还原参数的 4 个参数进行了校准。虽然在模型预测和实验值之间有一些偏差，但仿真结果显示硫酸盐、总硫化氢、游离硫化物、甲烷、二氧化碳和气相中的硫化物、气体流量、丙酸和乙酸、化学需氧量 (COD) 等的预测效果较好，并且在模型验证期间准确地预测了 pH 的变化。该扩展模型整体的相对误差在 1%～26%，模型较好地描述了厌氧产甲烷与硫酸盐还原之间的竞争。Boubaker 等 [10] 推出了一个可以描述含酚类物质废水的厌氧消化降解过程的扩展模型，该模型并没有改变 ADM1 模型的基本结构，只是加入了微分方程描述酚类物质的降解过程，并引入 pH 的变化方程来描述溶解性酚类物质对环境 pH 造成的影响，而用非竞争性的影响函数来表示酚类物质对水解酸化和产甲烷的抑制影响，最后的仿真结果表明该扩展模型很好地估计了出水酚的浓度、产气量及出水 pH。

目前，ADM1 及其扩展模型可以很好地描述废水厌氧处理工艺中反应器内微生物的生化反应、预测估计 pH、产气量、COD 等参数的变化情况及其在不同工况下的运行效果，为厌氧工艺优化提供了理论指导和新的思路。然而，ADM1 提供的仅仅是一个包含有限生化反应的平台，而厌氧消化反应往往非常复杂，模型中的生化反应涉及了诸多平行的中间反应，模型的生化方程、物化方程等形式和计算也十分复杂。另外，模型并不能完整地分析所有的混合物的浓度，对底物的降解过程进行描述时，模型的参数大多是来源于相关文献经验值，具有一定的随意性和局限性 [11]。想要获得较为正确的参数往往需要大量的原始数据，然而，目前一方面用于模型的数据获得途径相对困难，进行大量的实验耗时耗力；另一方面，成本和功利性监测导致从工业废水处理现场获得的数据往往不是很丰富，比如要求工业废水处理现场监测进水详细组分、污泥性质等是不现实的。本章仅仅截取部分动力学方程以量化某些环境因素对厌氧消化体系的影响，以降低元数据集的维度，在有限的数据量情况下提高 SVM 模型的性能，为监控和优化废水厌氧处理工艺，提高厌氧处理稳定性和效率，提高生物气的有效利用提供指导。

2. pH 影响函数

产甲烷菌适宜的 pH 为 6.8～7.2。微生物尤其是产甲烷菌对其生长环境的 pH 的波动十分敏感。pH 的突然改变会引起其活力的明显下降，即使该 pH 在其适宜生长环境 pH 范围内 [12]。pH 的波动对厌氧污泥的产甲烷活性也会产生影响，其影响程度取决于波动持续的时间、波动的幅度，以及 VFA 浓度及其组成。Boon[13] 在 1994 年证实了水解消化对初沉污泥的影响，并指出最佳水解反应发生在 pH=6.8 时，但环境 pH 在 6.5～7.5 时，水解效果变化不明显。Angelidaki 等 [14] 提出了一个 pH 影响微生物生长的函数：

$$I_{\mathrm{pH}} = \frac{1 + 2 \times 10^{0.5(\mathrm{pH_{LL}} - \mathrm{pH_{UL}})}}{1 + 10^{(\mathrm{pH} - \mathrm{pH_{UL}})} - 10^{(\mathrm{pH_{LL}} - \mathrm{pH})}} \tag{3-3}$$

式中，$\mathrm{pH_{UL}}$ 和 $\mathrm{pH_{LL}}$ 分别为微生物最适 pH 的上限值和下限值，pH 为反应器内部 pH。

3. VFA 抑制函数

从厌氧消化过程中的物质转化过程及厌氧微生物降解有机物的过程来看，产甲烷菌对 VFA 的利用情况对厌氧消化过程的水解酸化和产甲烷阶段都至关重要。Xiao 等[15] 研究了当厌氧消化体系中存在不同浓度的未降解的乙酸的情况下，厌氧消化过程中水解酸化菌和产甲烷菌的表现。该研究结果表明，产甲烷菌对厌氧体系中未降解的乙酸浓度更敏感，同时，当环境中的未降解的乙酸浓度未超过阈值时，乙酸的存在一定程度上提高了产甲烷菌的活性，但当体系积累的乙酸达到阈值时，会极大地抑制产甲烷菌的活性。生物活动的限制可分为毒性和抑制，毒性表现为对细菌代谢的不利影响，比如长链脂肪酸、硝基化合物和氰化物等，抑制表现为对生物功能的损害，比如 VFA、氨氮和硫酸盐等。因此体系积累的 VFA 对消化抑制影响可归类于非毒性抑制，Granger 等[16] 总结了非毒性抑制影响并提出了量化该影响的方程：

$$I_{\text{VFA}} = \frac{1}{1 + S_I/K_I} \tag{3-4}$$

式中，S_I 和 K_I 分别表示抑制物质的浓度和抑制参数。

4. 温度影响函数

生物种群的生长速率随着温度升高达到最大值，此时温度为最佳温度，然后随着温度继续升高，其生长率陡降到 0。在厌氧消化中，对温度定义了 3 个主要的范围: 低温 (4~15℃)、中温 (20~40℃)、高温 (45~70℃)。尽管反应器可在这些范围内有效运行，但是中温和高温生物的最佳温度分别为 35℃ 和 55℃。温度高于最佳值后，随着温度的升高，反应速率下降；由于在温度升高的情况下，用于细胞代谢和维持的能量也增加，所以产率降低；由于热力学和生物量的变化，产率和反应途径发生转变；由于处于溶解和维持状态的细胞增加，死亡率升高。Pavlostathis 等[17] 总结了初沉池中悬浮物最短停留时间与温度的联系，并基于实验数据给出了量化温度对微生物的影响的方程：

$$I_{\text{温度}} = t_{\text{SR,min}} = \frac{1}{0.267 \times 10^{[1-0.015(308-T)]} - 0.015} \tag{3-5}$$

式中，T 为反应器真实温度；$t_{\text{SR,min}}$ 为防止污泥流失的最短停留时间。

3.5.2 基于微生物动力学和 PSO-SVM 模型

选取 RBF 函数作为 SVM 模型的核函数，利用 PSO 算法为 SVM 模型选择最优参数 C 和 ε，通过 MATLAB 2015b 软件平台建立模型。整个混合模型流程如图 3-56 所示。模型输入量包括：进水有机负荷、反应器温度、反应器 pH、反应器还原氧化电位、体系积累的乙酸和进水碱度。反应器温度、反应器 pH 和体系积累的乙酸对体系的影响经过动力学模型量化，量化后的数据作为模型的输入量；为确保模型的输入和输出值的统计分布是大致均匀的，提高模型的运行精度以及速度，需要将其余输入量与输出量做归一化处理。

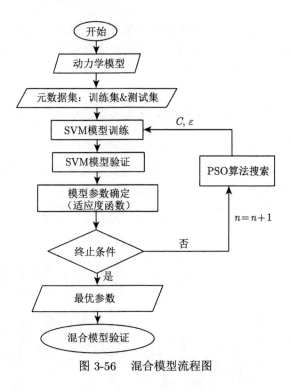

图 3-56　混合模型流程图

3.5.3　厌氧处理产气量的软测量模型

1. 数据的收集与预处理

数据来自上一节所进行的梯度负荷试验，共收集了 159 组数据，数据集分为训练集和测试集，其中训练集共有 100 组数据，测试集共有 59 组数据。训练集数据用于训练建立模型以获得模型输入量与输出量之间的非线性关系，测试集数据用于验证模型的精确性。图 3-57 体现了厌氧消化体系产气量与反应器温度，反应器 pH 和体系积累的乙酸之间的联系。

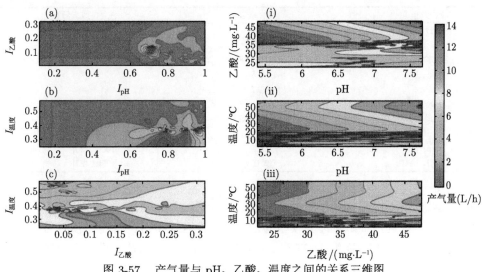

图 3-57　产气量与 pH、乙酸、温度之间的关系三维图

图 3-57(a)～(c) 为上述 3 个输入量经过动力学模型处理后，三者之间的三维关系图。元数据集经过动力学模型修正后大致分布均匀，降低了混合模型的输入与输出量之间的关系的杂乱性与噪点。尽管基于 PSO-SVM 模型可以较好地处理非线性系统，然而元数据集的杂乱和输入量与输出量之间关系的极度非线性无疑会影响模型的运算精度与速度，加入动力学量化环境因素对厌氧体系的影响很好地解决了元数据集的杂乱分布问题。

2. 模型仿真结果

PSO 算法的优化能力取决于粒子数、算法权值以及算法的学习能力，粒子数过少影响算法的收敛性，过多影响算法搜寻速度。PSO 算法优化 SVM 模型过程见图 3-58，由图 3-58 可知经过 181 次算法迭代获得模型最佳参数。PSO 算法的参数和优化 SVM 模型的最优参数见表 3-20。

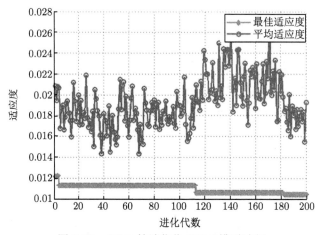

图 3-58　PSO 算法优化 SVM 模型过程

表 3-20　混合模型相关参数

	混合模型	备注 (参数来源)
迭代次数	200	文献 [19]
粒子数量	40	文献 [19]
交叉验证 MSE	0.131 58	
$c1$	1.5	
$c2$	1.7	
最优 C	71.374 8	
最优 ε	0.678 95	
pH_{UL}	7.5	文献 [20]
pH_{LL}	6.5	文献 [20]
KI, AC	2.154	文献 [21]

废水厌氧处理系统产气量预测结果见表 3-21 及图 3-59。在模型建立过程中，从表 3-21 分析结果可知，在利用训练集建立模型的过程中，混合模型对产气过程预测的线性相关性系数 R 为 89.49%，MAPE 为 18.75%，RMSE 为 0.294 8；而传统模型对同样产气过程预测的线性相关性 R 为 86.15%，MAPE 为 25.75%，RMSE 为 0.558 9，对比可知混合模型

在构建模型输入量与输出量之间的复杂非线性关系更为精确。在模型验证过程中，通过表 3-21 图 3-60 对比传统模型和混合模型对训练集的表现可知，两个模型的精度均高于 85% (线性相关性系数)，基于 PSO-SVM 模型的软测量模型可用于废水处理中的此类复杂非线性系统。根据最终的仿真结果，相对于传统模型，混合模型表现在预测废水厌氧处理产气量中提升较大，线性相关性系数 R 由 86.71% 提升至 95.73%，MAPE 和 RMSE 分别由 20.73%、0.521 3 降低到 9.19%、0.251 9。

表 3-21　　模型预测性能

	传统 PSO-SVM 模型		混合模型	
	训练	测试	训练	测试
MAPE/%	25.75	20.73	18.75	9.19
RMSE	0.558 9	0.521 3	0.294 8	0.251 9
REmax/%	400.17	50.75	360.4	40.75
R/%	86.15	86.71	89.49	95.73

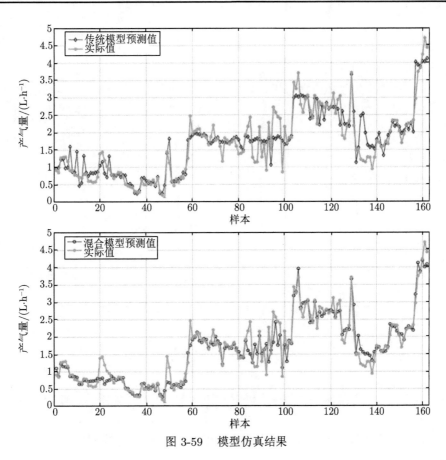

图 3-59　模型仿真结果

由图 3-59 可知，虽然将动力学函数引入统计学模型可以改善废水处理软测量模型的表现，但是由图 3-60 可知混合模型对个别样本单元的预测表现依然不够理想，模型预测结果最大的相对误差为 40.75%(相对于测试集)。通过分析，本书认为造成这种情况的原因有 3 点：第一，由于实验条件，本实验采用的废水为低氮自制废水，模型输入量并未将游离氨包括进来，而游离氨被认为是影响厌氧发酵过程的重要因素；第二，尽管引入动力学模型量化了 pH 等对厌氧体系的影响，但实验值的误差等依然导致元数据集存在噪点，影响了混合模型建立模型输入量与输出量之间关系的精确性；第三，RBF 核函数被广泛地运用于诸如 SVM 等模型中，然而在处理像废水处理这种极为复杂非线性的系统时，并不能保证高效性和精确性[18]。

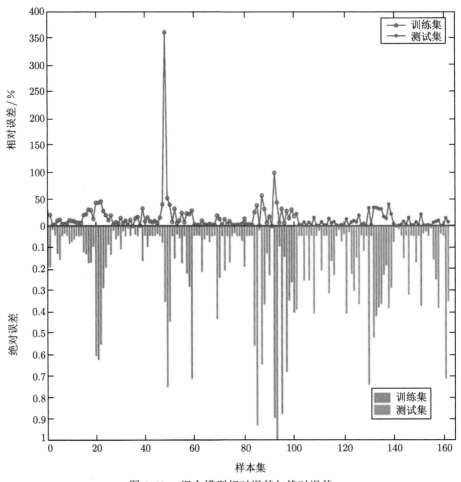

图 3-60　　混合模型相对误差与绝对误差

3.6　基于 GA-BP 的厌氧处理出水水质软测量及多目标优化

3.6.1　GA-BP 厌氧同时反硝化产甲烷过程的出水氨氮软测量模型

1. 数据来源

本书所使用的实验装置如图 3-2 所示。实验所用废水采用人工模拟配水，通过投加碳酸氢盐保证废水 pH 稳定在 7.6 ± 0.2；COD 用葡萄糖提供，进水 COD 分别为 3 000 mg/L、4 000 mg/L、5 000 mg/L；硝氮由 $NaNO_3$ 提供，硝氮浓度由 C/N 确定，分别为 40:1、

20:1、10:1、5:1；同时向进水中补充微量元素，每隔 24 h 从反应器的出水口取样测量出水水质参数。pH 由在线监测系统检测，COD 采用重铬酸钾滴定法测定，沼气用湿式气体流量计测定产量后收集，产气组分采用气象色谱外标法测定，出水氨氮浓度采用纳氏试剂分光光度法测定。厌氧同时反硝化产甲烷系统成功启动后开始数据采集工作，改变进水条件 (表 3-22)，使反应器连续运行工作 182 d。对采集后的数据剔除明显异常值后，有效原始数据一共 170 组，后 30 组 (表 3-23) 为测试数据。

表 3-22　反应器中污染负荷的提高路径

阶段	进水 COD/(mg·L^{-1})	进水 NO$_3^-$-N 浓度/(mg·L^{-1})	m(COD)/m(NO$_3^-$-N)
1	3 000	75	40:1
2	3 000	150	20:1
3	3 000	300	10:1
4	3 000	600	5:1
5	4 000	100	40:1
6	4 000	200	20:1
7	4 000	400	10:1
8	4 000	800	5:1
9	5 000	125	40:1
10	5 000	250	20:1
11	5 000	500	10:1
12	5 000	1000	5:1

表 3-23　测试集数据样本

进水 pH	出水 pH	进水 COD/(mg·L^{-1})	产气量/(L·h^{-1})	出水 COD/(mg·L^{-1})	出水 NO$_3^-$-N 浓度/(mg·L^{-1})
7.56	7.02	5 038.85	2.89	593.26	5.89
7.51	6.89	5 069.73	2.91	577.35	5.17
7.52	7.22	5 049.35	2.01	667.72	28.31
7.49	7.28	5 021.76	1.85	691.37	59.35
7.53	7.32	5 031.58	1.58	732.89	73.38
7.54	7.23	4 921.49	1.61	712.48	66.96
7.49	7.18	4 951.81	1.52	689.46	62.46
7.56	7.21	4 981.87	1.63	678.29	59.39
7.63	7.29	5 021.67	1.74	711.79	65.27
7.58	7.12	4 989.39	1.54	703.96	63.27
7.56	7.18	5 009.89	1.56	743.65	61.98
7.54	7.21	5 003.87	1.72	723.51	60.01
7.58	7.16	4 974.75	1.64	698.71	63.46
7.51	7.23	4 998.41	1.63	683.46	62.47
7.55	7.28	5 024.95	1.57	711.98	61.26
7.53	7.18	5 015.74	1.43	707.87	60.34
7.57	7.31	5 024.56	0	667.35	189.37
7.49	7.38	4 983.92	0	623.49	239.57
7.53	7.36	5 037.39	0	601.43	406.27
7.51	7.28	5 019.36	0	589.24	378.45
7.56	7.39	5 022.84	0	578.26	367.87
7.54	7.43	5 012.86	0	562.87	352.71
7.58	7.33	4 989.34	0	584.78	389.45
7.52	7.37	4 944.58	0	572.82	377.78
7.54	7.32	4 972.91	0	578.98	367.81

进水 pH	出水 pH	进水 COD/ (mg·L^{-1})	产气量/ (L·h^{-1})	出水 COD/ (mg·L^{-1})	出水 NO$_3^-$-N 浓度/ (mg·L^{-1})
7.51	7.31	4 995.81	0	562.18	354.21
7.58	7.38	5 013.96	0	555.93	377.35
7.53	7.42	5 052.84	0	545.79	362.46
7.54	7.36	5 019.98	0	567.25	365.96
7.51	7.37	5 039.28	0	559.38	352.71

2. BP 神经网络模型结构和训练算法的确定

构建一个 BP 神经网络模型，通常应从网络模型的层数、每层中的神经元节点数和训练算法 3 个方面来考虑。BP 神经网络结构和算法的选取，尚缺乏通用的理论指导，一般是根据具体应用情况的不同而定。在实际应用中一般采用试错法，通过参考一些文献并比较多种网络结构和算法的性能，最终确定性能较优的神经网络。

本书需要建立厌氧同时反硝化产甲烷工艺的出水 COD 或出水 NO$_3^-$-N 浓度的预测模型。通过厌氧同时反硝化产甲烷机理分析将与 COD 和 NO$_3^-$-N 耦合关系最大的辅助变量进水 pH、出水 pH、进水 COD 和甲烷产气量 4 个参数作为输入变量，为输入层的 4 个节点。出水 COD 或出水 NO$_3^-$-N 浓度分别作为输出变量，分别为输出层的一个节点。BP 神经网络的结构主要包括输入层、输出层和隐含层，而输入层和输出层的节点数已经确定，还需要确定隐含层层数。通常情况下隐含层层数越多会导致 BP 神经网络的结构越复杂，提高处理能力和预测精度的同时要花费更多的训练时间且容易造成过度拟合。已有文献指出对于任意复杂的非线性关系都可以用只含一个隐含层的 BP 神经网络来充分逼近，来完成任意的 n 维到 m 维的映射。因此，本研究构建隐含层层数一层的 BP 神经网络。

隐含层神经元的作用是从输入数据中挖掘内在规律，并且把相关规律信息存储在隐含层神经元的连接权重中。现在还未就确定隐含层节点数计算方法达成共识。如果隐含层节点数过少时，神经网络会出现收敛过慢，达不到所要求的精度，容错度降低；节点数过多时，则增加了神经网络的计算负担，降低网络的泛化能力，导致预测精度下降。通用的方法是，通过经验公式判定隐含层节点数的范围，然后不断试验来确定隐层的节点数，在其他参数不变的情况下，使收敛精度和迭代次数不变，用同一个输入数据样本集对采用不同隐含层神经元数的网络进行训练，选择网络均方根误差最小时对应的隐含层节点数。隐含层节点数选取中常用到的经验公式计算方法如式 (3-6) 所示：

$$n = \sqrt{b+c} + a \tag{3-6}$$

式中，b 代表输入层节点个数；n 代表隐含层节点个数；c 代表输出层节点个数；a 为从 1 到 10 的常数；如果选取 $b=4$，$c=1$，则对 $n=3,4,\cdots$ 的神经网络进行训练和预测检验，通过比较神经网络预测过程的均方根误差来确定最佳的隐含层节点数。

3. BP 神经网络模型的建立

为了寻求具有较优结构和算法的出水 COD 或出水 NO$_3^-$-N 浓度的 BP 神经网络软测量模型，采用表 3-24 中的出水 COD 或出水 NO$_3^-$-N 浓度实验数据对使用传递函数和训练算法的结构为 4-8-1 的 BP 神经网络进行训练和预测仿真，其中前 140 组数据用于训练模型，后 30 组数据对模型进行预测验证。对于网络结构的选择，本书采用试测法，以不同结构测试多次，选取平均 RMSE 值最小的结构作为最终结构。由于 BP 神经网络容易陷入局部最小，所以本书预设最大学习迭代数为 1 000 次，训练终止误差设为 0.001，以预测误差值为评判标准，从中选出 RMSE 最小的模型作为最终模型。同时 BP 神经网络三层结构间的数据分别用线性函数和双曲正切 Sigmoid 函数型函数实现层间的传递。

在本书中，隐含层节点数的经验公式如式 3-6 所示，输入层节点数 $b = 4$，输出层节点数 $c = 1$，对隐含层节点数 n 采用试错法如表 3-24 所示，当预测误差值最小时，确定隐含层神经元为 8 时，表明隐含层神经元为 8 时的 BP 神经网络对输出结果的逼近效果最佳。故 BP 神经网路预测模型的结构确定为 4-8-1。

表 3-24　　BP 神经网络预测误差和隐含层节点个数的关系

神经元个数	3	4	5	6	7	8	9	10	11	12
预测误差/%	1.843	1.227	0.923	0.835	0.981	0.818	0.962	1.127	0.939	1.023

4. 软测量模型的评价标准

本书采用均方根误差 (RMSE)、平均绝对百分比误差 (MAPE) 和相关系数 (R) 3 个指标反映软测量模型的性能。BP 神经网络模型训练结果均方差 (MSE) 与 R 值如图 3-61 所示。

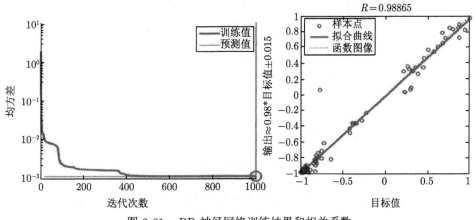

图 3-61　　BP 神经网络训练结果和相关系数

5. 出水 COD 的软测量模型分析比较

出水 COD 的 BP 神经网络软测量模型结构和算法确定之后，采用表 3-23 中的出水 COD 实验数据对使用结构为 4-8-1 的 BP 神经网络进行训练和预测仿真。实验样本 170 组数据分为两部分：其中前 140 组数据作为训练样本，后 30 组数据作为验证样本。模拟预测结果如图 3-62 所示，相应的相对误差如图 3-63 所示。BP 神经网络软测量模型在训练过程中最大相对误差绝对值为 5.61%，在预测过程中最大相对误差绝对值为 9.94%。

建立 GA-BP 神经网络预测模型确定遗传算法种群规模为 50，遗传代数为 100，交叉参数为 0.4，变异参数为 0.08，构建 GA-BP 神经网络出水 COD 软测量模型。GA-BP 神经网络对出水 COD 浓度的实验数据预测结果如图 3-62 所示，相对误差如图 3-63 所示。训练和预测过程最大的相对误差绝对值分别为 2.75％和 4.99‰。

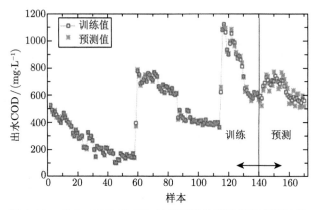

图 3-62　出水 COD 的 BP 神经网络软测量模型预测结果

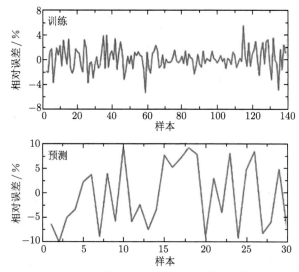

图 3-63　出水 COD 的 BP 神经网络的训练和预测相对误差图

从图 3-64 和表 3-25 中可以看出，GA-BP 神经网络和 BP 神经网络对出水 COD 软测量模型预测效果对比。对均方根误差、平均绝对百分比误差和相关系数进行考察，BP 神经网络和 GA-BP 神经网络出水 COD 预测模型的均方根误差分别为 5.234 9 和 2.045 1；BP 神经网络的出水 COD 预测模型平均绝对百分比误差为 6.345 2％，GA-BP 神经网络的出水 COD 预测模型平均绝对百分比误差为 0.893 2％；BP 神经网络的出水 COD 预测模型相关系数为 0.796 8，小于 GA-BP 神经网络的出水 COD 预测模型相关系数 0.913 4。综合以上相关参数，采用遗传算法优化的 BP 神经网络模型对厌氧同时反硝化产甲烷的出水 COD 的浓度预测精度高于单纯采用 BP 神经网络模型。

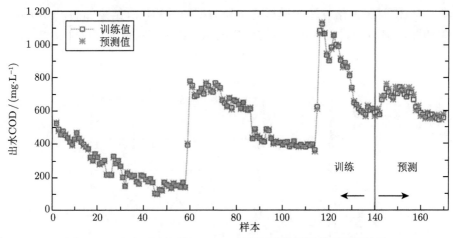

图 3-64　出水 COD 的 GA-BP 神经网络软测量模型预测结果

表 3-25　出水 COD 软测量预测效果对比

	BP 神经网络		GA-BP 神经网络	
	训练	预测	训练	预测
RMSE	0.821 3	5.234 9	0.783 7	2.045 1
MAPE/%	1.134 6	6.345 2	0.893 2	2.341 7
R	0.988 9	0.796 8	0.998 2	0.913 4

6. 出水 NO_3^--N 的软测量模型分析比较

采用表 3-23 中的出水 NO_3^--N 浓度实验数据对使用结构为 4-8-1 的 BP 神经网络进行训练和预测仿真，出水 NO_3^--N 浓度的软测量模型使用实验 170 组数据样本分为两部分：前 140 组数据为训练样本，后 30 组数据作为验证样本。仿真模拟结果如图 3-65 所示，相应的相对误差如图 3-66 所示。BP 神经网络软测量模型的在训练过程中最大相对误差为 5.78‰，在预测过程中最大相对误差绝对值为 10.95‰。

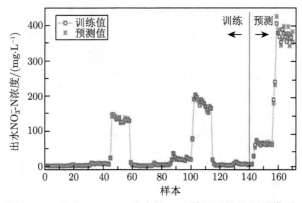

图 3-65　出水 NO_3^--N 浓度的 BP 神经网络软测量模型

建立 GA-BP 神经网络预测模型确定遗传算法种群规模为 80，遗传代数为 100，交叉参数为 0.4，变异参数为 0.08，构建 GA-BP 神经网络出水 NO_3^--N 浓度预测模型。出水 NO_3^--

N 浓度的 GA-BP 神经网络软测量模型对实验数据的预测仿真结果如图 3-67 所示。相应的相对误差如图 3-68 所示。训练和预测过程最大相对误差绝对值分别仅为 3.37% 和 4.97%。

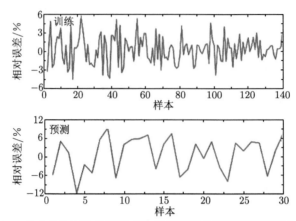

图 3-66　出水 NO_3^--N 浓度的 BP 神经网络的训练和预测相对误差图

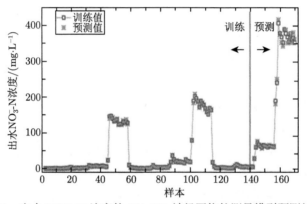

图 3-67　出水 NO_3^--N 浓度的 GA-BP 神经网络软测量模型预测结果图

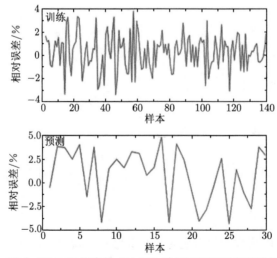

图 3-68　出水 NO_3^--N 浓度的 GA-BP 神经网络训练和预测相对误差图

表 3-26 所示为 BP 神经网络和经过遗传算法优化的 BP 神经网络对出水 NO_3^--N 浓度软测量模型的预测效果对比。对均方根误差、平均绝对百分比误差和相关系数进行考察，BP 神经网络和 GA-BP 神经网络出水 NO_3^--N 浓度预测模型的均方根误差分别为 5.038 2 和 1.972 5，显然 GA-BP 神经网络的更小；BP 神经网络的出水 NO_3^--N 浓度预测模型平均绝对百分比误差为 3.818 7%，GA-BP 神经网络的出水 NO_3^--N 浓度预测模型平均绝对百分比误差为 2.148 8%；BP 神经网络的出水 NO_3^--N 浓度预测模型相关系数为 0.813 6，小于 GA-BP 神经网络的出水 NO_3^--N 浓度预测模型相关系数 0.901 4。综合以上相关参数，GA-BP 神经网络预测模型具有更小的平均绝对百分比误差和均方根误差，还有更大的预测相关系数值，可更好地实现厌氧同时反硝化产甲烷过程中的出水 NO_3^--N 浓度的预测。

表 3-26　出水 NO_3^--N 浓度软测量模型性能指标比较

	BP 神经网络		GA-BP 神经网络	
	训练	预测	训练	预测
RMSE	0.935 7	5.038 2	0.611 4	1.972 5
MAPE/%	1.283 4	3.818 7	0.832 6	2.148 8
R	0.985 2	0.813 6	0.996 3	0.901 4

3.6.2　GA-BP 的废水处理过程产气量软测量

1. 数据的获取

在进水流量 Q、进水 COD、进水 pH 和温度 4 个参数不同组合下处理废水：进水流量分别为 2 L/h、4 L/h、6 L/h 和 8 L/h；进水 COD 分别选取 2 500 mg/L、3 000 mg/L、3 500 mg/L 和 4 000 mg/L；进水 pH 分别选取 5、7、9；温度分别为 25℃、30℃、35℃ 和 40℃。采用构建的废水厌氧消化处理自动控制系统对运行参数进行监控，并采集相关数据 (包括出水 COD 和产气量等)，实验数据存储在工控机上。从处理数据中选取 80 组数据用于建模，其中 63 组用于模型训练，剩余的 17 组用于模型验证。

2. GA-BP 神经网络预测模型的建立

所要建立的 COD 去除率预测模型和产气量预测模型，其输入层均设定为进水流量 Q、进水 COD、进水 pH 和温度 4 个节点，输出层分别选 COD 去除率和产气量作为节点，即两个模型的输入层节点数均为 4，输出层节点数为均 1，因此，神经网络的输入层层数与节点数及输出层层数与节点数是确定的，但隐含层的层数和节点数仍是不确定的。

通常来说，隐含层层数越多，BP 神经网络的结构越复杂，预测的准确度越高，但较多的隐含层会导致神经网络运算速度下降，训练时间变长，容易出现过度拟合现象，使得网络的泛化能力下降。而 Onkal-Engin 等 [19] 已指出只含有一个隐含层的 BP 神经网络可用来充分逼近任意非线性关系，故本书中建立的 COD 去除率预测模型和产气量预测模型均设为 1 层隐含层。另外，隐含层的节点数也影响着神经网络性能的好坏。通常来说，隐含层节点数过少，神经网络的数据发掘能力就差；节点数过多，网络结构复杂，导致运算速度慢时间长，产生过拟合现象。根据隐含层节点经验公式：$k = \sqrt{(m+n)} + a$，其中 k 为隐含层节点数，m 为输入层节点数，n 为输出层节点数，a 为 $1 \sim 10$ 的常数。这里 m 为

4，n 为 1，通过试错法设定隐含层为 7，故两个神经网络预测模型的结构均为 4-7-1。选取网络的学习速率为 0.01，学习动量常数为 0.001，目标误差为 0.05，最大迭代为 100，输入层至隐含层及隐含层至输出层的传递函数分别为线性函数和 S 型函数，所建立 BP 神经网络出水 COD 预测模型和 BP 神经网络产气量预测模型结构如图 3-69 所示。

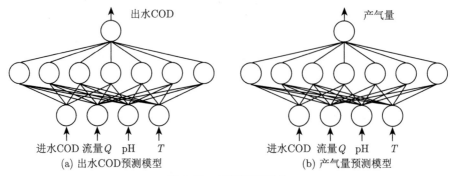

图 3-69   预测模型结构

采用遗传算法对已经建立好的两个 BP 神经网络进行优化，建立 GA-BP 神经网络预测模型，并设定遗传算法的种群规模为 50，遗传代数为 100，交叉概率为 0.3，变异概率为 0.09，这样就建立好了 GA-BP 神经网络出水 COD 预测模型和 GA-BP 神经网络产气量预测模型。

3. 模型比较与分析

在 MATLAB 中，将选取的 80 组实验数据用于建模，其中 63 组用于 4 个预测模型训练学习，17 组用于预测仿真，得到的结果如下：

表 3-27 所示为 GA-BP 神经网络出水 COD 预测模型和 BP 神经网络出水 COD 预测模型的预测效果对比。对绝对百分误差、均方差、均方根误差和相关系数 4 个指标进行考察。图 3-70 所示为 GA-BP 神经网络出水 COD 预测模型在训练和预测阶段模拟输出值和实际值的比较，图 3-71 所示为 BP 神经网络出水 COD 预测模型在训练和预测阶段的模型输出值和实际值的比较。结合表 3-27、图 3-70 和图 3-71 可知，GA-BP 神经网络出水 COD 预测模型预测的绝对百分误差为 21.726 3%，而 BP 神经网络出水 COD 预测模型预测的绝对百分误差高达 61.722 4%；GA-BP 神经网络出水 COD 预测模型预测的均方差值为 3.884 2×10^4，小于 BP 神经网络出水 COD 预测模型预测的均方差 2.001×10^5；GA-BP 神经网络出水 COD 预测模型预测的均方根误差值为 196.065 8，而 BP 神经网络出水 COD 预测模型预测的均方根误差值却有 447.669 6；GA-BP 神经网络出水 COD 预测模型预测

表 3-27   GA-BP 与 BP 预测模型对出水 COD 的预测效果对比

	BP 神经网络		GA-BP 神经网络	
	训练	预测	训练	预测
MAPE/%	14.828 5	61.774 2	2.599 6	21.726 3
R	0.919 0	0.567 2	0.998 6	0.880 5
MSE	1.878 7×10^4	2.001×10^5	332.970 1	3.884 2×10^4
RMSE	137.066 7	447.669 6	18.247 5	196.065 8

的相关系数为 0.880 5，远大于 BP 神经网络出水 COD 预测模型预测的 0.567 2。综合比较上述 4 个指标，不难发现采用遗传算法优化后的 BP 神经网络建立的出水 COD 预测模型预测效果优于未优化过的神经网络预测模型。

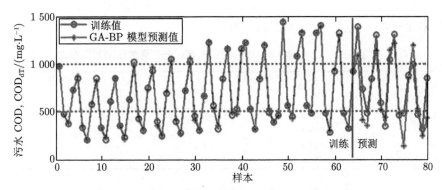

图 3-70 GA-BP 神经网络出水 COD 预测结果

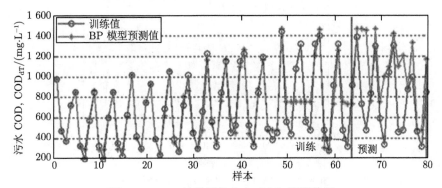

图 3-71 BP 神经网络出水 COD 预测结果

表 3-28 所示为 GA-BP 神经网络产气量预测模型和 BP 神经网络产气量预测模型的预测效果对比，同样考察绝对百分误差、均方差、均方根误差相关系数 4 个指标。图 3-72 所示为 GA-BP 神经网络产气量预测模型在训练和预测阶段的模拟输出值和实际值的对比结果，图 3-73 所示为 BP 神经网络产气量预测模型在训练和预测阶段的模型输出值和实际值的对比结果。结合表 3-28、图 3-72 和图 3-73 可知，GA-BP 神经网络产气量预测模型预测的绝对百分误差为 7.644 3%，而 BP 神经网络产气量预测模型预测的绝对百分误差达到 10.595 9%；GA-BP 神经网络产气量预测模型预测的均方差值为 4.037 5，而 BP 神经网络产气量预测模型预测的均方差为 5.917 2；GA-BP 神经网络产气量预测模型预测的均方根误差值为 2.009 4，而 BP 神经网络产气量预测模型预测的均方根误差值为 2.432 5；GA-BP 神经网络产气量预测模型预测的相关系数为 0.910 9，而 BP 神经网络产气量预测模型预测的相关系数却只有 0.745 5。综合比较上述 4 个考察指标的值，发现经遗传算法优化后的 BP 神经网络预测模型各项指标均优于未优化过的神经网络预测模型，故 GA-BP 预测模型的预测效果更好。

综合对比 GA-BP 神经网络和 BP 神经网络对出水 COD 和产气量的预测效果，发现经过遗传算法优化后的神经网络模型各项指标均优于简单的 BP 神经网络：GA-BP 预测模型具有较小的均方差值、较低的绝对误差和较低的均方根误差，以及较高的相关系数。遗传算法通过对引入编码和适应度机制，采用选择、交叉、变异等计算步骤，寻找出了更适合该网络的权值和阈值，提高了 BP 神经网络的预测准确度，克服了陷入局部最小的缺点，使得整个网络得到全局优化。因此，选用 GA-BP 神经网络的方法对出水 COD 和产气量进行建模效果更好，可以为后续研究提供帮助。

表 3-28   GA-BP 与 BP 预测模型对产气量的预测效果对比

	BP 神经网络		GA-BP 神经网络	
	训练	预测	训练	预测
MAPE/%	1.046 4	10.595 9	1.025 2	7.644 3
R	0.998 1	0.745 5	0.998 2	0.910 9
MSE	0.057 4	5.917 2	0.055 6	4.037 5
RMSE	0.239 5	2.432 5	0.235 8	2.009 4

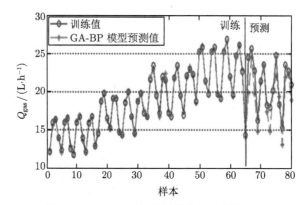

图 3-72   GA-BP 神经网络产气量预测结果

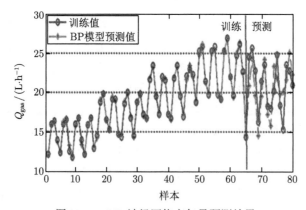

图 3-73   BP 神经网络产气量预测结果

3.6.3   基于 NSGA-II 的多目标优化模型

废水厌氧消化过程是一个受到物理、化学、生物等多因素影响的过程，具有时变性、复杂性和非线性。为了更好地进行工艺设计和运行操作，以获取更低的出水 COD 和更高的产气量，对该过程进行多目标优化是有必要的。采用 NSGA-II 解决这个问题，需要构建出可靠的数学模型作为适应度函数，但废水厌氧工艺的特性导致无法用常规的方法建立起可靠的模型，然而，GA-BP 神经网络模型能很好地模拟进水 COD、进水流量 Q、进水 pH 和温度 T 与出水 COD 及产气量之间的关系。因此，可以将 GA-BP 神经网络出水 COD 预测模型产气量预测模型作为 NSGA-Ⅱ 的适应度函数。根据上述方法，构建出的造纸废水厌氧过程多目标优化模型的结构如图 3-74 所示。具体操作流程如下。

Step 1：确定优化策略，选定优化问题中的各子目标及子目标数；

Step 2：定义变量及变量的取值范围；

Step 3：设定种群规模、迭代代数和其他参数等，产生种群 O；

Step 4：对所有个体进行编码，结合两个神经网络，计算每个的适应度值；

Step 5：评估它们的适应值，满足期望的保留到种群 A 中，对不满足期望要求的个体采用快速非支配排序、拥挤度评估和选择、交叉、变异等操作产生新一代种群 B，然后将种群 A 和种群 B 合并产生种群 C。对种群 C 重复 Step 4 和 Step 5，达到迭代代数为止，输出 Pareto 解最优集。

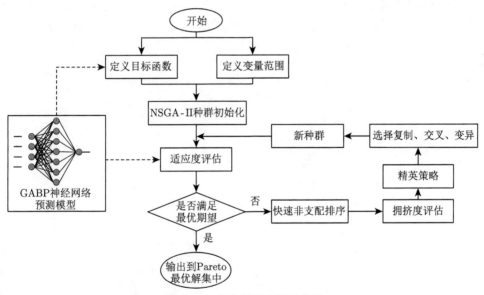

图 3-74　优化模型流程示意图

设定的优化目标为：

$$\begin{cases} \mathrm{Min}\, f_1\,(\mathrm{COD_{in}}, Q_{in}, \mathrm{pH}, T) = \mathrm{COD_{eff}} \\ \mathrm{Max}\, f_2\,(\mathrm{COD_{in}}, Q_{in}, \mathrm{pH}, T) = Q_{gas} \end{cases} \tag{3-7}$$

其中，f_1 和 f_2 分别为采用 GA-BP 神经网络建立起的出水 COD 模型和产气量模型。

根据废水厌氧消化处理工艺的特点和所采集的实验数据，设定各变量取值范围为：

$$\begin{cases} 2000\ \mathrm{mg/L} \leqslant \mathrm{COD_{in}} \leqslant 4000\ \mathrm{mg/L} \\ 2\mathrm{L/h} \leqslant Q_{in} \leqslant 8\mathrm{L/h} \\ 5 \leqslant \mathrm{pH} \leqslant 9 \\ 20\mathrm{°C} \leqslant T \leqslant 40\mathrm{°C} \end{cases} \tag{3-8}$$

设定该模型的种群规模为 150，迭代代数为 700，杂交概率为 0.9，变异概率为 0.035，可控精英值为 0.55，将建立好的模型在 MATLAB 中进行仿真研究。

模型的运行结果如图 3-75 所示，表 3-29 中给出了部分 Pareto 最优边界点，其中，横坐标表示出水 COD(COD_{eff})，纵坐标表示产气量 (Q_{gas})，蓝色的点表示所得到的 Pareto 最优边界点，红色的曲线表示这些点的拟合曲线。在模型建立时，所设定的变量 COD_{in}、Q_{in}、pH 及 T 均为连续变量，但由于该模型会根据所设定的适应度函数对种群个体进行编码、选择、交叉和变异操作，因此会使连续变量离散化而变为离散变量，使得模型在寻找符合条件的最优解集时能够扩展开来。由图 3-76 可知，这些 Pareto 最优边界点和拟合曲线表明出水 COD 和产气量之间存在关系，当试图修改输入变量来提高出水 COD 时会导致产气量的降低，而当试图修改输入变量以降低出水 COD 时会引起产气量的升高，也可以说，图中的点与线指出降低出水 COD 和提高产气量之间存在着相关联系。而每一个 Pareto 最优边界点是模型通过权衡出水 COD 和产气量得出的最佳输入变量组合方案，也是实现相对的出水 COD 和产气量同时最优化的解决方案。但值得一提的是，在模型给出的所有 Pareto 最优解决方案中，所有方案都可行的，不存在其中一套解决方案绝对会比其他解决方案更好的情况，在实际操作中，如何选择解决方案主要根据系统需要和参数组合的可行性。

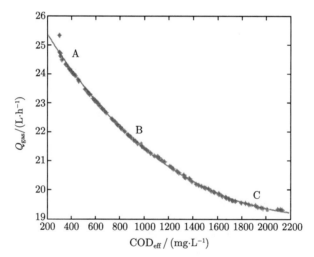

图 3-75　模型运行结果

表 3-29　部分 Pareto 最优边界点

位置	COD_{in}/ (mg·L^{-1})	Q_{in}/ (L·h^{-1})	pH	T/℃	模型生成结果		实际操作结果	
					COD_{eff}/(mg·L^{-1})	Q_{gas}/(L·h^{-1})	COD_{eff}/(mg·L^{-1})	Q_{gas}/(L·h^{-1})
A	2 559	4.9	8.1	39	384	24.2	368	23.7
B	3 216	5.5	7.4	33	950	21.6	983	20.4
C	4 000	5.5	7.7	29	1 937	19.4	1 994	18.6

如果将 Pareto 最优解决方案以 A、B、C 三个点分为 3 个部分，那么，当更侧重于考虑产气量的值时可以选择点 A 附近所提供的解决方案，当更侧重于考虑出水 COD 的值时

可以选择点 C 附近所提供的解决方案，如果想同时考虑产气量和出水 COD 的值则可以选择点 B 附近所提供的解决方案。红色的拟合曲线能够更直观地从数学模型角度解释解决方案中出水 COD 与产气量之间的线性关系，如果将 COD_{eff} 作为变量，Q_{gas} 作为因变量，则 COD_{eff} 和 Q_{gas} 之间的关系可用三次多项式表示为：

$$Q_{gas} = -2.2 \times 10^{-10} \times COD_{eff}^3 + 2.3 \times 10^{-6} \times COD_{eff}^2 - 0.0074 \times COD_{eff} + 27 \qquad (3\text{-}9)$$

其中，$200 \text{ mg/L} \leqslant COD_{eff} \leqslant 2200 \text{ mg/L}$，拟合曲线的相关系数为 0.999 7，均方根误差为 0.095 6。

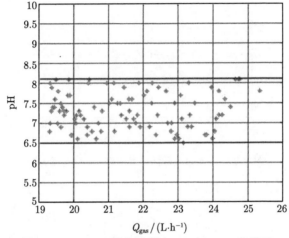

图 3-76　Pareto 最优边界中 pH 与 Q_{gas} 的关系

由表 3-29 可知，模型给出点 A 处解决方案的各变量组合为 (2559，4.9，8.1，39)，即进水 COD 为 2 559 mg/L，进水流量为 4.9 L/h，进水 pH 为 8.1 及温度为 39℃，这种方案下模型给出的模拟值为 (384，24.2)，即出水 COD 为 384 mg/L，产气量为 24.2 L/h；模型给出点 B 处解决方案的各变量组合为 (3216，5.5，7.4，33)，即进水 COD 为 3 216 mg/L，进水流量为 5.5 L/h，进水 pH 为 7.4 及温度为 33℃，这种方案下模型给出的模拟值为 (950，21.6)，即出水 COD 为 950 mg/L，产气量为 21.6 L/h；模型给出点 C 处解决方案的各变量组合为 (4000，5.5，7.7，29)，即进水 COD 为 4 000 mg/L，进水流量为 5.5 L/h，进水 pH 为 7.7 及温度为 29℃，这种方案下模型给出的模拟值为 (1937，19.4)，即出水 COD 为 1 937 mg/L，产气量为 19.4 L/h。分别采用 A、B、C 3 点给出的解决方案进行试验，获取实验数据，以验证模型的可靠性，结果如表 3-29 所示。采用点 A 给出的解决方案进行实验验证时，真实出水 COD 为 368 mg/L，真实产气量为 23.7 L/h；采用点 B 给出的解决方案进行实验验证时，真实出水 COD 为 983 mg/L，真实产气量为 20.4 L/h；采用点 C 给出的解决方案进行实验验证时，真实出水 COD 为 1 994 mg/L，真实产气量为 18.6 L/h。对比该模型给出的模拟值与真实值，结果发现两者相差不大，在可接受范围内。通过表 3-29 可以发现最优解集中变量 pH 和进水流量的变动范围不大，而温度和进水 COD 的变动范围较大。图 3-76 和图 3-77 给出了最优解集下 pH、温度与产气量的关系，可以发现无论进水 COD 和流量如何，为了达到最佳的产气量，pH 的跨度范围应在

6.9 ~ 8.0，温度的跨度范围应在 28 ~ 40℃。在实际情况下，废水的进水 COD 和进水流量不可控，pH 和温度成了重要的决策变量。因此，综合考虑 pH、温度与最佳出水 COD 及最佳产气量之间的关系，得到图 3-78。Pareto 最优边界点中 pH/T 与 COD_{eff}/Q_{gas} 的关系图。

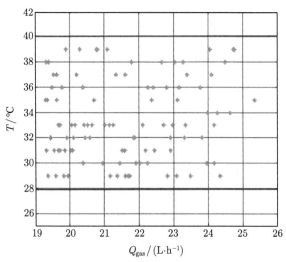

图 3-77　Pareto 最优边界中 T 与 Q_{gas} 的关系

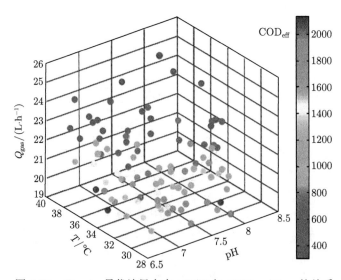

图 3-78　Pareto 最优边界点中 pH/T 与 COD_{eff}/Q_{gas} 的关系

　　根据这些信息，设计师可以参考最优解集中决策变量的值及其变化为系统设计和控制提供帮助。综合上述内容，可归纳总结为一点：无论实际设计或控制运行的废水厌氧处理系统有多么复杂，总存在最优的进水负荷，为了得到最佳产气量和出水 COD 往往需要寻找最优的 pH 和温度，而本模型能够权衡各变量的关系并提供有用的参考信息。

　　纵观整个优化模型，由于 GA-BP 神经网络具有模拟任意线性关系的能力，与 NSGA-Ⅱ灵活多变、不限于优化目标数量和变量取值影响的特点有机地结合在一起，形成了一种泛化能力强的多目标优化模型。这种解决多目标优化问题的思路和方法不局限于废水厌氧处理过程，也为解决其他的多目标优化问题提供参考。

3.7　基于 PCA-BP 和 PCA-LSSVM 的厌氧氨氧化出水软测量及多目标优化

3.7.1　数据选取与预处理

本节建立模型所用数据均来源于厌氧氨氧化反应器成功启动后，在不同氮负荷和 COD 干扰下反应器的运行数据。运行数据原始参数分别包括：进水氨氮浓度、进水亚硝酸盐氮浓度、进水 COD、进水 pH、出水氨氮浓度、出水 COD、出水亚硝酸盐氮浓度、出水硝酸盐氮浓度、出水 pH 和产气量。采集到的数据剔除明显异常值后利用拉依达准则剔除离群值，共得到 144 组有效元数据，选取 120 组数据作为训练数据，24 组数据作为检验样本。值得注意的是，训练数据与检验样本中都应包含反应器运行不同时期、不同阶段的各个条件，为体现数据预测的合理性和有效性，检验样本数据均选自每一阶段反应器后期运行稳定的数据。另外，为消除量纲影响，提高模型运算速度，利用式 (2-14) 对元数据进行归一化处理。

经归一化后的数据在 MATLAB 2015b 软件进行 PCA 降维操作，通过分析各个变量的相关性降低输入数据维数，去除冗余信息及减少模型算法的计算量。处理结果如图 3-79 所示，双标图 [图 3-79(a)、(b)] 显示了辅助变量与样本点之间的多元关系，连接原点和各变量的直线称为"向量"，其在某一主成分上的投影表明该变量对该主成分的重要程度，也

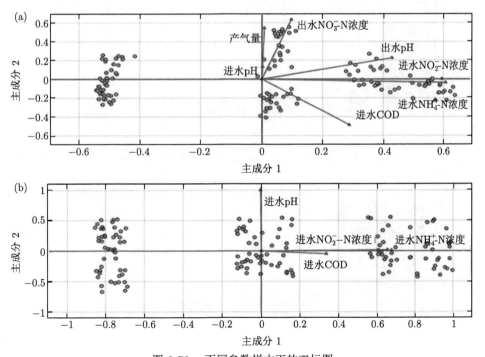

图 3-79　不同参数样本下的双标图

体现了该主成分对该变量的解释程度。从图 3-79(a) 变量的矢量长度可以看出，进水氨氮浓度、亚硝酸盐氮浓度、COD 和出水硝酸盐氮浓度、产气量和出水 pH 都是十分重要的影响变量。相对来说，进水 pH 影响较小，而从图 3-79(b) 可以看出，进水氨氮浓度、亚硝酸盐氮浓度、进水 pH 更为重要，进水 COD 的影响较小。可见不同样本点个数的选择不同，其辅助变量与样本点的多元关系也是不同的。另外，双标图中两向量之间的夹角大小也可以表明其相关关系。当夹角小于 90° 时，表示两向量之间正相关；夹角等于 90° 时，表示两向量之间不存在相关关系；夹角大于 90° 时，表示两向量之间负相关。从图中向量之间的夹角可以看出，不论样本点参数个数是否相同，进水氨氮浓度、进水亚硝酸盐氮浓度与进水 COD 两两之间都呈显著的正相关关系，分析其原因在于选择进水浓度时是按照一定的规则进行的 (进水氨氮浓度与进水亚硝酸盐氮浓度比接近 1:1.32，进水 C/N 由 0.25 逐渐提高到 1.50)，因此出现了明显的相关关系；出水硝酸盐氮浓度、出水 pH 与产气量之间的夹角也小于 90°，表明它们之间也是正相关关系，对比进水 pH 与进水其他浓度之间的夹角则大于 90°，表明进水 pH 与进水其他浓度的相关性较弱。

图 3-80 为参数样本不同时各主成分解释的方差贡献率和累计方差贡献率。从图 3-80(a) 可以看出，第一主成分的方差贡献率为 58.96%，第二主成分的方差贡献率为 17.98%，累计方差贡献率为 76.94%，属于中等偏高的拟合度水平，第三主成分的方差贡献率为 11.59%，累计方差贡献率为 88.53%；从图 3-80(b) 可以看出，第一主成分的方差贡献率为 71.58%，第二主成分的方差贡献率为 17.21%，累计方差贡献率为 88.79%，属于中等偏上的拟合度

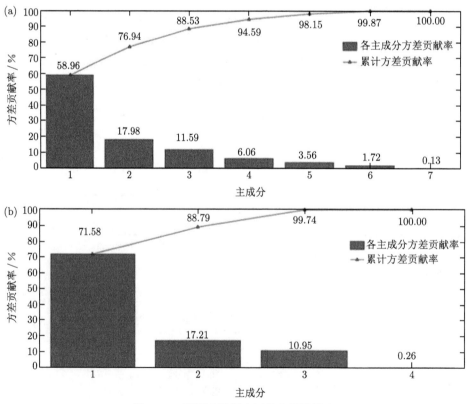

图 3-80　不同参数样本下的方差贡献率

水平。根据主成分的一般选择标准，累计方差贡献率 $\geqslant 85\%$ 的前 k 个主成分能够包含绝大部分信息，后面的其他成分则可以舍弃，对于有进水氨氮浓度、亚硝酸盐氮浓度、COD 和出水硝酸盐氮浓度、硝酸盐氮浓度、产气量和出水 pH 的 7 项指标可由前 3 个主成分代替，对于仅有进水氨氮浓度、亚硝酸盐氮浓度、COD 和进水 pH 的 4 项参数样本则可由前 2 个主成分进行代替。

3.7.2　模型性能评价指标

为验证模型的预测性能，本节选取 MAPE、RMSE 和 R 三个评价指标用于表征模型预测性能，其中，m 为样本个数，y_i 为样本实际值，$y_{p,i}$ 为样本预测值，$\bar{y}$ 为样本实际值均值，$\bar{y}_p$ 为样本预测值均值：

① MAPE 代表所有样本预测值与实际值相对误差的绝对值求和的平均值，其值越小，代表预测越准确；

$$\text{MAPE} = \frac{1}{m} \sum_{i=1}^{m} \left| \frac{y_{p,i} - y_i}{y_i} \right| \times 100\% \tag{3-10}$$

② RMSE 是观测值与真值偏差的平方与观测次数 n 比值的平方根，可以说明样本的离散程度。RMSE 值越小，代表预测模型描述实验数据精确程度越高，反之亦然；

$$\text{RMSE} = \sqrt{\frac{1}{m} \sum_{i=1}^{m} (y_{p,i} - y_i)^2} \tag{3-11}$$

③ R 反映了预测值与实际值线性关系的强弱，R 值越接近于 1，代表预测值与实际值越接近，说明预测准确度越高。

$$R = \frac{\sum_{i=1}^{m} (y_i - \bar{y})(y_p - \bar{y}_p)}{\sqrt{\sum_{i=1}^{m} (y_i - \bar{y})^2 \sum_{i=1}^{m} (y_p - \bar{y}_p)^2}} \tag{3-12}$$

3.7.3　基于 PCA-BP 和 PCA-LSSVM 算法的厌氧氨氧化出水水质软测量模型

1. 建模基本过程

以厌氧氨氧化与反硝化过程为研究对象，以预测出水氨氮浓度为研究目的，结合上文，如图 3-81 所示，基于 PCA-BP 神经网络的厌氧氨氧化出水氨氮预测模型的主要步骤可概括如下。

① 原始数据的获取：通过改变进水条件，UASB 厌氧反应器成功运行 150 d，在此期间获得进水 NH_4^+-N 浓度、NO_2^--N 浓度、COD、pH 和出水 NH_4^+-N 浓度、COD、pH 等多项参数指标；

② 数据预处理：包括数据异常值的剔除和归一化操作，其目的在于确保模型输入和输出的值统计分布大致均匀，从而提高模型的运行精度以及运行速度；

③ 将步骤 ② 获得的数据利用 PCA 进行数据降维，通过计算累计方差贡献率，确定主成分个数，组成新的数据样本矩阵实现数据降维；

④ 利用步骤 ③ 中获取的新样本数据，利用 BP 算法建立起预测模型；确定 BP 神经网络的初始权值和阈值，并通过"试错法"确定隐含层神经元数，进行训练与测试；

⑤ 数据可视化输出，将最终得到的结果用图表形式输出以供分析。

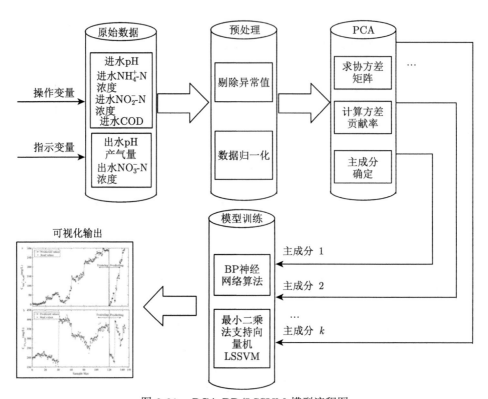

图 3-81　　PCA-BP/LSSVM 模型流程图

搭建基于 PCA-LSSVM 的厌氧氨氧化出水氨氮浓度预测模型，其具体步骤大体与建立基于 PCA-BP 神经网络的厌氧氨氧化出水氨氮浓度预测模型步骤相似，其中不同之处在于进行步骤 ④ 的操作时，针对基于最小二乘法支持向量机的出水氨氮浓度软测量预测模型，为保证模型有较好的性能，建模时需要选择合适的核函数、核参数和正则化参数，训练好的基于最小二乘法支持向量机的出水氨氮浓度软测量预测模型，将测试样本数据作为训练后模型的输入，模型输出即出水氨氮浓度的预测值。

2. 模型参数的选择与确定

结合上文对 BP 神经网络和 LSSVM 的描述可知，模型参数的选择与确定对模型的构建至关重要。本章研究所要建立的厌氧氨氧化出水氨氮浓度预测模型，其输入层变量分别包括进水氨氮浓度、进水亚硝酸盐氮浓度、进水 COD 浓度、进水 pH 及出水硝酸盐氮浓度、出水 pH 和产气量 7 个节点，输入层为出水氨氮浓度 1 个节点。因此，可以确定两个模型的输入层的节点数为 7，输出层的节点数为 1。

针对 BP 神经网络厌氧氨氧化出水氨氮浓度预测模型而言，其隐含层层数和隐含层节点数设置的不同决定着神经网络性能的好坏。通常来说，隐含层层数越多，神经网络预测的精确度也会越高，但越多的隐含层意味着神经网络的结构越复杂，在训练过程中易出现过分拟合的现象，同时使神经网络的运行速度下降。Onkal-Engin 等[19]的研究表明，只含有一个隐含层的神经网络可充分逼近任意非线性关系，因此本章建立的基于 PCA-BP 智能算法的厌氧氨氧化出水氨氮浓度预测模型的隐含层设置为 1 层。针对隐含层节点数的选择，本书通过试错法选用 5 个节点作为隐含层节点，即模型的拓扑结构最终为 7-5-1。本处选用 tansig 和 logsig 作为隐含层和输入层神经元的传递函数，选用 trainlm 作为训练函数。网络的学习速率为 0.3，学习动量常数为 0.001，目标误差为 0.015，最大迭代为 1 000 次。

使用 MATLAB 2015b 中的 LSSVM 工具箱编写程序建立基于 PCA-LSSVM 智能算法的厌氧氨氧化出水氨氮浓度预测模型，选取 RBF 函数作为核函数，初始化基于最小二乘法支持向量机参数的选择，其中正则化参数 γ 和核参数 σ^2 的取值范围为：$\gamma \in (0, 1\,000)$，$\sigma^2 \in (0, 100)$。通过网格搜索法和 10 倍交叉验证法最终选出正则化参数和核参数的最优值分别为：$\gamma = 29.2837$，$\sigma^2 = 0.3807$。

3. 基于 PCA-BP 和 PCA-LSSVM 智能算法的厌氧氨氧化出水氨氮浓度预测模型比较与分析

基于 PCA-BP 和 PCA-LSSVM 智能算法的厌氧氨氧化出水氨氮浓度预测模型仿真结果如图 3-82 所示，模型预测过程的误差、相对误差和回归分析图见图 3-83、图 3-84 和图 3-85，其性能预测指标见表 3-30。

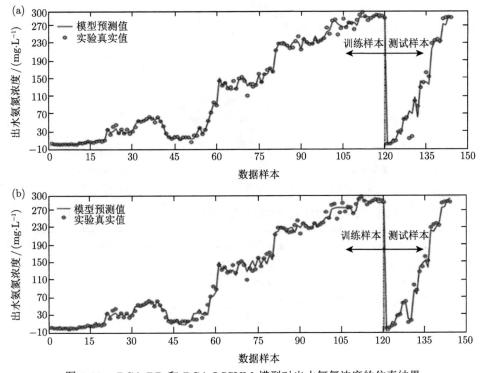

图 3-82　PCA-BP 和 PCA-LSSVM 模型对出水氨氮浓度的仿真结果

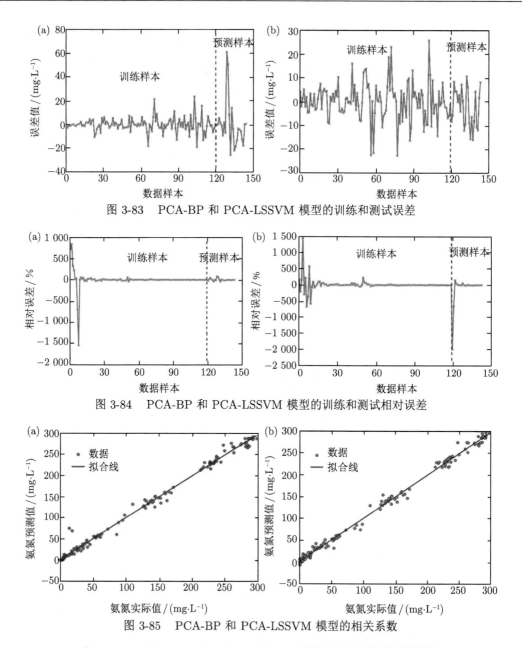

图 3-83　PCA-BP 和 PCA-LSSVM 模型的训练和测试误差

图 3-84　PCA-BP 和 PCA-LSSVM 模型的训练和测试相对误差

图 3-85　PCA-BP 和 PCA-LSSVM 模型的相关系数

表 3-30　PCA-BP 和 PCA-LSSVM 模型出水氨氮浓度预测性能

模型类型	数据类型	类型		
		MAPE	RMSE	R
PCA-BP 出水 NH_4^+-N 浓度	训练数据	44.36%	7.90	
模型	预测数据	18.27%	19.29	0.925 9
PCA-LSSVM 出水 NH_4^+-N 浓度	训练数据	41.62%	7.89	
模型	预测数据	8.92%	8.50	0.997 0

由图 3-82 可以看出，基于 PCA-BP 和 PCA-LSSVM 不同算法的厌氧氨氧化出水氨氮浓度模型都能较好地预测出水氨氮浓度变化，其模型预测值与实验真实值基本趋同。从

图 3-83 可以看出，基于 PCA-LSSVM 算法的厌氧氨氧化出水氨氮浓度模型的预测误差值更小，其相对误差虽然在预测样本的第一处出现了较大偏差 (图 3-84)，分析其原因在于此处预测的出水氨氮实际浓度非常低 (<1 mg/L)，因此极小的误差值就会带来很大的影响，但在实际工艺中处于可接受的范围。结合表 3-30 可知，针对基于 PCA-BP 神经网络的出水氨氮浓度预测模型对出水 NH_4^+-N 浓度的预测值和真实值之间的平均相对百分比误差为 18.27%，均方根误差为 19.29，预测数据与实际数据的相关系数为 0.925 9，表明模型具有较好的预测性能。对比之下，基于 PCA-LSSVM 的厌氧氨氧化出水氨氮浓度预测，其出水氨氮浓度的预测值与真实值之间的平均相对百分比误差为 8.92%，均方根误差为 8.50，均小于基于 PCA-BP 神经网络的出水氨氮浓度预测，预测数据与实际真实数据的相关系数为 0.997 0 (图 3-85)，高于前者。综合比较上述 3 个指标，不难发现基于 PCA-LSSVM 智能算法的厌氧氨氧化出水氨氮浓度模型要优于基于 PCA-BP 智能算法的厌氧氨氧化出水氨氮浓度模型。

4. 基于 PCA-BP 和 PCA-LSSVM 智能算法的厌氧氨氧化 TN 去除模型比较与分析

建立基于 PCA-BP 和 PCA-LSSVM 智能算法的厌氧氨氧化 TN 去除模型，其建模基本过程同上所述。建立 PCA-BP 神经网络所选用模型的拓扑结构通过试错法仍旧为 7-5-1。选用函数 tansig 和 logsig 作为隐含层和输入层神经元的传递函数，选用函数 trainlm 作为训练函数。网络的学习速率为 0.3，学习动量常数为 0.001，目标误差为 0.015，最大迭代为 1000 次。对于 PCA-LSSVM 厌氧氨氧化 TN 去除模型，通过网格搜索法和 10 倍交叉验证法，最终可得出正则化参数和核参数的最优值分别为：$\gamma = 12.1489$，$\sigma^2 = 0.38725$。

基于 PCA-BP 和 PCA-LSSVM 智能算法的厌氧氨氧化 TN 去除模型预测效果和预测性能指标如图 3-86 和表 3-31 所示。其预测过程的误差值如图 3-87 所示，相对误差和回归分析图见图 3-88 和图 3-89。

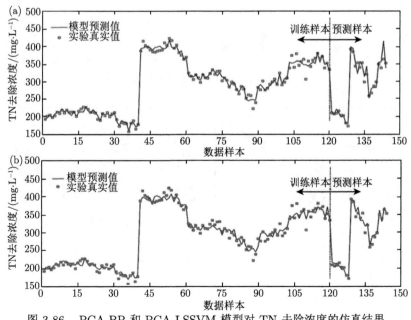

图 3-86　PCA-BP 和 PCA-LSSVM 模型对 TN 去除浓度的仿真结果

表 3-31　　PCA-BP 和 PCA-LSSVM 模型 TN 去除浓度预测性能

模型类型	数据类型	类型		
		MAPE	RMSE	R
PCA-BP TN	训练数据	3.97%	11.00	
去除模型	预测数据	4.17%	16.63	0.978 2
PCA-LSSVM TN	训练数据	2.97%	10.74	
去除模型	预测数据	2.92%	10.22	0.989 4

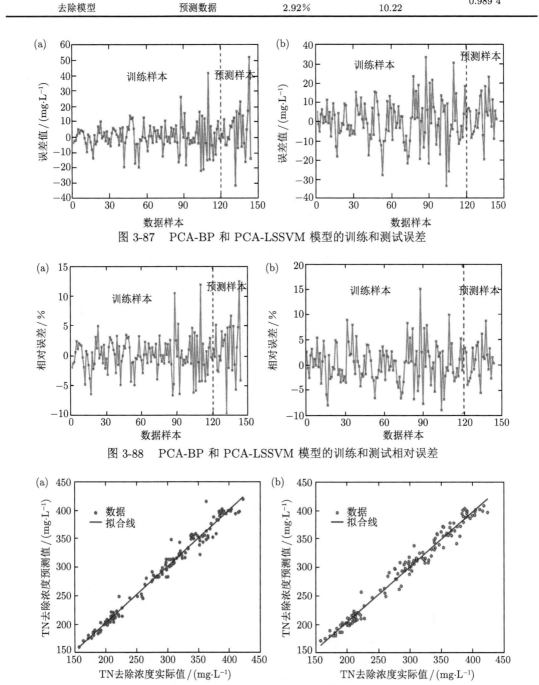

图 3-87　PCA-BP 和 PCA-LSSVM 模型的训练和测试误差

图 3-88　PCA-BP 和 PCA-LSSVM 模型的训练和测试相对误差

图 3-89　PCA-BP 和 PCA-LSSVM 模型的相关系数

结合上一节内容及基于 PCA-BP 和 PCA-LSSVM 智能算法的厌氧氨氧化出水氨氮浓度模型可以看出，无论是对厌氧氨氧化氨氮出水浓度的预测还是对 TN 去除浓度的预测，基于 PCA-LSSVM 智能算法的厌氧氨氧化水质预测模型的平均相对百分比误差和均方根误差都更小，其模型的预测值与真实值的相关系数更高，即具有更好的预测性能，因此更适用于后续的研究工作。

从图 3-87 可以看出，基于 PCA-LSSVM 智能算法的厌氧氨氧化 TN 去除模型的预测误差值明显小于前者。在图 3-88 中，基于 PCA-LSSVM 智能算法的厌氧氨氧化 TN 去除模型的预测样本的相对误差也明显更小。结合表 3-31 可知，基于 PCA-BP 神经网络的厌氧氨氧化 TN 去除模型的预测值和真实值之间的平均相对百分比误差为 4.17%，而基于 PCA-LSSVM 的厌氧氨氧化氨氮 TN 去除预测模型的平均相对百分比误差为 2.92%，小于前者。对于模型预测值与真实值之间的均方根误差，基于 PCA-BP 的 TN 去除模型值为 16.63，而基于 PCA-LSSVM 的 TN 去除模型为 10.22。另外，基于 PCA-BP 智能算法的厌氧氨氧化 TN 去除模型，预测数据与实际真实数据的相关系数为 0.9782，而基于 PCA-LSSVM 的模型相关系数则为 0.9894 (图 3-89)。综合来看，相比基于 PCA-BP 智能算法的厌氧氨氧化 TN 去除模型预测效果，基于 PCA-LSSVM 的厌氧氨氧化氨氮 TN 去除模型性能更好，也更为稳定。

3.7.4　基于 PCA-LSSVM 和 NSGA-II 混合智能算法的厌氧氨氧化脱氮系统多目标优化模型

1. 模型的构建

NSGA-II 算法是基于 NSGA 算法的改进，用于解决实际工业生产或处理过程中的多目标优化问题。针对 NSGA-II 算法的建立需要能优化目标问题的数学模型，对于厌氧氨氧化等废水处理工艺分析而言，由于各参数量与优化目标之间往往是非线性且复杂的关系，传统的机理建模是无法做到的。由 3.7.3 节的研究可以看出，通过采用 PCA-LSSVM 智能算法的厌氧氨氧化出水水质的预测模型能够很好地模拟出各参数辅助变量与优化目标量之间的关系，鉴于之前该模型选用输入量 (进水氨氮浓度、进水亚硝酸盐氮浓度、进水 COD、进水 pH、出水 COD、出水亚硝酸盐氮浓度、出水硝酸盐氮浓度、出水 pH 和产气量) 包含一部分过程变量 (出水 COD、出水亚硝酸盐氮浓度、出水硝酸盐氮浓度、出水 pH 和产气量)，为避免在优化过程中其值作为可变因素影响模型输出，在本节我们采用进水氨氮浓度、进水亚硝酸盐氮浓度、进水 COD 和进水 pH 4 项实际废水工艺中的可操作变量，利用 PCA-LSSVM 建立新的厌氧氨氧化出水水质模型，同时用该模型代替传统的数学模型，用于 NSGA-II 算法中解决厌氧氨氧化脱氮处理过程中氨氮出水和总氮去除的多目标优化问题，最终建立起基于 PCA-LSSVM 并与 NSGA-II 相结合的多目标优化模型，其模型基本结构如图 3-90 所示。本书中的模型均在 MATLAB 2015b 软件平台、Windows10 环境下建立。针对厌氧氨氧化脱氮系统氨氮出水与 TN 去除优化问题，建立模型如下。目标函数：

$$f_1(C_{\mathrm{NH_4^+\text{-}N,eff}}) = \mathrm{sim}(\mathrm{net}1, [C_{\mathrm{NH_4^+\text{-}N,in}},\ C_{\mathrm{NO_2^-\text{-}N,in}},\ C_{\mathrm{COD,in}},\ \mathrm{pH_{in}}] \tag{3-13}$$

$$f_2(C_{\mathrm{TN,rem}}) = \mathrm{sim}(\mathrm{net}2, [C_{\mathrm{NH_4^+\text{-}N,in}},\ C_{\mathrm{NO_2^-\text{-}N,in}},\ C_{\mathrm{COD,in}},\ \mathrm{pH_{in}}] \tag{3-14}$$

$$约束条件为: \begin{cases} 0 \leqslant C_{\mathrm{NH_4^+\text{-}N,in}} \leqslant 350 \\ 0 \leqslant C_{\mathrm{NO_2^-\text{-}N,in}} \leqslant 400 \\ 0 \leqslant C_{\mathrm{COD,in}} \leqslant 1200 \\ 7.3 \leqslant \mathrm{pH_{in}} \leqslant 7.8 \end{cases} \tag{3-15}$$

其中,net1,net2 分别为基于 PCA-LSSVM 算法建立的出水 $\mathrm{NH_4^+\text{-}N}$ 浓度和 TN 去除浓度预测模型, $C_{\mathrm{NH_4^+\text{-}N,in}}$, $C_{\mathrm{NO_2^-\text{-}N,in}}$, $C_{\mathrm{COD,in}}$, $\mathrm{pH_{in}}$ 分别代表进水 $\mathrm{NH_4^+\text{-}N}$ 浓度、进水 $\mathrm{NO_2^-\text{-}N}$ 浓度、进水 COD 和进水 pH。进一步选取 NSGA-II 参数为: 种群数量 150、交叉概率 0.4、变异概率 0.05、最大进化代数 500。

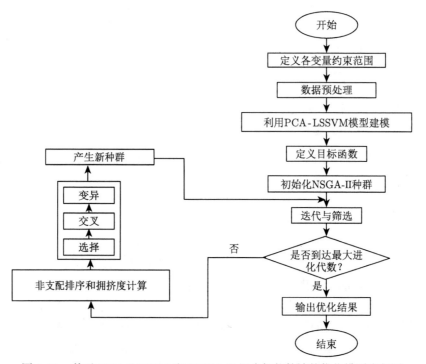

图 3-90　基于 PCA-LSSVM 和 NSGA-II 混合智能算法的优化模型流程图

2. 优化结果与讨论

1) 基于 PCA-LSSVM 智能算法的厌氧氨氧化出水水质模型

本章研究所要建立的基于 PCA-LSSVM 智能算法的厌氧氨氧化出水氨氮预测模型和 TN 去除预测模型,其基本过程步骤如前所述,参数选择时仍选取径向基函数作为核函数,初始化基于最小二乘法支持向量机参数的选择,其中正则化参数 γ 和核参数 σ^2 的取值范围为: $\gamma \in (0, 1\,000)$, $\sigma^2 \in (0, 100)$。模型仿真结果如图 3-91 所示。

从图 3-91 中可以看出,基于 PCA-LSSVM 智能算法的厌氧氨氧化出水氨氮预测模型和 TN 去除预测模型其模型预测值与实际真实值基本趋同。由表 3-32 可知,检验样本中对 $\mathrm{NH_4^+\text{-}N}$ 出水浓度的预测值和真实值之间的平均相对误差为 9.93%,均方根误差为 15.07,预测数据与实际数据的相关系数为 0.992 6;而对 TN 去除浓度而言,其预测值与真实值之间的平均相对误差为 3.41%，均方根误差为 13.66，预测数据与实际数据的相关系数为 0.9849。对比第 4 章节中选用进水氨氮浓度、进水亚硝酸盐氮浓度、进水 COD、进水 pH、出水 COD、出水亚硝酸盐氮浓度、出水硝酸盐氮浓度、出水 pH 和产气量 9 项辅助变量所建立的预测模型，其模型的预测效果虽然有所下降，但两个模型的平均预测误差都在 10% 以内，这表明 4 项进水参数 (进水氨氮浓度、进水亚硝酸盐氮浓度、进水 COD、进水 pH) 作为输入变量所建立的基于 PCA-LSSVM 智能算法的厌氧氨氧化出水水质模型具有很强的预测能力及良好的非线性映射能力，能够作为 NSGA-II 的目标函数。

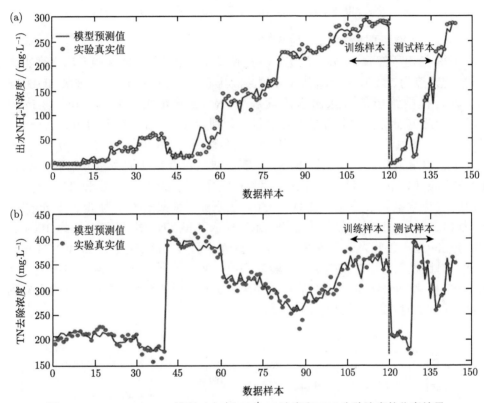

图 3-91　PCA-LSSVM 模型对出水 NH_4^+-N 浓度和 TN 去除浓度的仿真结果

表 3-32　PCA-LSSVM 模型对出水氨氮和 TN 去除浓度预测性能

模型类型	数据类型	类型		
		MAPE	RMSE	R
PCA-LSSVM NH_4^+-N	训练数据	47.62%	12.38	0.992 6
去除模型	预测数据	9.93%	15.07	
PCA-LSSVM TN	训练数据	3.47%	12.48	0.984 9
去除模型	预测数据	3.41%	13.66	

2) 基于 PCA-LSSVM 和 NSGA-II 混合智能算法的厌氧氨氧化脱氮系统多目标优化模型优化结果

经过 500 次迭代后，模型优化结果如图 3-92 所示。由图中 Pareto 最优边界点可以看出，其最优边界点的拟合曲线能够光滑沿着一条上凸曲线连续地均匀分布，表明出水 NH_4^+-N 浓度和 TN 去除浓度之间存在这样的关系：当出水 NH_4^+-N 浓度提高时，出水 TN 去除浓度随之下降，反之亦然。值得注意的是，此处出水氨氮浓度与 TN 去除浓度之间的关系仅代表 Pareto 解集中它们之间的关系，对于厌氧氨氧化工艺实际出水效果并不适用。进一步地，为直观地从数学模型角度解释预测模型中出水 NH_4^+-N 浓度和 TN 去除浓度之间的线性关系，运用 MATLAB 的聚类多项式线性拟合工具进行拟合，其中出水 NH_4^+-N 浓度和 TN 去除浓度之间的联系可以用三次多项式表示为：

$$y = 435.80 + 0.19x - 8.87E - 3x^2 + 3.06E - 5x^3 \tag{3-16}$$

其中，$0 \leqslant x \leqslant 100$，可决系数 R^2 为 0.999 9。

表 3-33 给出了部分 Pareto 最优边界点和以此进水条件下的实验室出水真实测定值。当进水氨氮浓度为 184.61 mg/L、进水亚硝酸酸盐浓度为 301.11 mg/L、进水 COD 为 74.58 mg/L 时，模型给出的氨氮出水浓度和 TN 去除浓度分别为 16.13 mg/L 和 436.48 mg/L，以此为进水条件的实际测量值分别为 13.54 mg/L 和 440.21 mg/L [图 3-92(a)]；当进水氨氮浓度为 187.15 mg/L、进水亚硝酸酸盐浓度为 324.74 mg/L、进水 COD 浓度为 181.93 mg/L 时，模型给出的出水氨氮浓度和 TN 去除浓度分别为 58.35 mg/L 和 422.77 mg/L，以此为进水条件的实际测量值分别为 59.36 mg/L 和 419.58 mg/L [图 3-92(b)]；当进水氨氮浓度为 190.84 mg/L、进水亚硝酸酸盐浓度为 340.45 mg/L、进水 COD 为 272.95 mg/L 时，模型给出的出水氨氮浓度和 TN 去除浓度分别为 100.02 mg/L 和 396.69 mg/L，以此为进水条件的实际测量值分别为 103.21mg/L 和 401.74 mg/L [图 3-92(c)]。对比模型给出的模拟值与实验真实值，两者差别不大，表明本文所建立的基于 PCA-LSSVM 和 NSGA-II 混合智能算法的厌氧氨氧化脱氮系统多目标优化模型较为可靠，得到的最优解集对实际工艺具有指导意义。

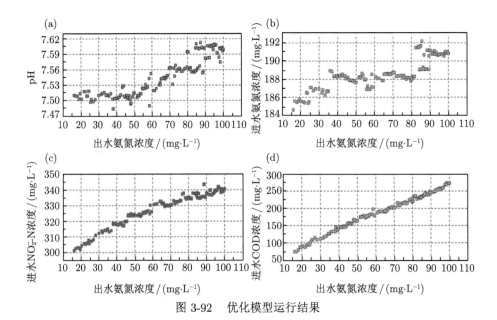

图 3-92　优化模型运行结果

表 3-33 部分最优边界点进水参数

序号	进水 pH	NH$_4^+$-N/ (mg·L^{-1})	NO$_2$-N/ (mg·L^{-1})	COD/ (mg·L^{-1})	适应度	模型预测结果		实际实验结果	
						出水 NH$_4^+$-N 浓度/(mg·L^{-1})	TN 去除浓度/(mg·L^{-1})	出水 NH$_4^+$-N 浓度/(mg·L^{-1})	TN 去除浓度/ (mg·L^{-1})
a1	7.51	184.61	301.11	74.58	Inf	16.13	436.48	13.54	440.21
a2	7.51	186.49	305.77	96.37	0.02	23.20	435.90	24.12	432.45
a3	7.51	188.94	313.15	132.30	0.03	35.94	432.67	38.23	436.77
b1	7.51	188.19	319.88	157.67	0.03	45.56	429.00	42.28	432.26
b2	7.54	187.15	324.74	181.93	0.03	58.35	422.77	59.36	419.58
b3	7.53	188.33	333.08	216.10	0.02	71.64	415.19	73.59	420.69
c1	7.56	188.31	334.36	233.97	0.02	81.11	409.29	80.64	408.21
c2	7.61	190.82	336.71	252.34	0.02	92.52	401.85	96.54	398.34
c3	7.60	190.84	340.45	272.95	Inf	100.02	396.69	103.21	401.74

进一步地, 图 3-92 也给出了目标迭代过程中每一代进水 NH$_4^+$-N、进水 NO$_2^-$-N、COD 和 pH 参数随出水氨氮浓度变化的分布情况, 从图中可以看出, 随着出水氨氮浓度的增加, 进水 pH、进水氨氮浓度、进水亚硝酸盐氮浓度与进水 COD 均有逐渐上升的趋势, 其中, 进水 pH 分布在 7.48~7.62, 进水 NH$_4^+$-N 浓度与进水 NO$_2^-$-N 浓度分布于 184~192 mg/L 和 29~350 mg/L, 其进水 COD 分布在 50~300 mg/L。由于在实际生产中我们往往希望出水氨氮浓度低、TN 去除浓度大 (以氨氮出水浓度 < 20 mg/L 为例), 因此结合上图, 我们可以得出最佳进水 pH 应保持在 7.50~7.52, 进水氨氮浓度为 185 mg/L 左右, 进水亚硝酸盐氮浓度为 300 mg/L 左右, 进水 COD 保持在 50~100 mg/L。进一步分析进水 NH$_4^+$-N/ NO$_2^-$-N 与出水 NH$_4^+$-N 浓度的关系 (图 3-93), 随着出水 NH$_4^+$-N 浓度增大, NH$_4^+$-N/ NO$_2^-$-N 由 0.62 降到 0.55, 其表现为进水 NH$_4^+$-N 浓度减小, 而 NO$_2^-$-N 浓度增加, 这里可能是因为高浓度的 NO$_2^-$-N 会抑制厌氧氨氧化菌生物活性, 导致出水氨氮浓度上升[20]。分析进水 COD/TN 与出水 NH$_4^+$-N 浓度的关系, 从图 3-93 中可以看出, 随着出水 NH$_4^+$-N 浓度的增大, COD/ NH$_4^+$-N 由 0.15 上升到 0.50, 可见要想使厌氧氨氧化反应器具有较优的脱氮效果, 控制进水 COD 与进水 TN 浓度比值保持在低水平是十分重要的。

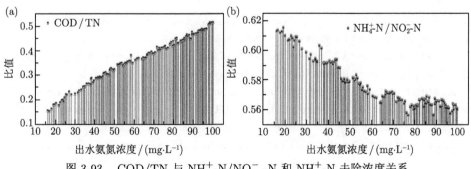

图 3-93 COD/TN 与 NH$_4^+$-N/NO$_2^-$-N 和 NH$_4^+$-N 去除浓度关系

综合以上研究内容, 基于 PCA-LSSVM 与 NSGA-II 混合智能算法的优化模型能够解决针对厌氧氨氧化系统脱氮过程中, 考量出水氨氮浓度与 TN 去除之间的多目标优化问题, 由模型给出的 Pareto 解决方案切实可行, 工艺操作者和决策者可根据系统需要和参数条件自主进行选择。

参 考 文 献

[1] 梁定超, 胡晓东, 萧灿强, 等. 内循环厌氧反应器处理制浆造纸废水的效能及影响因素 [J]. 水处理技术, 2019, 45(9)：84-88.

[2] 王兆凯, 许光宇, 纪荣平. EGSB 预处理奶牛养殖废水的效能研究 [J]. 水处理技术, 2020, 46(5)：121-125.

[3] 张越锋, 谢鑫, 吕玲玲. 厌氧-好氧工艺处理啤酒废水的工艺研究 [J]. 广东化工, 2019, 46(20)：75-77.

[4] Kana E B G, Oloke J K, Lateef A, et al. Modeling and optimization of biogas production on saw dust and other co-substrates using artificial neural network and genetic algorithm[J]. Renewable Energy, 2012, 46(5)：276-281.

[5] 郭骅祥, 杨延超. 基于 OPC 协议的数据采集实际应用分析 [J]. 工业控制计算机, 2019, 32(9)：40-41.

[6] 石秀玲, 付铖. 基于 OPC 技术的 PLC 全虚拟仿真系统设计 [J]. 工业控制计算机, 2019, 32(3)：52-53.

[7] Mu S J, Zeng Y, Tartakovsky, et al. Simulation and control of an upflow anaerobic sludge blanket (UASB) reactor using an ADM1 based distributed parameter model[J]. Industrial & Engineering Chemistry Research, 2007, 46(5)：1519-1526.

[8] 谭艳忠, 张冰, 周雪飞. 厌氧消化 1 号模型 (ADM1) 的发展及其应用 [J]. 环境污染与防治, 2009, 31(6)：69-72.

[9] Barrera E L, Spanjers H, Solon K, et al. Modeling the anaerobic digestion of canemolasses vinasse: Extension of the Anaerobic Digestion Model No. 1 (ADM1) with sulfate reduction for a very high strength and sulfate rich wastewater[J]. Water Research, 2015, 71：42-54.

[10] Boubaker F, Ridha B C. Modelling of the mesophilic anaerobic co-digestion of olive mill waste-water with olive mill solid waste using anaerobic digestion model No. 1 (ADM1) [J]. Bioresource Technology, 2008, 99：6565-6577.

[11] 杨双春, 邓丹, 梁丹丹, 等. 国内外厌氧消化模型研究进展 [J]. 科技导报, 2012, 30(25)：74-79.

[12] 贺延龄. 废水的厌氧生物处理 [M]. 北京：中国轻工业出版社. 1998：42-54.

[13] Boon F. Influence of pH, high volatile acid concentrations and partial hydrogen pressure on hydrolysis. MSc thesis[R]. Netherlands: Wageningen, 1994.

[14] Angelidaki I, Ellegaard L, Ahring B K. A mathematical model for dynamic simulation of anaerobic digestion of complex substrates: Focusing on ammonia inhibition[J]. Biotech Bioeng, 1993(42)：159-166.

[15] Xiao K K, Guo C H, Zhou Y, et al. Acetic acid inhibition on methanogens in a two-phase anaerobic process [J]. Biochemical Engineering Journal, 2013(75)：1-7.

[16] Granger D L, Lehninger A L. Sites of inhibition of mitochondrial electron transport in macrophage injured neoplastic cells [J]. Journal of Cell Biology, 1982(2)：527-535.

[17] Pavlostathis S G, Giraldo-Gomez E. Kinetics of anaerobic treatment: A critical review[J]. Critical Reviews in Environmental Control, 1991(21)：411-490.

[18] Cao H L, Xin Y, Yuan Q X. Prediction of biochar yield from cattle manure pyrolysis via least squares support vector machine intelligent approach[J]. Bioresource Technology, 2016(20)：2158-2164.

[19] Onkal-Engin G, Demir I, Engin S N. Determination of the relationship between sewage odour and BOD by neural networks[J]. Environmental Modelling & Software, 2005, 20(7)：843-850.

[20] Jaroszynski L W, Cicek N, Sparling R, et al. Importance of the operating pH in maintaining the stability of anoxic ammonium oxidation (anammox) activity in moving bed biofilm reactors[J]. Bioresource Technology, 2011, 102(14)：7051-7056.

第 4 章　A/O 废水处理过程智能优化控制

活性污泥法废水处理系统是非线性、大时变、大滞后、干扰严重的复杂系统，精确建立模型十分困难，基于模型的传统控制方法难以实现工程应用，因而研究此类复杂过程的智能控制方法具有重要的理论意义。该部分研究工作一方面有利于降低废水生物处理过程中的运行成本，丰富和发展废水处理过程的控制理论与方法；另一方面，也可以为非线性、大滞后、不确定性复杂系统的控制问题提供新的理论方法。特别是在模糊控制与神经网络实现有机结合、在线调节隶属函数、优化控制规则、探索两种智能控制策略的融合方法等方面，对推动智能控制的理论发展具有重要的意义。智能控制特别是神经网络和模糊控制方向，可以弥补传统控制理论与方法的不足，两者之间也可以克服彼此的缺点，实现优势互补。

本章在对兼氧/好氧工艺 (Anoxic/Oxic, A/O) 废水处理过程机理模型进行研究的基础上，针对机理建模难以应用于控制研究中的状况，建立了 A/O 废水生物处理中溶解氧和回流比的模糊神经网络控制系统，对该废水处理过程中的溶解氧和回流比实现自动调节，实现了该废水处理控制过程的智能化。同时，在较为全面地了解废水处理仿真基准模型的基础上，分析了活性污泥工艺中存在的多目标优化问题，并详细阐述了如何在 MATLAB 中完成废水处理仿真基准模型的建模与优化，为活性污泥的工艺设计提供了指导，拓展了智能算法在废水处理中的应用研究。

4.1　废水处理智能控制系统的设计

在本节内容中，首先根据废水水质特征确定废水处理的工艺流程，然后在实验室搭建自动控制系统，对实现自动控制的硬件设施进行介绍与选型，同时完成对 PLC 控制程序和 MCGS 组态的设计，为实现模型过程的建立做好准备工作。

4.1.1　A/O 废水处理系统简介

A/O 工艺是 20 世纪 80 年代初开创的工艺流程，它是针对生物脱氮除磷而开发的污水处理技术。其主要特点是将反硝化反应器放置在系统前端，故而又被称为前置反硝化生物脱氮系统，是目前应用较为广泛的一种生物脱氮工艺，该工艺流程如图 4-1 所示。

根据生物反应原理，生物脱氮先经过硝化过程 (好氧反应)，把 NH_3-N 氧化成硝酸盐，再经过反硝化过程 (缺氧反应) 把硝酸盐还原成氮气，氮气溶解度很低，从而逸出回到大气中，使废水实现净化。由于反硝化细菌是异养型兼性细菌，要有充足的碳源有机物才能进行生命活动，完成反硝化过程。典型的 A/O 工艺是把兼氧工艺段放到好氧工艺段之前，利用原水中的有机物作为有机碳源，故而无须外加投放碳源 (如甲醇、葡萄糖等)，再通过混合液回流把硝酸盐带入兼氧工艺段。同时设置内循环回流系统，向反硝化池回流硝化液，在缺氧—好氧系统中，反硝化反应所产生的碱度可补偿硝化反应消耗的一半左右碱度，因此对含氮浓度不高的废水 (如城市生活废水) 可不用另行投加碱以调节 pH。

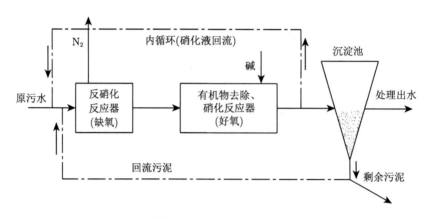

图 4-1　A/O 工艺流程

IWA 和欧盟科学技术合作组织 (European Co-operation in the Field of Scientific and Technical Research，COST) 两个组织合力开发了污水处理基准仿真模型 (Benchmark Simulation Model 1，BSM1)。BSM1 结构是一种相对简单且已被普遍使用的布局，是一个典型的前置反硝化污水处理过程，模型包含生化反应池和二级沉淀池，生化反应池包含 5 个池子，前两个池子是缺氧池，后三个为好氧池，以 IWA 提出的活性污泥 1 号 ASM1 模型 [1] 为生化反应机理模型模拟生化反应过程，沉降池分为十层，采用二次指数沉淀速率模型模拟沉淀过程。BSM1 布局图如图 4-2 所示。

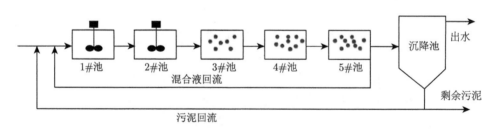

图 4-2　BSM1 布局图

ASM1 最早发布于 1987 年，该模型着重描述了活性污泥处理法的基本原理及相关反应，包括碳氧化、硝化和反硝化 3 个主要反应，描述了污水在好氧、缺氧条件下所发生的水解、微生物生长、衰减等 8 个生化反应过程，定义为：① 异养菌的好氧生长；② 异养菌的缺氧生长；③ 自养菌的好氧生长；④ 异养菌的衰减；⑤ 自养菌的衰减；⑥ 可溶性有机氮的氨化；⑦ 缓慢生物降解有机物的水解；⑧ 缓慢有机物降解有机氮的水解。并且明确地给出了每个反应过程的速率方程，其速率方程公式见表 4-1。

模型包含的 13 个组分为：溶解性不可生物降解有机物 (S_I)、溶解性快速可生物降解有机物 (S_S)、颗粒性不可生物降解有机物 (X_I)、慢速可生物降解有机物 (X_S)、活性异养菌生物固体 ($X_{B.H}$)、活性自养菌生物固体 ($X_{B.A}$)、生物固体衰减产生的惰性物质 (X_P)、溶

解氧 (S_O)、硝态氮和亚硝态氮 (S_{NO})、氨氮 (S_{NH})、溶解性可生物降解有机氮 (S_{ND})、颗粒性可生物降解有机氮 (X_{ND})、碱度 (S_{ALK})；5 个化学计量参数：异氧菌 COD 产率系数 ($Y_H = 0.67$)、颗粒性衰减 COD 的比例 ($f_p = 0.08$)、生物体 COD 的含氯比例 ($i_{XB} = 0.08$)、生物体产物 COD 的含氯比例 ($i_{XP} = 0.06$)、自养菌 COD 的产率系数 ($Y_A = 0.24$)。

表 4-1　ASM1 包含的 8 个反应过程

$$\rho_1 = m_H \left(\frac{S_S}{K_S + S_S} \right) \left(\frac{S_O}{K_{O.H} + S_O} \right) X_{B.H}$$

$$\rho_2 = \mu_H \left(\frac{S_S}{K_S + S_S} \right) \left(\frac{S_{NO}}{K_{NO} + S_{NO}} \right) \left(\frac{K_{O.H}}{K_{O.H} + S_O} \right) \eta_g X_{B.H}$$

$$\rho_3 = \mu_A \left(\frac{S_{NH}}{K_{NH} + S_{NH}} \right) \left(\frac{S_O}{K_{O.A} + S_O} \right) X_{B.A}$$

$$\rho_4 = b_H X_{B.H}$$

$$\rho_5 = b_A X_{B.A}$$

$$\rho_6 = K a S_{ND} X_{B.H}$$

$$\rho_7 = k_h \frac{X_S / X_{B.H}}{K_X + (X_S / X_{B.H})} \left[\eta_h \left(\frac{S_O}{K_{O.H} + S_O} \right) + \eta_h \left(\frac{K_{O.H}}{K_{O.H} + S_O} \right) \left(\frac{S_{ND}}{K_{NO} + S_{NO}} \right) \right] X_{B.H}$$

$$\rho_8 = \rho_7 (X_{ND} / X_S)$$

模型包含的 14 个动力学参数为：异氧菌最大比生长速率 ($\mu_H = 4.0$ g COD/m^3)、异氧菌生长半速率常数 ($K_S = 10.0$ g O$_2$/m^3)、异养菌氧呼吸半速率常数 ($K_{O.H} = 0.2$ d^{-1})、异养菌衰减速率比 ($b_H = 0.3$ d^{-1})、异养菌缺氧生长修正系数 ($\eta_g = 0.8$)、硝态氮呼吸半速率常数 ($K_{NO} = 0.5$g NO$_3$-N/m^3)、最大比水解速率 [$K_h = 3.0$ g COD/(g 细胞 COD·d)]、X_S 水解半饱和系数 ($K_X = 0.1$ g COD/g 细胞 COD)、缺氧水解修正系数 ($\eta_h = 0.8$)、氨化速率 [$K_a = 0.05$ m^3 /(COD·d)]、自氧菌最大比生长速率 ($\mu_A = 0.5$ d^{-1})、自养菌生长半速率常数 ($K_{NH} = 1.0$ gNH$_3$-N/ m^3)、自氧菌氧呼吸半速率常数 ($K_{OA} = 0.4$ g O$_2$/ m^3)、自氧菌衰减速率比 ($b_A = 0.05$ d^{-1})。

同时，BSM1 模型的主要性能评价指标包括如下几个部分：

1. 出水水质超标指数 (Effluent Quality, EQ, %)

BSM1 对出水 COD、BOD$_5$、NH$_4^+$-H、TN、TSSe 制定了标准，所有组分超标百分比的总和即 EQ 值。

2. 运行能耗指数 OCI

运行能耗主要包括曝气能耗、泵能耗、污泥处理能耗 3 个方面。

(1) 曝气能耗 (Aeration Energy, AE, kW·h/d)：

$$\text{AE} = \frac{24}{T} \int_{t7}^{t14} \sum_{i=1}^{5} \left[0.4032 K_L a_i (t)^2 + 7.8408 K_L a_i (t) \right] \mathrm{d}t \tag{4-1}$$

式中，$K_L a_i(t)$ 是 t 时刻 i 池中的氧气传质系数，hr-1。

(2) 泵能耗 (Pumping Energy，PE，kW·h/d)

$$PE = \frac{0.04}{T}\left[Q_a(t) + Q_r(t) + Q_w(t)\right]dt \tag{4-2}$$

式中，$Q_a(t)$ 是 t 时刻的混合液回流量 (m^3/d)；$Q_r(t)$ 是 t 时刻的污泥回流量 (m^3/d)；$Q_w(t)$ 是 t 时刻剩余污泥排放量 (m^3/d)。

(3) 污泥排放量 (Sludge Production to be Disposed，SP，kg SS/d)

t 时刻系统内的污泥量包括反应池内的污泥量和沉淀池中的污泥量：

$$TSS(t) = TSS_a(t) + TSS_s(t) \tag{4-3}$$

$$TSSa(t) = 0.75\sum_{i=1}^{5}(X_{s,i} + X_{I,i} + X_{BH,i} + X_{BA,i} + X_{P,i})V_i \tag{4-4}$$

$$TSS_s(t) = 0.75\sum_{j=1}^{5}(X_{s,j} + X_{I,j} + X_{BH,j} + X_{BA,j} + X_{P,j}z_j A) \tag{4-5}$$

式中，V_i 代表第 i 个反应池体积，z_j 代表二次池第 j 层高度，A 代表二次池底面面积。

SP 包括最后 7d 系统内累计的污泥量和排放的污泥量的总和：

$$SP = \frac{1}{T}\{[TSS(14) - TSS(7) + 0.75] \tag{4-6}$$

$$\int_{t7}^{t14}(X_{s,w} + X_{I,w} + X_{BH,w} + X_{BA,w} + X_{P,w})Q_w(t)dt\}$$

那么，OCI 可以通过式 (4-7) 求得：

$$OCI = AE + PE + 5SP \tag{4-7}$$

该模型是一个定义了污水处理对象工艺结构、过程模型、输入动态数据、测试步骤和性能评价标准的仿真协议。国际水协会分别给出了 3 种天气下，14 d 的水质数据，对 DO 和硝酸盐浓度的 PI 控制策略，以及对出水水质、能耗和控制器性能量化的计算方法等。

4.1.2 基于 Web 方式开发的废水处理智能控制 APP

废水处理流程图见图 4-3，属于 A/O 工艺，进水量为 1 m^3/h。本套废水处理智能控制系统是采用基于 Web 方法开发的 APP，并完成了相关 S7-200 型 PLC 控制程序的设计，控制算法的移植以及软硬件之间的通信实现方式与本书前 3 章所述相同，在此不再重复介绍。

1. 废水处理流程

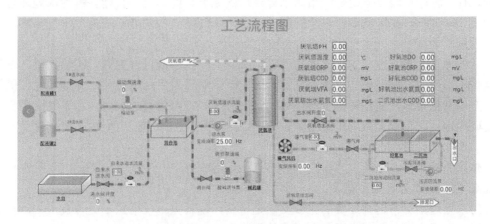

图 4-3　基于 Web 方式开发的废水处理智能控制 APP

2. 系统运行界面

智能控制系统运行界面主要包括以下 6 个部分。

① 工艺流程：包含了废水处理的工艺流程图、各个反应器的进水情况、在线监测仪表的数值，也可以对水泵、风机等进行调控。

② 操作控制：主要是对进水阀门、酸碱调节阀、曝气阀、排泥阀、污泥回流阀，变频风机、变频水泵、污泥回流泵等进行调节，通过调节变频器的频率实现对风机、水泵的变频调节。

③ 参数设置：主要是设置水质参数报警上下限，以及配液开始和停止的时间。

④ 趋势曲线：可以获取水质参数的历史曲线。

⑤ 数据报表：将获得的参数以表格的形式呈现，更加直观。

⑥ 报警信息：在参数设置界面设置水质参数报警上下限之后，相关报警信息在本页面显示。

4.2　基于两级模糊神经网络的溶解氧混合控制模型

4.2.1　溶解氧控制的必要性

据相关实际工程应用经验介绍，当曝气池混合液溶解氧低于 0.5 mg/L 时，活性污泥镜检中发现大量的硫细菌 (贝氏硫菌和丝硫菌)，但很少发现带衣鞘的丝状菌 (球衣细菌)。例如，在上海春夏之交和盛夏季节，水温较高 (高达 30 ℃ 以上) 时，氧分压低，而且用电高峰供电紧张，曝气池中往往呈现缺氧情况，溶解氧浓度偏低，活性污泥常发生丝状膨胀现象，镜检结果系由丝硫菌、贝氏硫菌过度生长引起。故当溶解氧偏低 (一般在 0.5 mg/L 以下) 及水温较高 (一般在 30~36 ℃) 时，适宜丝硫菌、贝氏硫菌生长繁殖，污泥膨胀是一种硫细菌性的丝状膨胀。而到了秋季，水温在 20~28 ℃ 时，溶解氧浓度略有升高，发现活性污泥的丝状膨胀多是由于贝氏硫菌和球衣细菌过度生长的结果。综合可知，在活性污泥法中，若生化反应池中溶解氧过低，将不利于系统的稳定与安全。另外，在城镇生活污水厂中的运行过程中，曝气系统是城市污水处理厂的主要耗能单元，其能耗占污水处理总用电量的 50%～70%，在保证出水水质的前提下尽量降低曝气系统能耗成为污水厂持续运行的重要因素[2]。

从处理工艺稳定性与安全性的角度看，必须对曝气系统进行控制，因为如果对曝气系统操作不当，曝气量过小，二次沉淀池可能由于缺氧而发生污泥腐化，即池底污泥厌氧分解，产生大量气体，促使污泥上浮；而当曝气时间长或曝气量过大时，在曝气池中将发生高度硝化作用，使混合液中硝酸盐浓度较高。这时在沉淀池中，可能由于反硝化而产生大量 N_2 或 NH_3，使污泥上浮。

传统的活性污泥处理工艺存在以下缺点：① 污水处理厂的基建投资大；② 污水处理的电耗高；③ 运维管理费用高。

污水处理厂日常运行经费的主要支出是电费，电耗大不仅增加了处理费用，消耗了大量能源，还增大了电厂、电网及变电系统的投资。据统计，电费的支出占污水处理厂年运行经费的 40%～50%，而在活性污泥法污水处理厂中，曝气系统 (鼓风机) 的电能消耗，占整个污水处理厂电能消耗的 60%～70%[3]。因此，降低城市污水处理厂的运行费用的主要途径，就是降低电能的消耗。

溶解氧控制是直接关系到用户最关心的出水指标和经济效益两个指标，污水处理厂中全部能耗一般都集中在原水提升泵和鼓风机曝气上。从图 4-4 可以看出，鼓风机容量较大，其能耗占全厂能耗的 50%～60%，有的可达 75% 以上。根据风机比例定律：$P_1/P_2 = (n_1/n_2)^3$，例如，风机转速降低 10%，则功率 $P_2 = 0.9^3$，$P_1 = 0.73$，P_1 节电 27%；若转速降低 20%，则可节电 49%。

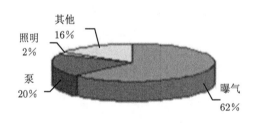

图 4-4　污水处理厂主要设备的用电比例

溶解氧 (DO) 是反映污水中有机物含量的一个重要指标。在可行性方面，对曝气池污水中溶解氧浓度的控制，实际上是通过控制鼓风机的鼓风量来间接进行的。因为曝气池中的微生物要进行好氧反应，所以需要用鼓风机来送进所需要的氧气，鼓风机的鼓风速度决定了曝气池中的溶解氧浓度，因此通过控制鼓风机的转速即可达到控制曝气池中的溶解氧浓度的目的，而 DO 浓度是联系进水参数和出水指标的一个纽带。

4.2.2　溶解氧控制方案

生物反应池中污水含氧量的控制是污水处理过程控制中比较关键的任务。在程序设计中，根据生物反应池运行的不同阶段，比较实测污水中溶解氧浓度与设定值，实现对生物反应池中曝气的优化控制。在活性污泥反应中参与污水处理的是以好氧菌为主体的微生物，决定其处理效果的关键因素是生化池中的溶解氧浓度。由此可见溶解氧浓度是污水处理进程的主要影响因素之一，且 DO 的在线检测简单、可靠，因此可把 DO 作为污水处理过程和处理终点的控制参数。常规 DO 自动控制是以生化池末端的溶解氧来调节供气量，通过 PID 反馈控制实现。与常规 PID 控制相比，韩兴连等 [4] 采用自适应模糊 PID 控制后，溶解氧控制系统具有更强的鲁棒性和抗干扰性，控制效果更好。

由于活性污泥法水处理系统本身属于复杂的动态工程系统，无法用精确的数学模型来描述，所以在建立反应过程动态仿真模型的时候，要设定一些假设：① 曝气过程在时间上呈理想的推流变化，在空间上呈完全混合的状态；② 在一个采样周期内，合成的微生物量与总生物量相比可以忽略不计，即反应器中总生物量近似不变；③ 一个采样周期开始前，反应器中底物浓度 (即上一周期出水浓度) 与原水浓度相比可以忽略不计；④ 反应器的反应速率为一级，就是对既定的废水假设反应速率为常数。

根据溶解氧浓度的物料平衡算式：

溶解氧浓度变化率 =DO 输入率 −DO 输出率 + 氧气生成率 −DO 消耗率

可以建立如下的活性污泥动态模型：

$$\frac{\mathrm{d}y(t)}{\mathrm{d}t} = \frac{Q(t)}{V}\left[y_{\mathrm{in}}(t) - y_{\mathrm{out}}(t)\right] + K_{La}\left[u(t)\right]\left[y_{\mathrm{sat}}(t) - y(t)\right] - Ky(t) \tag{4-8}$$

式中，Q 表示空气流量，V 表示反应池容积，$y(t)$ 表示溶解氧浓度，$y_{\mathrm{in}}(t)$ 表示鼓入空气的溶解氧浓度，$y_{\mathrm{sat}}(t)$ 表示饱和溶解氧浓度，$K_{La}[u(t)]$ 是氧气转换函数，K 为溶解氧反应速率常数。

式 (4-8) 中，等式左边表示溶解氧浓度的变化率。右边分 3 个部分：第一部分是入口处与出口处溶解氧浓度差与稀释率的乘积；第二部分是曝气系统的氧气转换；第三部分是用于氧化有机物质的微生物对溶解氧线性关系的吸收率。其中第二部分中的氧气转换函数 $K_{La}[u(t)]$ 的大小与空气流量的变化呈非线性关系，但是基于以上假设，可以将其看作一个常数 $K_{\max}$，于是式 (4-8) 就可以改写为：

$$\frac{\mathrm{d}y(t)}{\mathrm{d}t} = \frac{Q(t)}{V}\left[y_{\mathrm{in}} - y_{\mathrm{out}}\right] + K_{\mathrm{sat}}t_{\max} \tag{4-9}$$

对上式作拉普拉斯变换得：

$$Y(S)S = \frac{Q(S)}{V}(y_{\mathrm{in}} - y_{\mathrm{out}}) + K_{\mathrm{sat}}t_{\max} \tag{4-10}$$

式 (4-10) 可以简化为：

$$G(S) = \frac{Q(S)}{Y(S)} = \frac{(y_{\mathrm{in}} - y_{\mathrm{out}})/V}{S + Kt_{\max}} \tag{4-11}$$

令 $\frac{(y_{\mathrm{in}} - y_{\mathrm{out}})}{V} = U, Kt_{\max} = K$，则可以看出 $G(S) = \dfrac{U}{S+K}$ 是一个一阶惯性环节。

常用的溶解氧在线检测仪有一定的滞后性，根据 DO 仪的测定原理及电化学方程式 (4-12)：

$$\mathrm{DO_{nt}} = \mathrm{DO_{st}} + \frac{r_{co}}{a} = \left(1 - \mathrm{e}^{-at}\right) \tag{4-12}$$

式中，$\mathrm{DO_{nt}}$ 为 t 时刻 DO 的实测值，mg/L；$\mathrm{DO_{st}}$ 为 t 时刻水样中实际 DO 浓度，mg/L；r_{co} 为实际输出值，mg/L；a 为 DO 响应速度的参数，min^{-1}，在高浓度时 $a=4.2\ \mathrm{min}^{-1}$。

由此可见，DO 的检测是非线性的，具有滞后特性。利用式 (4-12) 对模型作修正，将检测滞后用纯滞后 τ 来表示，则修正为：

$$G\left(S\right) = \frac{U}{S+K}\mathrm{e}^{-\tau s} \tag{4-13}$$

式 (4-13) 可近似认为鼓风曝气过程的仿真模型，根据实际经验和测量可以得出仿真模型中的 $U=17$，$K=0.016$，$\tau=20$。

多变参数生化处理系统被控对象不仅具有内在不稳定性，还具有状态和输出可控性。根据现代控制理论，要想对其进行有效的控制首先需要改善它的内在不稳定性。由于系统的动态响应主要取决于它的极点位置，因此，可以采用补偿器或状态反馈的方法使原系统的开环极点变成期望的系统极点，从而达到改善系统性能的目的。

生化处理系统被控对象的复杂性较高，相关研究表明，传统 PID 控制方式对溶解氧浓度的控制存在控制精度不够高、实时性不够好等缺点。传统模糊控制虽然取得了比传统 PID 控制好的控制效果，但是，由于缺乏自学习能力，不能在线调整控制规则，自适应能力差，使系统的鲁棒性受到限制。神经网络具有强大的自学习能力，但是，其知识表达与处理又不易让人理解。模糊神经网络控制将模糊控制与神经网络相结合，通过神经网络来实现模糊逻辑，同时利用神经网络的自学能力，可动态调整隶属函数，在线优化控制规则。这样利用两者的优点弥补对方的不足，设计出模糊神经网络控制器应用于本节的变参数生化处理系统对象模型可以取得很好的控制效果。

同时溶解氧的控制方式又分为两类，即反馈控制和前馈控制。反馈控制的优点是使系统的响应对外部干扰和内部系统的参数变化均相当敏感。不论什么干扰，只要被控变量的实际值偏离给定值，控制系统就会校正这一偏差。对无法预计的干扰，反馈控制具有明显优势。但是，当干扰已经发生，被控变量尚未变化或尚未测出其偏差时，控制器是不起校正作用的，所以这种控制作用总是落后于干扰作用。而反馈投药控制把原水水质变化完全作为干扰来控制，开环控制系统不需要对输出量进行测量，也不需要将系统的输出量反馈到输入端与输入量进行比较。对于每一个参考输入量，有固定的工作状态与之对应，系统精度取决于标定的精确度。在实践中，当输入量与输出量之间的关系已知，且不存在内部扰动和外部扰动时，可以采用开环控制系统，开环系统的成本和功率通常比闭环的低，前馈控制系统是一种开环控制系统，反馈控制系统通常属于闭环控制系统。

基于以上考虑，在分析模糊及模糊 PID 控制策略的基础上，建立两级模糊神经网络控制策略以实现溶解氧浓度的控制。在第一级采用模糊神经网络前馈控制的方法来改善系统的稳定性，在第二级采用模糊神经网络反馈控制以实现溶解氧的控制，这样设计出基于模型的两级控制系统，其基本的结构如图 4-5 所示。

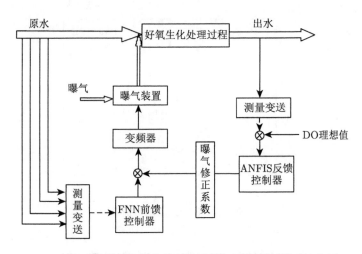

图 4-5   基于模糊神经网络控制的溶解氧混合控制模型结构图

4.2.3   模糊及模糊 PID 控制器

1. 模糊控制器结构的确定

采用模糊控制，通过以 DO 浓度作为模糊控制对象，可以较准确地反映污水水质变化，合理控制曝气量，节省运行费用[5]。针对曝气装置设计一个双输入单输出的模糊控制器，输入变量分别为曝气池 DO 的偏差 e 和 DO 的偏差变化量 ec，输出变量 u 为曝气机的曝气增量。

选择每个采样周期由 DO 检测仪获得的 DO 值与设定的 DO 值之差 e，以及 e 的变化率 ec 作为模糊控制器的输入。根据实验分析，以控制生化池中第二格好氧池的溶解氧浓度保持为 2 mg/L 时的处理效果最佳，将偏差 e 的连续论域设为 $[-2, 2]$，将偏差变化率 ec 的连续论域也选择在 $[-2, 2]$，u 连续论域选择 $[-10, 10]$。由于离散论域的元素个数对控制的灵敏度有较大的影响，综合考虑各种因素决定取偏差 e 的论域为 $\{-7, -6, -5, -4, -3, -2, -1, 0, 1, 2, 3, 4, 5, 6, 7\}$，偏差变化率 ec 的论域为 $\{-6, -5, -4, -3, -2, -1, 0, 1, 2, 3, 4\}$，控制器输出 u 的模糊集合的论域为 $\{-7, -6, -5, -4, -3, -2, -1, 0, 1, 2, 3, 4, 5, 6, 7\}$。根据公式：

$$k_x = \frac{n}{x} \tag{4-14}$$

可求得 e 和 ec 的量化因子：$K_e = 7/2 = 3.5$，$K_{ec} = 7/2 = 3.5$；比例因子 $K_u = 7/10 = 0.7$。由于隶属函数中的高斯函数最符合人的大脑思维模式，故我们把 e、ec 和 u 的隶属函数都选为高斯函数，隶属函数的分布曲线分别如图 4-6、图 4-7 和图 4-8 所示。

2. 模糊规则的确定

以溶解氧 (DO) 为被控制量的模糊控制系统是典型的双输入单输出模糊控制系统，其模糊控制规则的形式为：if $E = \cdots$ and $EC = \cdots$, then $U = \cdots$。

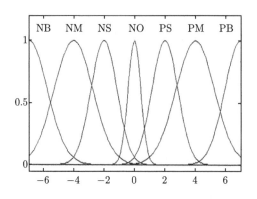

图 4-6　e 的隶属函数曲线

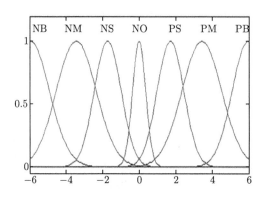

图 4-7　ec 的隶属函数曲线

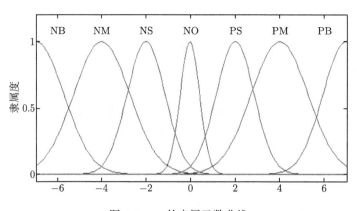

图 4-8　u 的隶属函数曲线

　　根据对生化池中的溶解氧浓度特性的分析及其在实验基础上建立的溶解氧浓度与曝气量之间的关系，建立以模糊语言表示的模糊控制推理合成规则和模糊控制规则。根据手动控制策略，总结出 49 条模糊控制规则。

　　当 E=NB 时，有 7 条控制规则：

① 如果"偏差"是"负大","偏差变化率"是"负大",则"曝气增量"为"正大";

(if E = NB and EC = NB, then U = PB)

② 如果"偏差"是"负大","偏差变化率"是"负中",则"曝气增量"为"正大";

(if E = NB and EC = NM, then U = PB)

③ 如果"偏差"是"负大","偏差变化率"是"负小",则"曝气增量"为"正大";

(if E = NB and EC = NS, then U = PB)

④ 如果"偏差"是"负大","偏差变化率"是"零",则"曝气增量"为"正中";

(if E = NB and EC = ZO, then U = PM)

⑤ 如果"偏差"是"负大","偏差变化率"是"正小",则"曝气增量"为"正小";

(if E = NB and EC = PS, then U = PS)

⑥ 如果"偏差"是"负大","偏差变化率"是"正中",则"曝气增量"为"正小";

(if E = NB and EC = PM, then U = PS)

⑦ 如果"偏差"是"负大","偏差变化率"是"正大",则"曝气增量"为"不变";

(if E = NB and EC = PB, then U = NO)

当 E 分别为 NM、NS、NB、NO、PS、PM、PB 时各有 7 条控制规则。总的控制规则可以由一个控制规则表 4-2 来表示。

表 4-2　　溶解氧模糊控制器曝气增量与偏差和偏差变化的关系规则表

		E						
		NB	NM	NS	NO	PS	PM	PB
EC	NB	PB	PB	PB	PB	PM	PS	NO
	NM	PB	PB	PB	PM	PS	NO	NS
	NS	PB	PM	PM	PS	NO	NS	NM
	NO	PM	PM	PS	NO	NS	NS	NM
	PS	PS	PS	NO	NS	NM	NM	NB
	PM	PS	NO	NS	NM	NM	NB	NB
	PB	NO	NS	NM	NB	NB	NB	NB

建立上述模糊控制规则的依据是:当偏差大或较大时,选择控制量以尽快消除偏差为主;而当偏差较小时,选择控制量要注意防止超调,以系统的稳定性为主要出发点。例如,当 DO 偏差为正大,偏差变化为正小时,就是生化池内的 DO 浓度偏大,而且有进一步增大的趋势,应加以调整,以节省运行费用。为尽快降低 DO 浓度,必须减少曝气量,由于

曝气量随着鼓风机转速减小而减小，而鼓风机转速与变频器的输入电压有关，所以要尽快降低电压，即 U 取 NB。

每条规则的关系 R_k 可表示为：

$$R_k = E_i \times EC_j \times U_{ij} \tag{4-15}$$

根据每一条模糊语句决定的 Fuzzy 关系 $R_k(k = 1, 2, \cdots, 49)$，可得描述整个系统的控制规则，总的 Fuzzy 关系矩阵 $\boldsymbol{R}$：

$$\boldsymbol{R} = R_1 \cup R_2 \cup \cdots \cup R_{49} = \bigcup_{k=1}^{49} R_k \tag{4-16}$$

在此基础上，根据模糊推理合成规则

$$U = (E \times EC) \cdot R \tag{4-17}$$

即

$$\mu_U(z) = \bigvee_{\substack{x \in X \\ y \in Y}} [\mu_E(X) \wedge \mu_{EC}(Y)] \wedge \mu_R(x, y, z) \tag{4-18}$$

计算出对应 E、EC 各论域的输出 U。再用加权平均法判断出实际的输出量，具体表达式为：

$$u_{\max} \frac{\displaystyle\sum_{i=1}^{n} \mu(u_i) u_i}{\displaystyle\sum_{i=1}^{n} \mu(u_i)} \tag{4-19}$$

求解模糊关系矩阵、根据求出的模糊关系矩阵得出 U 值及建立模糊控制表，是一个相当复杂的计算过程 [6]。本节采用 MATLAB 中的 Fuzzy Logic Toolbox 方法来实现模糊控制表的计算。

虽然基于控制规则的模糊控制具有不需要控制对象的精确模型、算法非常简捷、鲁棒性好等特点，但模糊控制中精确量模糊化转化时由于分档会产生量化误差，这一缺陷限制了控制系统稳态精度的进一步提高，为了克服这一缺点，考虑将常规模糊控制和 PID 控制相结合，相互取长补短。设计一种改进型的模糊控制器，以综合 PID 控制和模糊控制的优点。因此考虑在大偏差范围内，利用模糊推理的方法调整系统的控制量，利用模糊控制器鲁棒性好的特性，使改进后的控制系统具有较好的动态响应；在小偏差范围内转换成 PID 控制，利用 PID 控制器中由于积分作用的存在而稳态精度较高及跟踪连续信号性能较好的特点，以保证系统具有较理想的稳态响应精度和连续跟踪能力。两者的转换依靠在控制软件中加软件开关的方法，根据事先给定的偏差范围自动实现。改进后的系统被称为调整系统控制量的模糊 PID 控制器，其结构如图 4-9 所示。

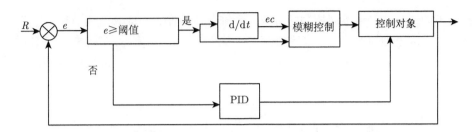

图 4-9　系统总体框图

3. 模糊及模糊 PID 控制仿真结果

图 4-10 为在 Simulink 中创建的模糊算法控制溶解氧浓度的结构图。

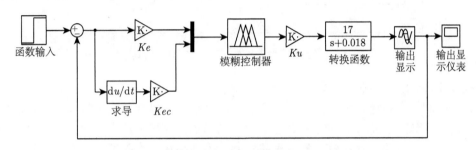

图 4-10　溶解氧浓度的模糊控制算法仿真结构图

图 4-10 中的模糊控制器就是建立好的模糊控制 FIS 结构的系统，即 "DO 模糊控制" 系统，可以得到采用模糊控制算法的溶解氧浓度设定值响应曲线。如图 4-11 所示，系统响应速度快，虽然没有超调，但始终都没达到设定值，系统稳定后达到的值大概在 1.85 mg/L 附近。究其原因，模糊控制采用的是模糊语言，当 $|e|$ 在误差量程最大值的 7% 以内时，模糊控制器已经把它当作 0 来对待了，在变量分级不够多的情况下，常在平衡点附近出现小的振荡现象，这也是模糊控制本身无法克服的静态误差。综上说明，单纯 PID 控制虽然能较快地达到稳定值，但有超调现象存在，单纯模糊控制虽然调节速度快且不存在超调现象，但是系统始终达不到预期目标值，故在这里我们采取两种控制相结合的方法。

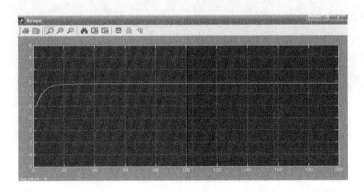

图 4-11　模糊控制算法的 DO 响应曲线

针对不同阶段，采用不同控制的方式，实施分段控制，即取阈值为 0.07，$|e|$=0.14。当 $|e|>$ 阈值时，用模糊控制，以提高系统动态性能；当 $|e|<$ 阈值时，切换转入 PID 控制，可使系统的稳态误差为 0，有很好的消除稳态误差的作用，其 Simulink 仿真结构图如图 4-12 所示。

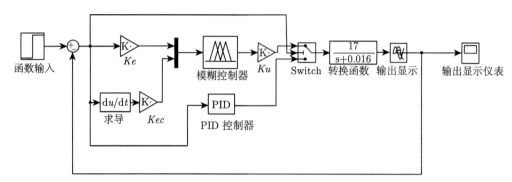

图 4-12　溶解氧浓度的模糊 PID 控制算法仿真结构图

模糊 PID 的响应结果如图 4-13 所示，仿真结果表明，模糊 PID 控制器具有超调量小、调节时间短、鲁棒性强的优点，提高了控制系统的实时性和抗干扰能力，控制效果比传统 PID 控制好，具有更高的实用价值。普通的模糊控制器只相当于比例和微分的控制作用，因而在控制效果上存在较大静态误差，并且当系统状态进入控制标准规定的中心论域附近时，会产生小范围的持续振荡。模糊 PID 控制的系统超调量比常规 PID 控制器明显减小，其快速性也明显改善，同时调节时间大大缩短，从而全面地改善了系统的动态性能。

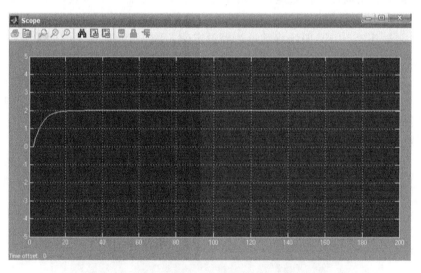

图 4-13　模糊 PID 控制算法的 DO 响应曲线

仿真结果表明，Fuzzy-PID 是溶解氧混合智能控制的一种有效方法，控制系统设计简单，对一般废水处理系统具有普遍适用意义。但是，自适应 Fuzzy-PID 控制依赖于参数辨识算法，参数辨识的精度对控制效果影响明显，运算量较大，主要原因是系统本身不具有自学习能力。模糊神经网络可以用语言描述的方式进行知识采集，引入模糊推理机制追踪其推理过程，使网络中的权值具有明显的意义，同时像人工神经网络一样具有很强的非线性拟合能力和学习能力，可以通过学习来提高其拟合精度，并且可以利用它的并行处理能力来加速推理过程。

4.2.4　废水处理溶解氧控制模型

1. 溶解氧的模糊神经网络反馈控制器

与上述模糊控制器设计方法相同，设定 DO 偏差 e 和偏差变化率 ec，定义为模糊集上的离散论域为：$e=\{-7,-6,-5,-4,-3,-2,-1,0,1,2,3,4,5,6,7\}$，$ec=\{-6,-5,-4,-3,-2,-1,0,1,2,3,4,5,6\}$。其模糊子集为：$\{NB, NM, NS, NO, PS, PM, PB\}$。

设计基于标准模型的模糊神经网络控制器 5 层结构的前向网络，由 5 部分组成，分别是输入层、模糊化层、规则层、规范化处理层和输出层。

采用 MATLAB 中的 Fuzzy Logic Toolbox 提供的神经网络模糊推理系统的 GUI 工具 anfisedit 和 MATLAB 6.5 编程语言工具来建立控制器及进行仿真研究。在 MATLAB 命令窗口中键入命令 anfisedit，启动该工具，并从工作站中载入作为训练用的 118 组数据中的 100 组，则数据就会显示在绘图区，如图 4-14 所示。

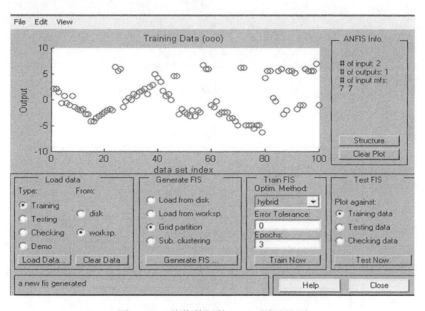

图 4-14　装载数据的 anfis 图形界面

网格法是自动生成模糊推理系统的一种方法，其生成的模糊推理系统的输入和输出函数在确保覆盖整个输入/输出空间的基础上对其进行均匀分割。本节选址网格法 Grid partition，点击自动生成模糊系统的 Generate FIS 按钮，打开相关的一些操作界面，按照前面对模糊推理系统的设计进行设定。当自动生成了初始的模糊逻辑后，可以在 FIS 编辑器窗口中看到网络的结构及其各参数的设置，如图 4-15 所示。

确定模型结构和前件参数初始值后，接下来的重要工作就是神经网络模糊推理系统的训练，经过 200 次的训练误差达到规定值，训练过程见图 4-16，训练前后隶属度的对比见图 4-17，从图中可以看出：输入量初始设定的隶属函数 (均匀规则的分布) 已经被调整，经过经典的模糊控制规则训练，其间包含了控制规则的信息，而不仅仅是人为设定的隶属函数，从而更加符合实际的情况。图 4-18 和图 4-19 显示了训练后网络的 49 条规则跟模糊推理过程的路径图。

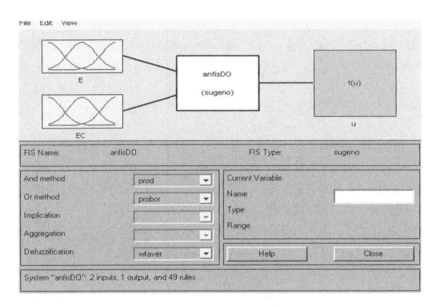

图 4-15   模糊神经网络结构框架图

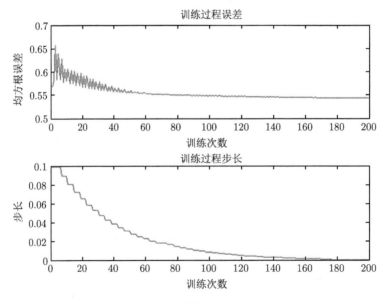

图 4-16   网络训练过程

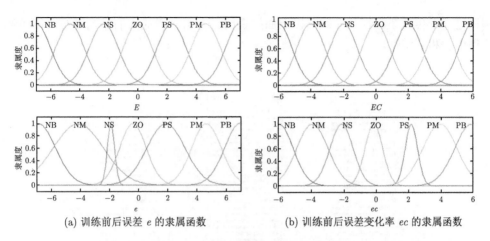

(a) 训练前后误差 e 的隶属函数　　　　　　(b) 训练前后误差变化率 ec 的隶属函数

图 4-17　训练前后输入量的隶属函数

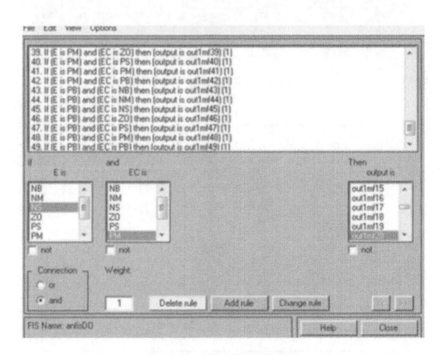

图 4-18　训练后网络的规则

在完成训练后，可以进一步进行测试，将另外的 18 组数据作为测试数据，图 4-20 为 118 组数据的测试图。从图 4-20 中可以看到训练后的预测值和测量数据基本吻合，样本模型输出与实际输出的平均测试误差为 0.7086%，因此，系统模型是有效的。同时将设计好的模糊神经网络控制器封装于图 4-9 所示的系统结构中的模糊控制器中，模型的仿真图如图 4-21 所示。

由图 4-21 的控制曲线可以看出，模糊神经网络控制器能对生化处理系统进行快速有效的控制，并且从图中可以看出，模糊神经网络控制快速性好于基于规则的传统模糊控制，超调量也小于传统模糊控制曲线，以上曲线说明具有自学习能力的模糊神经网络控制有更强的鲁棒性和容错性。

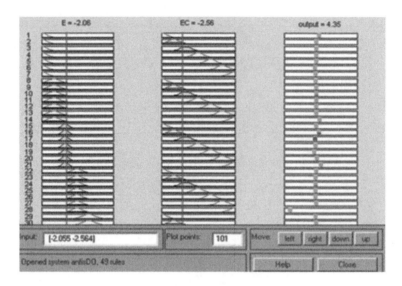

图 4-19　模糊推理过程路径图

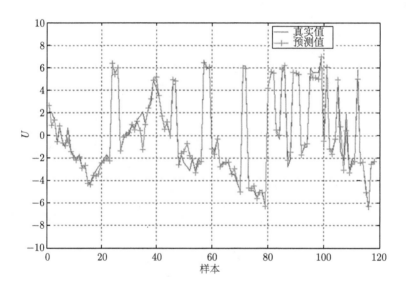

图 4-20　训练和测试数据输出与实际输出的比较

2. 溶解氧的模糊神经网络前馈控制器

ANFIS 控制器基于模糊控制思想，更接近、符合专家经验控制，又有自学习、自适应性，网络各层结点物理意义清晰。因此，采用 ANFIS 系统建立曝气量前馈控制器模型。系统输入为原水特性参数：COD、氨氮流量 Q，输出为曝气量。曝气量的前馈 ANFIS 模型的网络结构如图 4-22 所示。

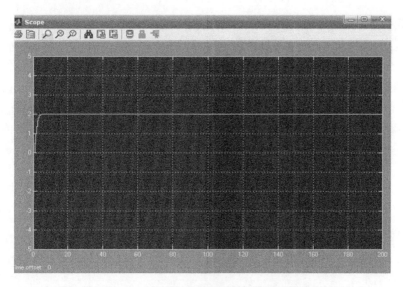

图 4-21 ANFIS 控制算法的 DO 响应曲线

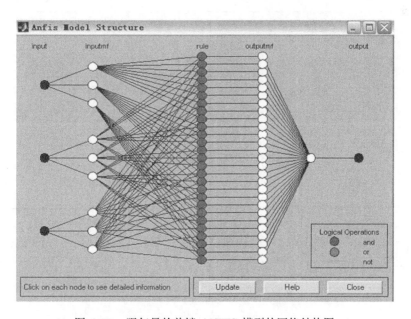

图 4-22 曝气量的前馈 ANFIS 模型的网络结构图

其中，模型的输入参数的模糊子集是：$\{\text{big}(b), \text{mean}(m), \text{small}(s)\}$；隶属度函数为钟形函数。这样网络也得到了 27 条规则，如下式所示：

$$S_k : \text{if COD}_{\text{in}} \text{ is } C \text{ and NH}_{4\text{in}}^+ \text{ is } N \text{ and } Q_{\text{in}} \text{ is } Q, \text{ then } Y = f_k (\text{COD}_{\text{in}}, \text{NH}_{4\text{in}}^+, Q_{\text{in}})$$

$$f_k(\text{COD}_{\text{in}}, \text{NH}_{4\text{in}}^+, Q_{\text{in}}) f_k(\text{COD}_{\text{in}}, \text{NH}_{4\text{in}}^+, Q_{\text{in}}) = W_{ck} + W_{\text{cod}k} \text{ COD}_{\text{in}} + W_{nhk}\text{NH}_{4\text{in}}^+ + W_{qk}Q_{\text{in}}$$

其中，C，N，Q 为属于变量 COD_{in}，$\text{NH}_{4\text{in}}^+$，Q_{in} 的模糊变量，$f(\cdot)$ 表示输出 z 与所有输入变量间的线性函数。

实验样本经数据预处理后剩下 120 组数据，将全部剩下的 120 组数据样本分为两部分：100 组数据作为训练样本，20 组数据作为验证样本。确定控制模型结构和前件参数初始值后，利用混合算法对网络进行训练，当经过 211 步训练后误差 E 达到规定值，此时可以得到修正后的网络前后件参数，它们能够大大改善系统的功能，利用训练好的网络模型对训练数据进行仿真，结果和相应的相对误差见图 4-23。训练前后的隶属函数如图 4-24 所示。从图 4-24 中可发现，训练后模型包含了控制规则的信息，而不仅仅是人为设定的隶属函数，从而更加符合实际的情况。

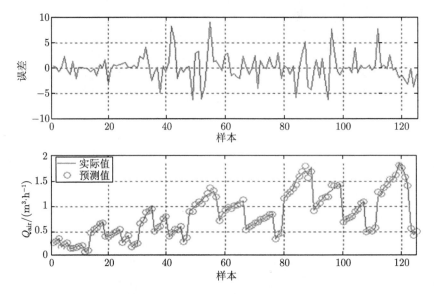

图 4-23　训练数据仿真及误差分析图

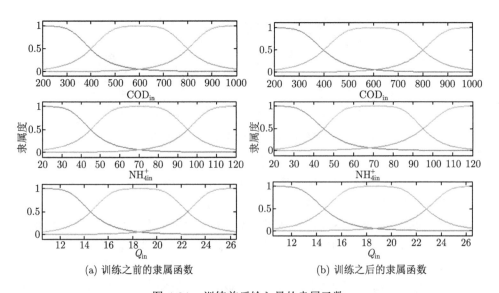

(a) 训练之前的隶属函数　　　　　　　　(b) 训练之后的隶属函数

图 4-24　训练前后输入量的隶属函数

修正后的控制模型的前件参数，即钟形函数的 3 个参数如表 4-3 所示，相应的修正后的预测模型后件参数见表 4-4。由于网络输出是输入变量的线性函数，因而每一类均有 4 个常数参数，利用得到的网络前后件参数即可实现样本数据的仿真。

表 4-3　控制模型前件参数

隶属度	COD			NH_4^+			Q		
	a	b	c	a	b	c	a	b	c
大	200	1.984	200	25.02	1.95	20.01	4.009	2.013	10.64
中	200	2.01	600	25.05	2.311	70.08	4.077	2.085	18.73
小	200	2.055	1000	24.93	1.765	120.1	3.833	1.895	26.68

表 4-4　控制模型后件参数

规则	参数				规则	参数			
	W_{codk}	W_{nh}	W_{qk}	W_{ck}		W_{codk}	W_{nh}	W_{qk}	W_{ck}
1	−0.043 49	−0.594 3	3.122	−0.827 4	15	0.000 784 7	−0.000 63	0.059 74	−1.012
2	0.005 455	−0.028 27	0.827 4	−18.33	16	0.013 74	0.035 82	−0.077 86	−9.069
3	0.001 127	0.011 61	0.249 9	−7.142	17	−0.003 804	−0.005 2	−0.075 8	4.929
4	0.004 281	0.042 52	0.004 173	−2.61	18	0.003 631	0.006999	−0.137 3	1.693
5	0.001 215	−0.022 27	0.001 68	1.554	19	0.001 746	−0.065 94	0.723	−7.852
6	0.000 214 6	0.031 51	0.085 92	−3.77	20	0.001 983	0.016 08	0.123 5	−3.989
7	0.011 18	0.041 42	−1.037	3.305	21	−0.000 046 7	−0.007 18	0.001 043	1.283
8	−0.003 378	−0.030 38	−0.388 9	12.65	22	−0.002 102	−0.048 16	−0.275 5	8.022
9	0.009 103	0.035 52	−0.203 9	−0.694 4	23	0.001 461	0.004 248	−0.005 42	−0.477 7
10	−0.039 98	−0.082 68	−0.288 9	31.78	24	−0.000 076 8	−0.005 36	0.086 19	−0.327 8
11	0.002 879	0.012 29	−0.109 6	0.467 7	25	0.055 93	−0.492 5	1.306	−15.3
12	0.001 354	0.003 553	−0.069 82	1.802	26	−0.005 365	0.001 95	0.152 3	2.829
13	0.004 848	−0.053 24	0.102 5	−0.298 1	27	−0.000 893	−0.064 78	−0.113 3	12.28
14	0.001 693	0.009 581	0.018 7	−1.303					

另外，模型的解模糊化结果及图形化输出都可以获得，如图 4-25 所示。同时，曝气量控制系统映射的三维曲面观察器窗口如图 4-26 所示。测试数据的仿真输出和相应的输出相对误差见图 4-27。从图 4-27 和表 4-5 中可看出，模型输出曲线很好地跟踪实际输出曲线，其 R 值达到 0.9986，样本模型输出与实际输出的相对误差绝对值范围为 0.013%～6.38%，其中 RMSE 只有约为 0.023，而 MAPE 约为 2.58%，测试的相对误差较小。这说明了发展的前馈曝气量模糊神经网络控制器能稳定而有效地从输入样本集捕捉到模型控制所需要的功能，能准确运用于曝气量的控制。

表 4-5　前馈 ANFIS 模型的预测性能

指标	训练样本	测试样本
RMSE	0.029 23	0.023 08
R	0.997 7	0.998 6
MAPE/%	1.711 3	2.578 4

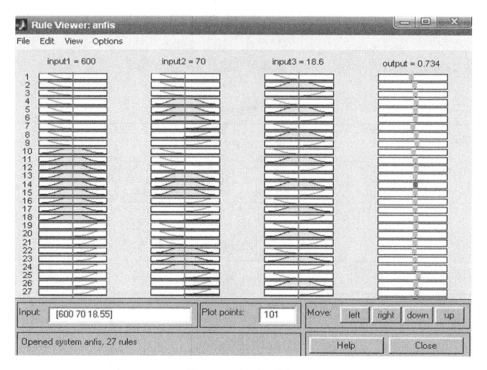

图 4-25   规则调整图

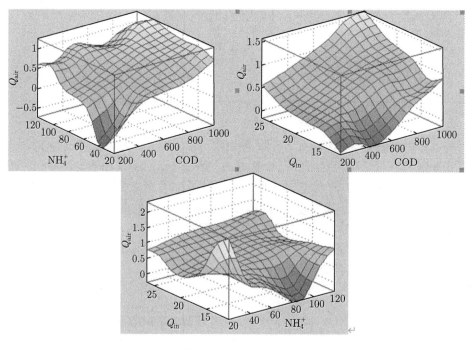

图 4-26   曲面观察

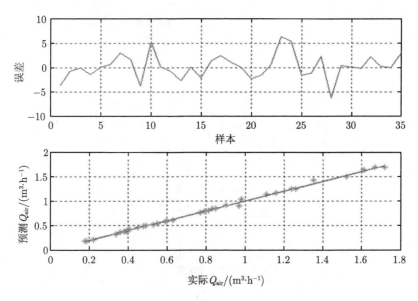

图 4-27　测试数据仿真及误差分析图

4.3　基于参数优化的动态模糊神经网络的回流比控制模型

4.3.1　回流比控制的必要性

在目前的大环境下，人类仍面临水污染日益严重、水资源短缺的危机，而我国的废水处理现状仍需要一个很大的投入才能得到改观。我国湖泊、河流水体富营养化的情况仍然特别严重，针对这种现状，进行废水脱氮工艺的研究十分必要，而生物脱氮被公认为是目前废水脱氮处理中最为经济、有效的方法之一。

内循环回流比是 A/O 系统运行中的一个重要控制参数，混合液的回流是使工艺获得脱氮效果的先决条件之一，同时混合液回流比例的大小是直接影响脱氮效果好坏的重要因素。混合液回流的主要作用是向缺氧池提供硝态氮，作为反硝化的电子受体。同时回流比的改变，一方面可影响缺氧区反硝化效果，改变好氧段进水水质；另一方面缩短了混合液在系统反应器内的水力停留时间，进而影响整个生化处理系统处理效果。通过控制内循环回流比能够很好地保持厌氧和缺氧池中的污泥活性，同时为反硝化作用提供所需的硝酸盐。

4.3.2　回流比控制方案

多个研究表明，通过 A/O 工艺对进水有机碳源的利用率分析，获得混合液回流比控制策略就是控制消化液回流量，维持缺氧区末端硝酸氮质量浓度处于最优设定值，以高效利用缺氧区反硝化的潜力。而缺氧区末端硝酸氮质量浓度的测量，在这里我们采用由模糊神经网络设计的软测量方法预测其质量浓度。接着将预测值同设定值比较得到 $E(t+\Delta t)$ 和 $EC(t+\Delta t)$，以这两个量输入控制器，计算得到回流比变化量 $\Delta u(t)$，再去修正当前的回流比 $u(t)$，进而完成回流量的自动调整。这一控制量同时输出到预测模型作为一个输入参数，由预测模型计算在这一回流比的作用下，系统下一时刻的硝酸氮质量浓度，设计的混合液回流比控制框架如图 4-28 所示。

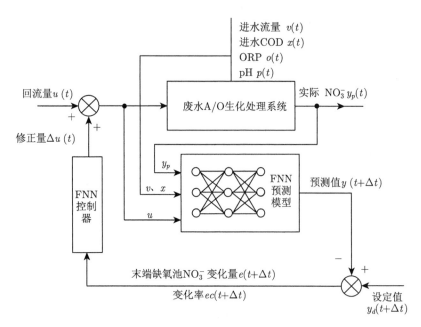

图 4-28　基于模糊神经网络控制的回流比混合控制模型结构图

混合液回流比控制目标主要有 2 个：一是降低出水硝态氮和总氮质量浓度；二是降低内循环所需能耗。在水体富营养化问题日益加剧及公众环保意识日益加强的现状下，城市污水厂的排放标准日益严格，鉴于此，回流比控制应在满足第 1 个目标的前提下，再考虑第 2 个目标。另外，生物脱氮污水厂、反硝化反应经常受进水可生物降解有机物的限制，所以为了有效降低出水硝态氮的质量浓度，提高对进水 COD 的利用效率显得尤其重要，具有重大的经济意义和环境效益。

Yuan 等[7] 通过实验研究获得缺氧区末端硝态氮质量浓度的最优值为 2 mg/L；彭永臻等研究获得缺氧区末端硝态氮质量浓度的最优值为 2.5 mg/L，同时获得缺氧区末端硝态氮质量浓度的最优设定值及最优值的稳定性。在应用 3 种不同进水负荷，分别为：① 进水 COD/TN=2.5；② 进水 COD/TN=3.6；③ 进水 COD/TN=5。其中进水 COD 在 400~1200 mg/L 范围内。结果表明，无论进水 COD 如何变化，碳源是否充足，当硝态氮为 2.2 mg/L 时出水总氮质量浓度和出水硝态氮质量浓度最低，同时 COD 的去除率也保持在 95% 以上；另外随着 S 设定值的增加，混合液回流量逐渐增大，但并不是混合液回流量越大，出水硝态氮和总氮质量浓度越低，而是不同进水负荷对应一个最佳回流比，所以恒定的回流比策略是不可取的，这也证明了混合液回流比控制的必要性和重要性[8]。

当进水有机碳源相对不足时，出水总氮质量浓度很高 [图 4-29 (a)]，尽管控制内循环维持缺氧区硝态氮质量浓度为 2.2 mg/L 时，出水总氮质量浓度最低，但出水总氮质量浓度依然很高，为了进一步降低出水总氮质量浓度，需要外投碳源；当进水碳源相对过量时，硝酸氮质量浓度设定值为 l mg/L[图 4-29(c)]，出水总氮质量浓度已经很低，并且硝态氮质量浓度设定值在 1~3 mg/L 选定时出水总氮质量浓度都很低，如果不限制内循环回流比，获得的最优硝酸氮质量浓度设定值依然是 2.2 mg/L，但此时对应的内循环回流比为 7，而大的内循环对应着大的能耗，这时需要考虑内循环第 2 个控制目标内循环能耗的大小，因此需从出水总氮和能耗两方面确定最优硝酸氮质量浓度设定值。综上所述，获得最优硝酸氮质量浓度设定值为 2.2 mg/L。

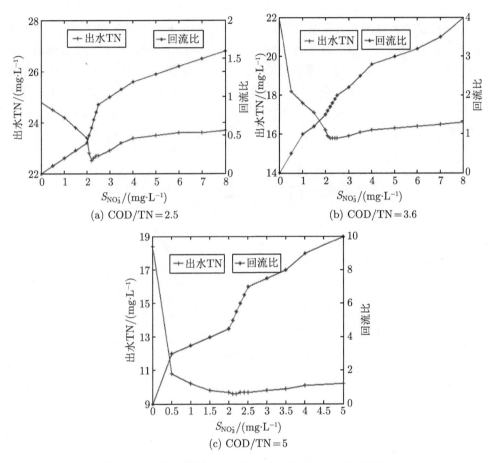

图 4-29　不同硝态氮对应的出水总氮质量浓度和回流比

4.3.3　营养物质动态变化预测模型

1. MPCA 理论

MPCA 方法在连续过程的性能监视和故障诊断方面发挥着重要作用。对于间歇过程，每个批量过程多次重复性生产，其数据集合比连续生产过程数据集合多一维"批量"元素，具有序贯特性。因此间歇生产过程的数据集合以三维数据矩阵形式表示。用三维数据矩阵 $\boldsymbol{X}(I \times J \times K)$ 代表一个批量过程连续运行的典型数据组，其中 $i = 1, 2, \cdots, I$ 表示批量；$j = 1, 2, \cdots, J$ 表示变量，$k = 1, 2, \cdots, K$ 表示时间。常规 PCA 方法不能明确地解释间歇过程数据集合的批量特性。多方向主成分分析方法将三维数据矩阵沿时间轴方向切割批量和变量数据块 $\boldsymbol{X}(I \times J)$，每个数据块依次向右水平排列，形成一个新的二维数据矩阵。如图 4-30 所示，在 MPCA 方法中，数据矩阵 $\boldsymbol{X}$ 或展开的矩阵 $\boldsymbol{X}$ 被分解为得分向量和载荷向量乘积之和，再加上残差矩阵 $\boldsymbol{E}$，即 $\boldsymbol{X} = \sum\limits_{r=1}^{R} t_r \otimes \boldsymbol{P}_r + \boldsymbol{E}$，其中 t_r 与 $\boldsymbol{P}_r$ 乘积和代表系统主要特征部分，与批量、过程变量和时间有关，表示系统主要变化。而残差部分 $\boldsymbol{E}$ 与数据中次要变化有关，在最小二乘意义上尽可能地小。t_r 为正交向量，表征整个间歇操作过程中不同批量过程之间相互关联的信息。$\boldsymbol{P}_r$ 的列向量为正交载荷向量，代表过程变量时间序列相互关联的信息。主成分个数 R 由交叉确认准则 [9] 确定。前几个主成分能够解释原始数据集合的主要变化，过程变量间的相互关系信息包含在 MPCA 模型中。三维矩阵转化成二维矩阵后，多方向主成分分析方法等同于一般主成分分析方法在获得正常运行的主成分模型后，可利用多变量统计过程控制图，如主成分得分图、Q 平方图、$T2$ 平方图及主成分贡献图等判断系统运行的故障情况，MPCA 分解图如图 4-30 所示：

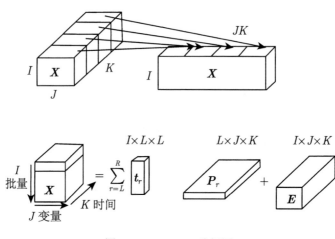

图 4-30   MPCA 分解图

2. 预测模型结构

该模糊神经网络结构如图 4-31 所示。它由 5 个关键部件组成：输入和输出数据库、预处理、一个模糊系统生成器、一个模糊推理系统，以及一个用来表示模糊系统的自适应神经网络。模糊推理系统及其相关的自适应网络是一个 Sugeno 型模糊推理系统和自适应网络模糊推理系统。

国内外的大量研究表明 [10,11]，活性污泥法中 DO、ORP 和 pH 的变化规律能从不同角度、不同程度地反映有机物降解、脱氮除磷生化反应的进程，以它们作为控制参数是可行的。因此，输入输出参数的选择包括：① 系统输入：pH、氧化还原电位和 DO；② 系统输出：氨氮、PO_4^{3-} 和 NO_3^-。

数据库系统的性能包含的信息是一个模式发展的先决条件。一般来说，开发收集定期监测参数，培训的数据库质量是至关重要的。为了准确地描述系统，数据库应包含足够的和正确的系统信息，不幸的是，这些很常见的原始数据库包含一些冗余和冲突的数据。因此，有时有必要对原材料培训数据库进行预处理，消除冗余并且解决冲突。

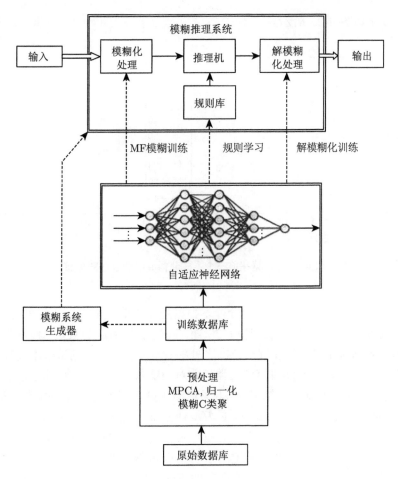

图 4-31　模糊神经网络系统结构图

3. 样本数据获取及预处理

由上述可知，在实验过程中需要改变原水 COD、NH_4^+-N 浓度、PO_4^{3-} 三个因素的值，考察营养物质在系统中的动态变化情况。在多因素实验中，为了得到正确的结论，按理对每个因素的水平都进行全面的搭配实验才是最好的办法，但全面实验只有当因素不多，每个因素待实验的水平数较少的情况下才可能进行。

实验中原水 COD 的变化范围为 500~1200 mg/L，氨氮浓度的变化范围为 10~120 mg/L，PO_4^{3-} 的变化范围为 5~40 mg/L。为了满足上述样本数据的要求，结合实验室条件情况，考虑原水 COD、进水流量、回流比 3 个因素，在 3 个因素的变化范围内，通过 32 组实验得到需要的样本。

由于样本的各个指标不相同，原始样本中各变量的数量级差别很大，为了从最开始就使各变量的重要性处于同等地位，对样本的输入按下式进行归一化处理，然后对 32 批样本进行 MPCA 分析。对样本集变量做主成分分析，各主成分所解释的总方差百分比及累计百分比列于表 4-6。

从表 4-6 可见，前四个主成分的累计方差百分比达到 88.9%，数据在前三个主成分体系中的空间分布如图 4-32 所示。

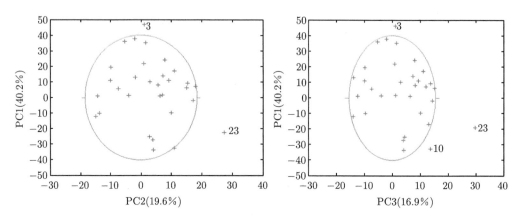

图 4-32   数据在前三个主成分构成的体系内的分布

从图 4-32 中我们可以看到, 大部分样本数据是在置信范围内, 只有 3 组 (3、10 和 23) 数据在置信范围之外, 所以本实验选取 26 组 (在置信范围内的数值) 样本作为训练样本, 而另外的 3 组数据跟那 3 组 (在置信范围之外的数据) 作为模型测试样本进行比较。

在此通过 MATLAB 提供的模糊聚类函数对训练数据进行聚类, 得到 11 个聚类中心, 这 11 个类就是从训练数据中归纳出的 11 条模糊规则, 即对应的如下规则: R_i: if x is A_i and v is B_i and $\cdots$ and y_1 is G_i and y_2 is H_i, then $z = f(x, v, \cdots, y_1, y_2), i = 1, 2, \cdots, 11$。

其中 A, B, $\cdots$, G, H 为属于变量 x, v, $\cdots$, y_1, y_2 的模糊变量; $f(\cdot)$ 表示输出 z 与所有输入变量间的线性函数。因此, 确定网络的结构如图 4-33 所示。

该模型包含 3 个 Sugeno 型模糊模型, 即 FISPO, FISNH 和 FISNO, 分别用于预测 PO_4^{3-}、氨氮和硝酸盐。每个 Sugeno 模型都有自己的规则库, 但它们共用相同的输入。此模糊神经网络模型是 5 层网络结构, 第一层为输入层对应网络的 6 个输入变量 (节点数 6); 第二层计算每个输入变量对应的隶属度 (节点数 6×11); 第三层实现每条规则的前件计算 (节点数 11); 第四层计算每条规则的适用度 (节点数 11); 第五层为网络输出计算出水 COD(节点数 1)。该模型用于分别预测 PO_4^{3-}, 氨氮和硝酸盐。这样所建立的模型就能有效监测 A/O 系统中营养物质的动态变化。

4. 仿真结果分析

确定模糊神经网络预测模型结构和前件参数初始值后, 利用混合算法对网络进行训练, 可以得到修正后的网络前后件参数。模型训练完后, 模糊系统就会根据 11 条模糊规则执行推理运算, 这样模型的解模糊化结果及图形化输出都可以获得。同时基于测试结果, 可得到 A/O 系统中营养源浓度与模型输入量之间相互关系的三维曲面图 (图 4-34), 从图 4-34 可见, 系统中的营养物质浓度与模型的输入量是一个复杂的非线性作用。

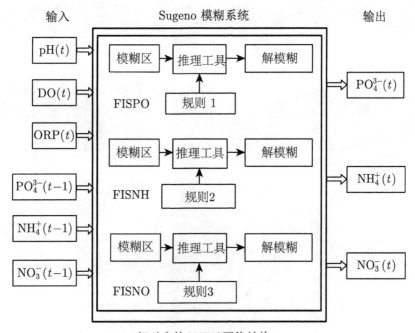

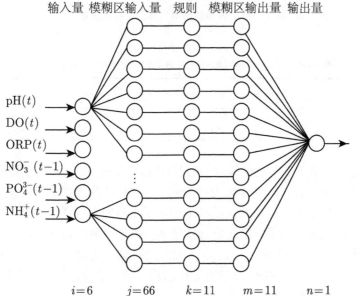

图 4-33　用于 A/O 系统建模的模糊神经网络结构示意图

利用训练好的网络模型对训练数据进行仿真, 图 4-35 是该模糊神经网络模型的验证结果图。对于 3 组正常测试样本 (通过 MPCA 分析, 在其置信范围内), 该模型表现出极强的监测能力, 如图 4-35(I) 所示。从图 4-35 (I) 可见, 该模型的预测结果曲线能很好地跟踪实际值曲线。另外, 从表 4-6 可得模型的自相关评估误差很好, 几乎为 0, 而且模型的相关系数也趋于 1。

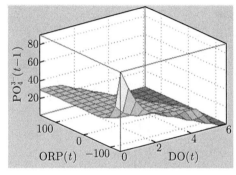
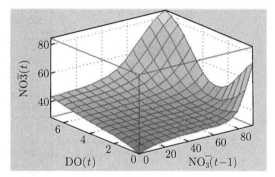
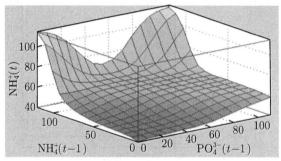

图 4-34　输入量与输出量之间的三维曲面图

表 4-6　各主成分所解释的总方差百分比及累计百分比

	主成分					
	1	2	3	4	5	6
解释的总方差百分比/%	40.2	19.6	16.9	12.2	7.4	3.7
累计方差百分比/%	40.2	59.8	76.7	88.9	96.3	100

　　然而，对于另外 3 组不正常测试样本 (通过 MPCA 分析，在其置信范围外)，该软测量模型表现出很差的预测能力，如图 4-35 (II) 所示。这是因为用于模糊神经网络模型训练的数据样本都是正常的样本组，所以当测试样本超出了正常的训练样本时，该模型得到的预测结果就比较差了，这也反映了模型在外延推理上的弱点。另从表 4-7 可见，同 3 组正常测试数据相比，其各种性能都差很多。而通过 MPCA 分析方法的辅助，这个问题可以在实际监测过程中得到克服，因为 MPCA 能有效地探测过程中的异常情况。因此结合 MPCA，模型的预测结果就会更加精确。

　　另外，为了检验所建立的模糊神经网络模型的性能，将其同 BP 神经网络模型进行比较，见表 4-7，表中列举了两个模型训练和验证数据的 RMSE、MAPE(%) 与 R 值。

　　从表 4-7 中可以看出，对于 BP 神经网络及 ANFIS 网络，原始数据经过 MPCA 方法处理后，网络的各项性能都有提升。另外，相比 BP 神经网络模型，ANFIS 模型训练和测试数据的 RMSE 和 MAPE 都比较小，同时 R 都比较大，换句话说，就是所建立的 ANFIS 模型比 BP 神经网络模型的性能要好很多，因此用模糊神经网络模拟 A/O 废水处理系统是一个很好的方法。

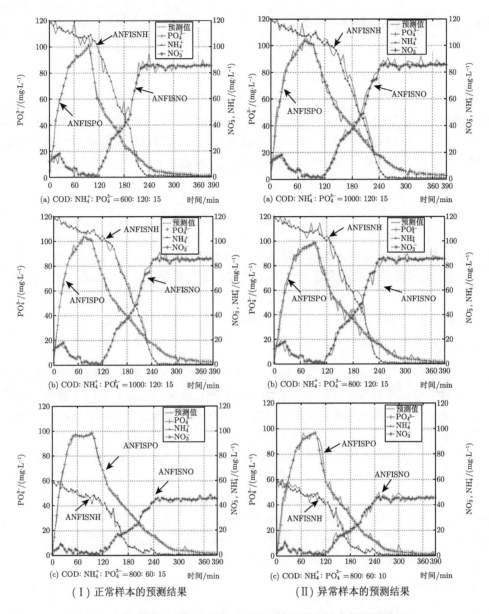

图 4-35　模糊神经网络模型对正常样本和异常样本的预测结果

表 4-7　ANFIS 和 ANN 的性能比较图

类型		训练样本 (26 组)			验证样本					
					3 组正常样本			3 组不正常样本		
		RMSE	MAPE/%	R	RMSE	MAPE/%	R	RMSE	MAPE/%	R
FNN	缺氧	1.308	0.079	0.998 5	1.432	1.263	0.994 2	2.421	3.72	0.979 1
	好氧	0.444	0.032	0.999 6	0.939	1.243	0.995 6	1.625	2.97	0.988 3
BP NN	缺氧	1.507	2.561	0.989 5	1.846	4.012	0.971 6	3.549	9.96	0.947 4
	好氧	0.903	2.097	0.991 2	1.614	3.269	0.982 8	3.328	3.76	0.972 2

4.3.4 缺氧池末端硝态氮预测模型

1. 预测数学模型

国内外的大量研究表明：活性污泥法中 DO、ORP 和 pH 的变化规律能从不同角度不同程度地反映有机物降解、脱氮除磷生化反应的进程，以它们作为控制参数是可行的。因此本书建立预测模型的目的是希望通过 t 时刻的进水 COD、进水 TN、进水流量、回流比、pH、ORP、pH 一阶导数、ORP 值一阶导数及 $(t - \Delta t)$ 时刻硝酸氮浓度，来预测废水处理系统 t 时刻的缺氧区硝酸氮浓度。用数学表达式表达如下：

$$y(t) = F \left\{ \begin{array}{c} x(t), n(t), q(t), r(t), p(t), o(t), \\ \partial p(t), \partial o(t), y(t - \Delta t) \end{array} \right\} \tag{4-21}$$

式中，$y(t)$ 表示预测的 t 时刻废水处理系统的缺氧区硝酸氮浓度，$x(t)$、$n(t)$、$q(t)$、$r(t)$、$p(t)$ 和 $o(t)$ 分别表示 t 时刻的进水 COD、总氮、进水流量 (Q)、回流比 (R)、pH 和 ORP；$y(t - \Delta t)$ 表示 $(t - \Delta t)$ 时刻的硝酸氮浓度；$\partial p(t)$，$\partial o(t)$ 分别表示 pH 和 ORP 的变化率 (一阶导数)，用于代表 pH 和 ORP 的变化趋势，在此 Δt 取 0.5 h。

2. 样本数据的获取及预处理

由上述可知，在实验过程中需要改变 (C/N) 进水 COD、氨氮浓度、进水流量、回流比 4 个因素的值，考察相应的缺氧区硝酸氮浓度变化情况。在多因素的实验中，为了得到正确的结论，按理对每个因素的水平都进行全面的搭配实验才是最好的办法，但全面实验只有当因素不多，每个因素实验的水平数较少的情况下才可能进行。

由于实验时进水 COD 的变化范围为 400~1500 mg/L，氨氮浓度的变化范围为 20~300 mg/L，进水流量的变化范围为 0.8~2 L/h，回流比的变化范围为 0~6。为了满足上述样本数据的要求，结合实验室条件情况，考虑进水 COD、进水流量、回流比 3 个因素，在 3 个因素的变化范围内，通过大量的实验得到所需要的样本。本实验是基于 MCGS 组态软件完成的，因此我们可以从 MCGS 的实时数据库中筛选足够多的数据作为网络的训练样本。本实验中样本数为 81，数据预处理方法同前。

3. 预测模型的结构辨识

该部分完成对输入数据的聚类、聚类中心修正工作。系统输入空间由 9 个变量构成，输入空间 $\boldsymbol{X}\,(x_1, x_2, \cdots, x_N)$ 中，变量 $x_i (i = 1, 2, \cdots, 9)$ 表示 9 个变量。神经网络输入节点的个数为输入空间中的变量个数 9。每个输入节点 x_i 与隐层中的 s 个节点相连，其节点个数 s 代表了对输入变量 x_i 的模糊分割数，同时也就是通过聚类方法得到的模糊规则数。因此输入层节点个数为 9 个。

将实验得到的 81 组数据分成训练数据和测试数据，为了使训练后的网络具有代表性，训练数据选前 45 组样本数据，其余 36 组数据为测试数据，它们分别用于聚类工作、网络的训练和检验训练后的网络泛化能力。后通过 MATLAB 提供的模糊 C 均值聚类函数对训练数据进行聚类，得到 23 个聚类及其中心，这 23 个类就是从训练数据中归纳出的 23 条模糊规则。从而也就可以辨识网络结构：第一层的输入变量为 9 个变量 (节点数 9)；第二层计算每个输入变量对应的隶属度 (节点数 9×23), 第三层实现每条规则的前件计算 (节点数 23), 第四层计算每条规则的适用度 (节点数 23), 第五层为网络输出, 计算缺氧池末端 NO_3^- 的预测值 (节点数 1), 其示意图见图 4-36。

4. 预测模型的参数辨识及仿真

确定模糊神经网络预测模型结构和前件参数初始值后, 利用混合算法对网络进行训练, 训练过程见图 4-37, 当经过 4 步训练后误差 e 达到规定值, 此时可以得到修正后的网络前后件参数, 它们能够大大改善系统的功能。

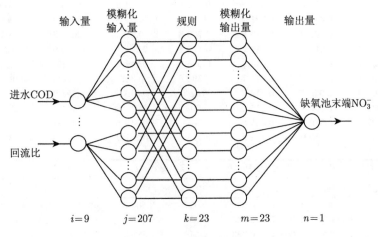

图 4-36　预测模型示意图

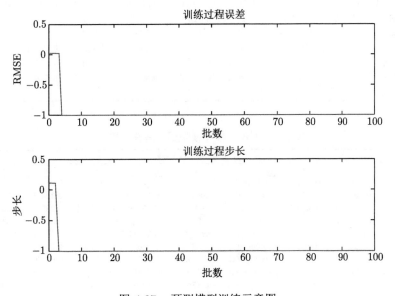

图 4-37　预测模型训练示意图

修正后的预测模型的前件参数, 即高斯函数的中心值和方差如表 4-8 所示, 从中可看出，对于每个类，预测模型的 9 个输入变量均有各自的中心值和方差，207(9×23) 个中心值和方差。

相应的修正后的预测模型后件参数，见表 4-9。由于网络输出是输入变量的线性函数，因而每一类均有 10 个常数参数，利用得到的网络前后件参数即可实现样本数据的仿真。

表 4-8   预测模型部分前件参数

聚类数	进水 TN$n(t)$		进水 COD$x(t)$		进水流量 $Q(t)$		回流比 $R(t)$	
	中心 c	方差 σ	中心 c	方差 σ	中心 c	方差 σ	中心 c	方差 σ
1	0.290 3	0.311 9	0.312 4	0.175 1	0.332 7	0.164 9	0.321 3	0.079 15
2	0.305 8	0.614 6	0.346 8	0.391 6	0.314 5	0.165 2	0.318 7	0.077 4
3	0.326 5	0.471 2	0.321 7	0.694	0.321 8	0.997 4	0.320 8	0.193
4	0.302 4	0.461 2	0.310 2	0.703 5	0.319	0.001 138	0.319 1	0.170 1
5	0.302 3	0.118	0.310 2	0.172 4	0.316 7	0.726 6	0.303	0.91
6	0.298 7	0.722 7	0.313 9	0.546 5	0.311 3	0.722	0.317 8	0.039
7	0.291 9	0.096 87	0.311 7	0.393 6	0.306	0.166 5	0.312	0.450 1
8	0.304 3	0.920 7	0.312 7	1.003	0.310 9	0.728 9	0.318 4	0.091 46
9	0.301 4	0.130 7	0.316 6	−0.003 19	0.315 8	−0.003 23	0.321 2	0.191
10	0.307 8	0.289 8	0.336 8	0.193	0.319 6	0.001 878	0.32	0.386 4
11	0.290 3	0.311 9	0.312 4	0.175 1	0.332 7	0.164 9	0.321 3	0.079 15
								······

聚类数	缺氧池 pH$p(t)$		缺氧池 ORP$o(t)$		一阶 pH$\partial p(t)$		一阶 ORP$\partial o(t)$		历史 $y(t-\Delta t)$	
	中心 c	方差 σ	中心 c	方差 σ	中心 c	方差 σ	中心 c	方差 σ	中心 c	方差 σ
1	0.307 7	0.544 8	0.308 1	0.829 1	0.312 4	0.500 3	0.309 1	0.590 2	0.270 1	0.313 4
2	0.311 1	0.596 8	0.314 4	0.343 8	0.334 1	0.665 8	0.287	0.297 2	0.260 5	0.306 4
3	0.342 6	0.776 3	0.308 4	0.233 2	0.319 6	0.385 1	0.304 7	0.126 8	0.284 2	0.322 6
4	0.321 3	0.72	0.310 8	0.941 4	0.317 2	0.001 348	0.316 3	0.592 6	0.239 4	0.313 5
5	0.315 8	0.466 4	0.296 4	0.954 2	0.317 5	0.620 8	0.302 6	0.101 6	0.476 5	0.315
6	0.309 1	0.033 49	0.299 2	0.502	0.297 6	0.968 8	0.306 7	0.795 9	0.222 3	0.315 1
7	0.303 6	0.283 1	0.290 7	0.154	0.313 7	0.712 3	0.297 7	0.687 8	0.196 3	0.311 1
8	0.316 9	0.920 9	0.314	0.912 5	0.321 7	0.995 8	0.310 2	0.559 8	0.347 3	0.315 2
9	0.307 4	0.014 63	0.310 1	0.852 5	0.345 2	0.256 9	0.290 8	0.398 1	0.268	0.307
10	0.338 9	0.164 1	0.330 6	0.297 2	0.324 7	0.508 6	0.330 5	0.325 9	0.976 9	0.339 6
11	0.307 7	0.544 8	0.308 1	0.829 1	0.312 4	0.500 3	0.309 1	0.590 2	0.270 1	0.313 4
										······

表 4-9   预测模型部分后件参数

类号	模型后件参数									
	a	b	c	d	e	f	g	h	i	j
1	0.276 2	0.195 3	0.000 84	0.049 77	−0.290 5	0.020 73	−0.004 74	0.280 3	0.759 8	−0.073 75
2	0.112 8	0.000 25	−0.107 8	0.077 87	0.061 9	−0.156 1	0.232 7	0.304 7	0.598 5	−0.186 5
3	0.419 8	−0.018 4	0.137 7	−0.160 3	−0.1	−0.068 8	−0.167 4	0.287 9	0.366 6	0.004 35
4	−0.056 9	0.061 04	−0.081 7	0.141	−0.241 5	−0.004 1	−0.059 6	0.369 6	0.336 2	0.067 76
5	0.068 0	0.151 1	0.072 6	0.205 1	0.135 2	−0.084 6	0.071 6	−0.061	0.243 6	0.065 97
6	0.004 36	0.020 32	0.021 0	0.040 03	0.123 8	−0.040 4	0.055 31	0.070 4	0.076 87	0.077 08
7	0.020 8	−0.103 5	0.194 9	0.027 93	0.091 01	−0.052 2	−0.051 4	0.214 6	0.181 7	0.010 22
8	0.181 9	−0.022 48	−0.133 3	−0.036 89	−0.142 5	0.139 1	0.195 8	0.144 2	0.136 4	−0.015 51
9	0.058 7	0.000 49	0.003 6	−0.029 41	−0.170 6	0.204 9	−0.146 7	−0.18	0.394 3	0.072 19
10	0.168 3	0.16	0.010 5	0.116 9	0.168 2	0.243 6	0.214 7	0.091 3	0.298 3	0.396 8
11	0.154 7	0.054 39	0.038 2	0.007 77	−0.051 5	0.104	0.158	−0.125	0.210 3	−0.065 93
										······

注：$f = ax(t) + bn(t) + cq(t) + dr(t) + ep(t) + fo(t) + g\partial p(t) + h\partial o(t) + iy(t-\Delta t) + j$。

利用训练好的网络模型对训练数据进行仿真，结果见图 4-38，相应的相对误差见图 4-39。从图中可以看出网络的仿真输出与实际输出非常接近，两者的相对误差绝对值范围为 0~0.1%，说明该模型的训练是成功的，具有很强的学习能力，它"储存"了废水处理系统的运行"信息"。模型输出变量与输入变量具有时间差的映射关系，因此只要采集到该式右边相关的变量值，模型的输出就是废水的出水 COD 预测值。测试数据的仿真输出见图 4-40，相应的输出相对误差见图 4-41。从图中可看出模型输出曲线很好的跟踪实际输出曲线，样本模型输出与实际输出的相对误差绝对值范围为 0~0.022%，样本的相对误差较小，可以用来预测缺氧池末端的硝态氮浓度。

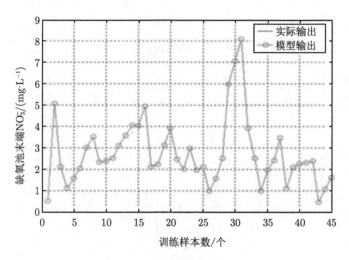

图 4-38　训练数据输出和实际输出

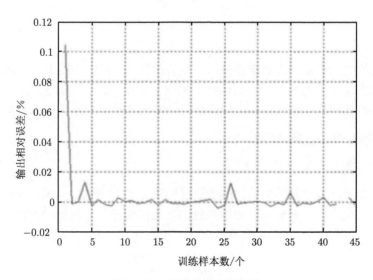

图 4-39　训练数据相对误差

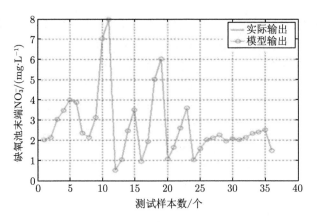

图 4-40　测试数据输出和实际输出

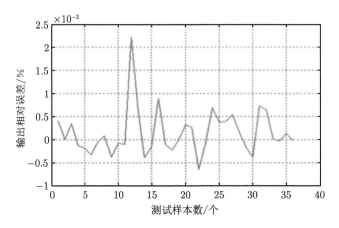

图 4-41　测试数据相对误差

值得提出的是，81 组样本数据是分批次实验得到的，因此各批次在时间上是不连续的，但仿真时没有表现出明显的差异，表明神经网络具有很强的抗干扰能力；同时 36 组测试数据虽然并未参加网络训练，但仍能得到较好的输出，说明网络具有较好的泛化能力。

4.3.5　废水处理回流比控制模型

1. 控制数学模型

建立模糊神经网络控制模型的目的是通过期望出水 COD 值 $y_d(t)$（一般为定值）和 t 时刻预测值 $y(t)$，来求出 t 时刻废水处理系统的回流比修正量，进而改变回流比，数学表达式如下：

$$\Delta u(t) = F(e, ec) \tag{4-22}$$

式中，$\Delta u(t)$ 为 t 时刻的回流比修正量；$e(t) = y_d(t) - y(t)$，为 COD 值变化量；$ec(t) = [y(t) - y(t - \Delta t)]/\Delta t$，为 COD 值变化率。

2. 回流比控制模型的结构辨识

根据模糊集定义和现场操作员在操作过程中遇到的情况及专家经验, 可以得到 49 条模糊规则, 模型描述为:

R_m : if x_1 is A_1^i and x_2 is A_2^j, then u is B^m, $i = j = 1, 2, \cdots, 7$; $m = ij$

其中, x_1、x_2 分别对应偏差 e 和偏差变化率 ec, $A_1^i = A_2^j = B^m = \{$NB, NM, NS, NO, PS, PM, PB$\}$。

根据废水处理系统的要求, 硝态氮浓度变化量及其变化率、回流比的基本论域设定为: $[-2, 2]$、$[-1, +1]$、$[-2.5, +2.5]$, 相应的模糊论域均为 $[-7, +7]$, 论域中的元素个数为 13, 从而量化因子和比例因子为 $k_e = n/x_e = 6/2 = 3$, $k_{ec} = m/x_{ec} = 6/1 = 6$, $k_u = y_u/l = 2.5/7 = 0.4167$; 隶属函数采用高斯函数, 如图 4-42 所示。可以看出, 论域中的元素个数约为模糊子集总数的 2 倍, 模糊子集对论域的覆盖较好。

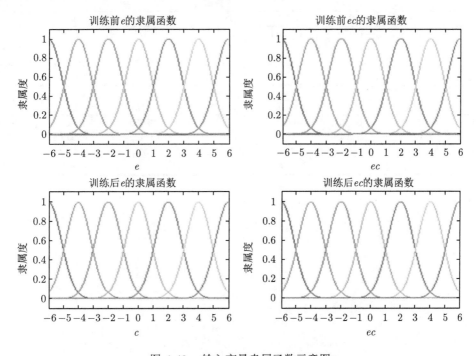

图 4-42　输入变量隶属函数示意图

控制模型第一层为 2 个节点, 代表缺氧池末端硝态氮变化量和缺氧池末端硝态氮变化率; 第二层为 14 个节点, 代表 14 个隶属函数, 完成隶属函数值的求取; 第三层为 49 个节点, 代表 49 条模糊规则, 完成模糊规则的前件计算; 第四层为 49 个节点, 代表 49 个隶属度的适用度; 第五层为 1 个节点, 代表 t 时刻回流比修正量。

3. 回流比控制模型的参数辨识

通过对模糊神经网络进行训练, 当网络输出误差最小时, 即已完成 "记住" 模糊规则的任务。相应得到 14 个隶属函数的参数 (即网络的前件参数) 和权值 W 如表 4-10、表 4-11 所示; 另外, 模型的解模糊化结果及图形化输出都可以获得, 如图 4-43 所示。由于模糊控制规则表包含了废水处理运行过程需要调节回流比的所有可能情况，控制模型只要记住它们，就能起到调节回流量的功能。

表 4-10　控制模型前件参数

		语言变量						
		NB	NM	NS	ZO	PS	PM	PB
变化量 e	中心 c	−6	−3.945	−1.954	-1.06×10^{-6}	1.954	3.945	6
	方差 σ	0.849 3	0.849 3	0.849 3	0.849 3	0.849 3	0.849 3	0.849 3
变化率 ec	中心 c	−6	−4.046	−2.032	6.08×10^{-7}	2.032	4.046	6
	方差 σ	0.849 3	0.849 3	0.849 3	0.849 3	0.849 3	0.849 3	0.849 3

表 4-11　控制模型部分后件参数

权值	规则						
	1	2	3	4	5	6	7
$W1$	−0.213 3	−0.276 4	−0.003 02	1.889	0.575 8	−3.984	−0.481 5
$W2$	−0.206 2	−0.252 3	−0.003 41	−0.686 2	3.969	−6.616	0.792 9
$W3$	0.038 16	0.054 88	0.000 606	−0.353 4	−0.696 1	−0.361 7	0.088 09
$W4$	0	0	0	0	0	0	0

权值	规则						
	8	9	10	11	12	13	14
$W1$	−0.078 77	−0.245 2	0.011 22	−0.498 8	0.736	−1.38	−0.452 7
$W2$	−0.064 76	−0.204 5	−0.004 65	0.534 2	−0.182 7	−0.530 6	0.497 3
$W3$	0.013 84	0.045 01	−0.004 11	0.226 8	0.306 9	0.055 32	0.084 13
$W4$	0	0	0	0	0	0	0

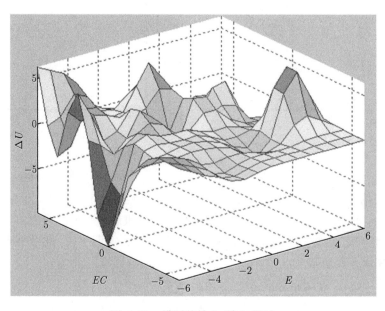

图 4-43　模型的输入/输出曲面

当网络有输入 $e(t + \Delta t)$ 和 $ec(t + \Delta t)$ 时，即可得到相应的输出 $\Delta u(t)$。预测控制模型

结合在一起,用于废水处理的控制如图 4-28 所示。其中网络已经训练好,具体的工作过程为:在废水处理系统正常运行的过程中,通过采集模块读取 $x(t), n(t), q(t), r(t), p(t), o(t)$ 输入预测模型,经算法计算得到预测值 $y(t + \Delta t)$,预测值与设定值 $y_d(t + \Delta t)$ 比较得到 $e(t + \Delta t)$、$ec(t + \Delta t)$,分别乘以 K_e 和 K_{ec} 后输入控制器,得到 $\Delta u(t)$,再乘以 K_u 后去修正当前的回流比 $u(t)$,进而完成回流比的自动调整,接着重复相同的动作进入下一个周期。至此,完成了回流比预测控制模型的设计工作,接下来就是编写模型算法,并与 MCGS 组态软件相结合,实现在实验室条件下对废水处理过程的回流比智能控制。测试数据的仿真输出见图 4-44。从图中可看出模型输出曲线能很好地跟踪实际输出曲线,测试的相对误差较小。这说明发展的回流比模糊神经网络控制器能稳定而有效地从输入样本集捕捉到模型控制所需要的功能,能准确运用于回流比的控制。

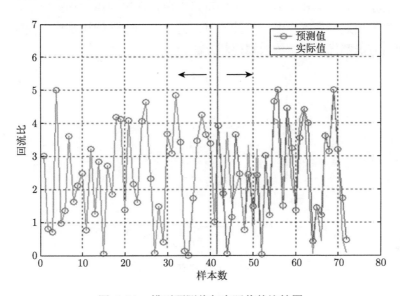

图 4-44　模型预测值与实际值的比较图

4.4　A/O 废水处理过程智能控制的实现及控制效果分析

4.4.1　溶解氧控制效果分析

废水处理系统运行过程中,受各种不确定因素影响,每日的进水水量、水质会不断变化,而废水处理的目标是处理后的出水水质达到国家规定的排放标准,因此,对溶解氧的浓度控制要求系统能够根据进水水质的不同及时调整控制策,以使得曝气池中溶解氧的浓度稳定在期望的水平。

根据生化处理系统的运行状况,将溶解氧的期望浓度设定在 2 mg/L,分别运用本书提出的自组织模糊神经网络对系统的溶解氧浓度进行前反馈控制,设定变频器的控制频率的基准值为 20 Hz。把采样的 10 个 DO 浓度值输入计算机系统中 (每隔 2 分钟采样一次),控制系统实时输出控制量 U,并实时通过控制变频器的电压来控制频率,从而控制鼓风机的鼓风量。所得到的实时控制关系表如表 4-12 所示。

表 4-12　实时控制下 DO 浓度的变化

控制变量	DO 浓度/(mg·L^{-1})									
	0.49	1.38	1.79	1.87	2	2.02	2.25	1.96	2	2
DO 偏差/(mg·L^{-1})	1.51	−0.62	−0.21	−0.13	0	0.02	0.25	−0.04	0	0
偏差的变化/(mg·L^{-1})	−1.60	−0.49	0.81	0.49	0.1	0.49	0.47	−0.15	0.1	0
e	−5.29	−2.17	−0.75	−0.47	0	0.07	0.9	−0.15	0	0
ec	−4.80	−1.49	−2.44	1.41	0.35	1.49	1.41	−0.47	0	0
输出量 u	4.9	−2.8	1.4	0.7	0	−0.2	−1.1	0.35	0	0
控制频率	27	24	22	21	20	19.8	18.5	2.05	20	20

　　根据实时控制表 4-12，我们把 DO 浓度的变化和变频器频率输出作了相应的曲线图，分别运用本书提出的自组织模糊神经网络和传统的模糊控制方法对系统的溶解氧浓度进行控制，如图 4-45 和图 4-46 所示，从图中可以看出，自组织模糊神经网络方法，能够实现对溶解氧浓度的快速、准确控制。与此同时，无论在动态性能还是稳态性能方面，自组织模糊神经网络方法都优于传统的模糊控制方法。

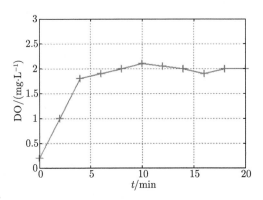

图 4-45　DO 浓度变化曲线图

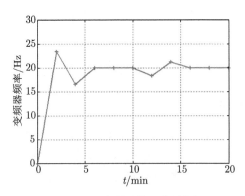

图 4-46　变频器输出曲线图

　　对溶解氧浓度的精确控制可以实现在保证废水处理系统稳定运行的基础上，节约能耗，如图 4-47 所示，通过比较默认曝气量、理论曝气量以及模糊神经网络控制的曝气量，可以看出，模糊神经网络方法控制的曝气量同生化处理系统所需氧量比较一致，通过计算分析，大概节能 33%。然而，废水处理最重要的目标是经过处理后的出水水质达到国家排放标准。

表 4-13 是采用自组织模糊神经网络控制器对溶解氧控制, 废水处理系统的出水浓度仿真结果。从表中可以看出, 对于较大波动的进水水质, 系统处理后的废水出水浓度能够控制在国家的排放标准以内, 出水水质达到了国家排放标准的规定。

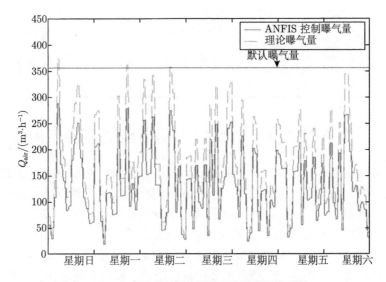

图 4-47　ANFIS 好氧控制同理论需氧量的比较

表 4-13　出水水质浓度仿真结果

执行控制规则前出水水质				
pH	NH_4^+	COD	BOD	SS
7.5	16	42.6	27	13
6.8	4	58.9	7	6
7.4	7	34.3	21	12
7.3	12	41.2	17	8
6.9	6	29.7	9	3
执行控制规则后出水水质				
pH	NH_4^+	COD	BOD	SS
7.1	13	39.1	16	20
7.2	9	54.8	12.5	7
7.4	11	49.2	19.8	6
7.2	6	57.5	23.7	9
6.9	10	42.6	18.4	12

4.4.2　回流比控制效果分析

　　根据生化处理系统的运行状况, 将缺氧池末端 NO_3^--N 浓度的期望浓度设定在 2.2 mg/L, 运用本章提出的模糊神经网络对系统的回流比进行控制。随着进水水质的改变, 策略构件会根据控制系统的要求计算出此时应加给废水处理系统的相应回流比, 以控制缺氧池末端的 NO_3^--N 浓度值在 2.2 mg/L 左右。从 MCGS 实时数据库中调用运行数据, 如表 4-14 所示, 从表中数据可以看出, 当进水负荷改变时, 智能控制系统计算出合适的回流量使得 A/O 处理系统中缺氧池末端的 NO_3^--N 浓度在 2.2 mg/L 附近波动, 波动范围为 2.09~2.33mg/L, 同时出水水质达到国家排放标准, 说明该回流比智能控制系统是成功的。

表 4-14　　不同进水负荷下的缺氧池末端 NO_3^--N 值

进水 TN/ $(mg \cdot L^{-1})$	进水 COD/ $(mg \cdot L^{-1})$	进水流量/ $(ml \cdot s^{-1})$	回流比	缺氧池末端 NO_3^--N/ $(mg \cdot L^{-1})$	出水 COD/ $(mg \cdot L^{-1})$	出水 TN/ $(mg \cdot L^{-1})$
159.02	1 463	8	5.5	2.09	67.29	7.6
279.26	1 145	20	1.8	2.26	52.67	11.31
335.92	823	20	0.8	2.24	45.85	14.52
121.63	596	16.7	5.3	2.18	31.416	9.53
552.07	1 463	10	0.6	2.22	69.31	16.22
149.23	412	10	0.7	2.33	23.95	12.32
269.27	1 145	8	1.8	2.16	50.67	10.45

4.5　活性污泥法废水处理仿真基准模型建模与多目标优化

随着目前我国污水处理厂建设不断推进，我国水污染控制取得了可喜的成就。但污水处理厂中依旧经常出现运行负荷不足、出水水质超标的情况，确保出水水质稳定达标是当前亟须解决的问题之一；另外，污水处理过程电能消耗过大，运行成本高，如何在水质达标的情况下降低能耗是我国污水处理行业最迫切的问题。我国科学工作者近 20 年以来对污水厂的节能减排展开了大量的研究，但多集中在节能减排的技术环节，而对如何权衡两者之间的关系，则很少关注 [12−14]。本节在较为全面了解废水处理仿真基准模型的基础上，分析了活性污泥工艺中存在的多目标优化问题，并详细阐述了如何在 MATLAB 中完成废水处理仿真基准模型的建模与优化，为活性污泥的工艺设计提供了指导，也拓展了智能算法在废水处理中的应用研究。

4.5.1　基于 MATLAB 的仿真基准模型的建模

BSM1 定义了活性污泥工艺流程及建模方法，3 种天气下各 14 d 数据，对 DO 和硝酸盐浓度的 PI 控制策略，以及对出水水质、能耗和控制器性能量化的计算方法等。BSM1 可以直接采用 C 语言编写 S 函数，嵌入 Simulink 模块中，也可以采用常规的商业仿真软件包，例如：Simba®，WEST®，GPS-X® 等来建立模型，本小节主要介绍如何通过 MATLAB/Simulink 建立 BSM1 模型。使用 MATLAB/Simulink 建立仿真模型主要包括以下步骤：

① Simulink 的启动。在命令行窗口输入：Simulink，单击 BLANK MODEL 按钮后，会打开一个名为 untiled 的模型编辑窗口或者可以使用快捷键 library browser 打开，在 untiled 里面单击 library browser 打开一个模块库；

② 确定需要使用的模块。以第一个反应异养菌的好氧生长为例：

$$\rho_1 = \mu_H \left(\frac{S_S}{K_S + S_S} \right) \left(\frac{S_O}{K_{O.H} + S_O} \right) X_{B.H} \tag{4-23}$$

主要使用的模块包括：paoduct、constant、add、divide、in1、out1 等。

③ 模块的连接。在 Simulink library browser 里面拖动以上模块到 untiled 模块编辑框中，并且将其命名为 Rate1。

④ 对子模块进行封装。当模型的数量较多的时候，可以把几个模块组合成一个新的模块，这样的模块就被称为子系统，这样可以减少系统中模块的数量，看起来更加直观，

调试更加方便，也可以直接作为一个标准的模块来使用。以上面建立的 Rate 1 模块为例：选中 Rate1 中的所有模块，在模型编辑窗口点击 Diagram→Subsystem&Model Reference→Create Substem from Selection 命令生成一个子系统，或者使用快捷键 Ctrl+G 构建一个子系统，进行参数设置。

⑤ 对子系统进行参数设置；选中封装的子系统，单击右键选择 Mask→Edit Mask 按钮可以打开属性编辑框，单击 3 次 Edit 按钮，会在 Dialog box 中生成 3 个空白的编辑框，可以在里面进行编辑，完成后单击 OK 键。

其他 7 个反应方程式也是一样的，完成后再次进行子系统封装，可以得到一个 10 个输入、8 个输出的模块，包含了 ASM1 中的 8 个生化反应过程，如图 4-48 所示，同时二次沉淀池的速率方程搭建过程和 ASM1 中生化反应类似，在此不再重复介绍。

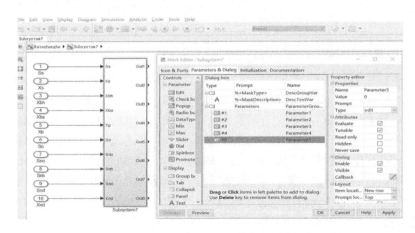

图 4-48　Simulink 中 ASM1 反应方程式封装界面

4.5.2　基准仿真模型 BSM1 的多目标优化建模步骤

基准仿真模型 BSM1 的多目标优化建模主要包括以下步骤。

① 在成功搭建基准仿真模型 BSM1 的基础上，选取与出水水质和运行能耗相关性较大的变量作为模型的输入，以出水超标指数和运行能耗作为输出变量，并对输入后和输出变量设置一定的约束条件，最终建立基于 BSM1 的 NSGA-II 算法的目标函数。

② 基准仿真模型 BSM1 和 NSGA-II 算法之间的参数传递。主要包括调取仿真结果、赋值、设置仿真开始和停止的时间等命令，以保证多目标优化模型能够连续进行仿真。

③ 使用恒定的进水数据对模型进行 100 d 的开环仿真，使模型达到稳态运行，以稳态的运行结果对模型进行初始化设置。

④ 初始化以后，以晴天天气下的进水数据进行 14 d 的动态仿真，最后再分别以 3 种天气下的进水数据作为模型输入进行 14 d 动态仿真，最后 7 d 的运行数据用于性能评估，因此每种天气下的总的仿真时间为 128 d(图 4-49)。

⑤ 设置 NSGA-II 算法的基本参数，对步骤 1 建立的目标函数在 MATLAB 2016a 中进行求解。根据 Pareto 解集对出水水质和运行能耗的优化程度不同，选择不同的优化策略进行分析。

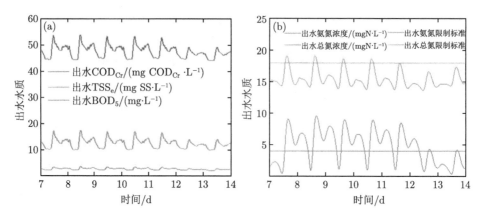

图 4-49　晴天天气 (a) 和开环条件下 (b) 的出水水质

4.5.3　基准仿真模型 BSM1 的评价函数

基准仿真模型 BSM1 的评价函数包含 6 个输入、3 个输出和 2 个约束规则。其中为输入变量为：外循环流量 (Q_a)、内循环流量 (Q_r)、剩余污泥排放量 (Q_w) 和后 3 个好氧池的氧气传质系数 (K_{La3}, K_{La4}, K_{La5})。输出变量分别为：出水 NH_4^+-N 超标指数、出水 TN 超标指数和 OCI。根据 BSM1 提供的出水超标指数的计算方法，最后 7 d 的出水水质用于性能评估，在模型参数配置窗口中，将 "输出时间" 设置为 [7：(1/96)：14]，从而仅存储动态仿真最后一周的仿真结果，采样时间间隔设置为 15，最后 7 d 每个出水水质可以得到 672 个运行结果，最终获得了包含出水 TN、COD_{Cr}、S_{NH}、TSS_e 和 BOD_5 的 3 360 个数据点。BSM1 定义的出水水质上限如下：TN < 18 mgCOD/L，COD_{Cr} < 100 mgCOD/L，S_{NH} < 4 mgN/L，TSS_e < 30 mgSS/L，BOD_5 < 10 mg/L。根据前文介绍的仿真步骤，以晴天天气下的进水数据作为模型的输入进行开环仿真，最后 7 d 的出水水质见图 4-50，可以看出，出水 COD、TSS_e 和 BOD_5 都满足出水排放标准，出水 S_{NH} 和 TN 超标较为严重。其中出水 NH_3-N 平均浓度为 4.609 mgN/L，出水 NH_3-N 超标比例为 61.3%。出水 TN 平均浓度为 15.472 mgN/L，出水 TN 超标比例为 7.29%，OCI 为 21 846 kW·h·d^{-1}。因此，评价函数的输出变量最终确定为：出水 NH_3-N 超标比例、出水 TN 超标比例和 OCI。表达式为：

$$f = \begin{cases} f(x_1) = NH_3\text{-}N_{vio}/3360 \\ f(x_2) = TN_{vio}/3360 \\ f(x_3) = OCI \end{cases} \tag{4-24}$$

其中，vio 表示出水水质超标。

4.5.4　基准仿真模型 BSM1 的约束规则

本节分别对输入和输出变量设置了约束条件，其中输入变量的约束条件见表 4-15。输入变量的约束范围设置得相对较小，并且原始策略包含在约束条件之内，目的是在相对较小的范围内通过调节曝气量和回流量的大小，以提高出水水质，降低运行能耗。目标函数约束条件是以晴天天气和开环条件下的出水水质作为参考，设出水 NH_3-N 和 TN 的超标指数之和小于 13.7%。

表 4-15   输入变量的上限和下限

输入变量	K_{La3}/d	K_{La4}/d	K_{La5}/d	$Q_a/(m^3·d^{-1})$	$Q_r/(m^3·d^{-1})$	$Q_w/(m^3·d^{-1})$
原始值	240	240	84	55 338	18 446	385
下限	300	300	120	55 000	20 000	400
上限	180	180	50	45 000	15 000	150

4.5.5   多目标优化算法和 BSM1 模型之间的参数传递及使用方法

基准仿真模型 BSM1 和 NSGA-II 之间的参数传递是多目标优化模型连续运行的前提条件。本书所使用的命令主要包括切换进水文件、设置仿真时间、调取仿真结果和基本赋值等命令，其具体用法如下。

命令 1：assignin('base', 'VOL1', x(1, 1))。

解释：assignin 命令表示把 x 赋值给仿真模型中的 VOL1 这一变量。

命令 2：set_param('openloop', 'StopTime', '100')。

解释：set_param 命令用来设置仿真停止的时间，openloop 为 Simulink 模型的文件名称，100 表示仿真停止的时间。

命令 3：sim('openloop')。

解释：sim 命令是 openloop 模型的启动命令。

命令 4：evalin('base', 'y=settler; ')。

解释：evalin 命令表示获取 workspace 中的 settler 文件，并把它赋值给 y。

4.5.6   基准仿真模型 BSM1 的进水水质分布情况

BSM1 包含了 3 种天气 (晴天、下雨和暴雨) 下各 14 d 的进水数据，采样时间间隔为 15 min。本节以晴天天气下的进水文件作为模型的输入，在开环条件下对 BSM1 进行工艺优化。图 4-50 给出了晴天天气下的进水水质变化曲线，可以看出进水水质的波动范围比较大，反映了废水处理过程具有复杂性、非线性和多变性的特点。表 4-16 给出了其对应进水水质的平均值。

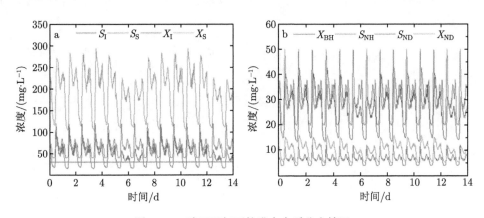

图 4-50   晴天天气下的进水水质分布情况

表 4-16   各组分的平均值

组分	平均值	单位
S_I	30.00	$gCOD \cdot m^{-3}$
S_S	65.24	$gCOD \cdot m^{-3}$
X_I	45.59	$gCOD \cdot m^{-3}$
X_S	192.69	$gCOD \cdot m^{-3}$
X_{BH}	26.47	$gCOD \cdot m^{-3}$
S_{NH}	30.14	$gN \cdot m^{-3}$
S_{ND}	6.52	$gN \cdot m^{-3}$
X_{ND}	9.95	$gN \cdot m^{-3}$

4.5.7   优化策略下的节能减排分析

在本节对基准仿真模型 BSM1 进行寻优的过程中,仿真条件为以晴天天气下的进水数据作为模型的输入进行开环仿真。由前文可知,在对每个运行策略进行评价和分析的时候,需要单独进行 128 d 的仿真,当 NSGA-II 算法的种群数量和迭代次数较大时,仿真时间会持续几个月甚至更久,这种情况在进行闭环仿真的时候表现得更加明显。当种群数量和迭代次数较少时,会导致最终得到的 Pareto 解丰富度不够。有研究表明,可以采用离线生成的数据,进行软测量建模,然后以软测量模型作为 NSGA-II 算法的数学模型,对其进行求解 [15]。为了保证数据分布较为均匀,采用基于分段的方法进行求解,通过设置范围较小的约束条件来得到当前约束条件下的最优解,大大缩短了仿真寻优时间,同时得到的解丰富度较高。

首先,离线生成 500 组数据,建立基于 LSSVM 的出水水质和运行能耗的软测量模型,其中 450 组用于模型训练,50 组用于测试。测试阶段软测量模型对出水氨氮、总氮和总的运行能耗的预测效果如图 4-51 所示,可以看出模型预测值和真实值基本相同,可以作为多目标优化算法的数学模型。然后建立基于 LSSVM-NSGA-II 的基准仿真模型 BSM1 的出水水质和运行能耗的多目标优化模型。NSGA-II 算法需要设置合理的参数来保证算法的优化性能。NSGA-II 算法基础参数设置为:种群数量 100,迭代次数 500,交叉概率 0.9,变异概率 0.1,交叉分布指数 20,变异分布指数 30。最终选取了出水水质和运行能耗都优于原始策略的 65 个 Pareto 最优解,其部分 Pareto 解见表 4-17。本节选取第一个最优解对其在不同的控制和进水条件下的节能和减排效果做进一步分析,其对应的输入变量的值如表 4-18 所示。

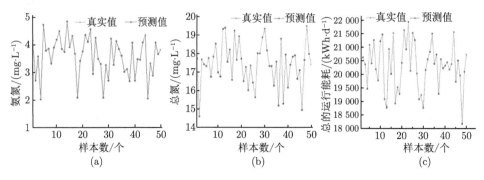

图 4-51   测试阶段 LSSVM 模型的预测性能

表 4-17　部分 Pareto 解集对应的输入变量值

变量单位	$Q_a/$ $(\mathrm{m}^3\cdot\mathrm{d}^{-1})$	$Q_r/$ $(\mathrm{m}^3\cdot\mathrm{d}^{-1})$	$Q_w/$ $(\mathrm{m}^3\cdot\mathrm{d}^{-1})$	K_{La3}/d	K_{La4}/d	K_{La5}/d
1	50 881	17 757	252	249	242	95
2	51 336	19 255	275	252	244	94
3	51 423	19 485	279	250	244	94
4	53 833	16 613	233	256	245	81
5	53 836	16 599	232	255	245	81
6	50 523	18 592	279	254	243	89
7	50 901	18 986	276	248	242	86
8	50 844	18 437	285	247	242	93
9	53 221	17 240	287	251	246	94
10	51 792	19 162	274	246	242	85
11	53 493	17 184	283	251	244	91
12	53 760	17 527	283	248	246	90

表 4-18　优化策略对应的输入变量值

输入变量	K_{La3}/d	K_{La4}/d	K_{La5}/d	$Q_a/(\mathrm{m}^3\cdot\mathrm{d}^{-1})$	$Q_r/(\mathrm{m}^3\cdot\mathrm{d}^{-1})$	$Q_w/(\mathrm{m}^3\cdot\mathrm{d}^{-1})$
优化策略	250	241	95	50 880	17 756	251

表 4-19~表 4-21 分别给出了在不同的进水和控制条件下,原始策略和优化策略对应的出水氨氮超标指数、出水总氮超标指数和总的出水超标指数 (PEQV)。值得一提的是,针对不同的进水和控制条件,原始策略和优化策略对应的出水 TSS_e、BOD_5、COD_{Cr} 都满足排放标准。从表 4-19 可以看出,原始策略晴天开环条件下的 $\mathrm{NH}_3\text{-}\mathrm{N}$、TN 超标指数分别为 12.26% 和 1.45%。相同仿真条件下优化策略对应的 $\mathrm{NH}_3\text{-}\mathrm{N}$、TN 超标指数分别为 3.76% 和 0.06%。相比之下,出水 $\mathrm{NH}_3\text{-}\mathrm{N}$ 超标指数降低了 69.3%,出水 TN 超标指数降低了 95.9%。整体来看,出水水质提高了 72.2%。进一步地,图 4-52 给出了以晴天天气下的进水数据作为模

表 4-19　晴天条件下不同控制策略各项指标出水超标指数　　　　　(单位:%)

项目	原始策略晴天开环	优化策略晴天开环	原始策略晴天闭环	优化策略晴天闭环
TN	1.45	0.06	3.57	1.96
$\mathrm{NH}_3\text{-}\mathrm{N}$	12.26	3.76	3.36	1.37
PEQV	13.71	3.81	6.93	3.33

表 4-20　雨天条件下不同控制策略各项指标出水超标指数　　　　　(单位:%)

项目	原始策略雨天开环	优化策略雨天开环	原始策略雨天闭环	优化策略雨天闭环
TN	0.80	0.00	2.20	0.89
$\mathrm{NH}_3\text{-}\mathrm{N}$	12.50	4.80	5.10	1.90
PEQV	13.33	4.85	7.30	2.79

表 4-21　暴雨条件下不同控制策略各项指标出水超标指数　　　　　(单位:%)

项目	原始策略晴天开环	优化策略晴天开环	原始策略晴天闭环	优化策略晴天闭环
TN	1.54	0.05	3.09	1.63
$\mathrm{NH}_3\text{-}\mathrm{N}$	12.74	5.26	5.26	2.29
PEQV	14.28	5.31	8.35	3.92

型的输入，在开环和闭环条件下原始策略和优化策略对应的出水 NH₃-N 浓度和出水 TN 浓度的变化曲线。可以看出，优化策略对应的出水 NH₃-N 浓度和出水 TN 浓度持续低于原始策略。以上结果表明，优化策略对 BSM1 的出水 NH₃-N 浓度和出水 TN 浓度有较好的优化效果。

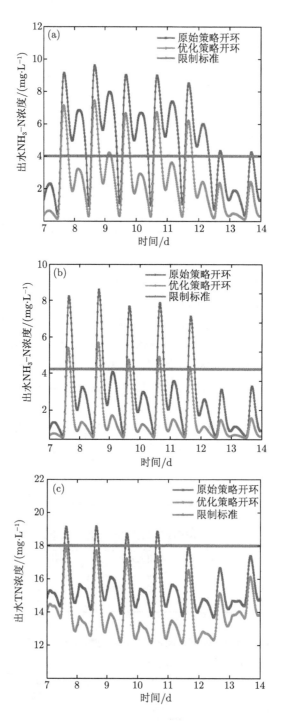

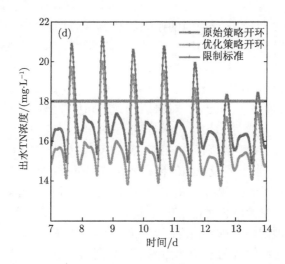

图 4-52 不同仿真条件下的出水氨氮浓度和出水 TN 浓度变化曲线

为了进一步分析优化策略对出水水质的优化原理，结合活性污泥工艺本身的特点对其进行理论分析。以晴天天气下的进水条件为例，图 4-53 给出了原始策略和优化策略在开环

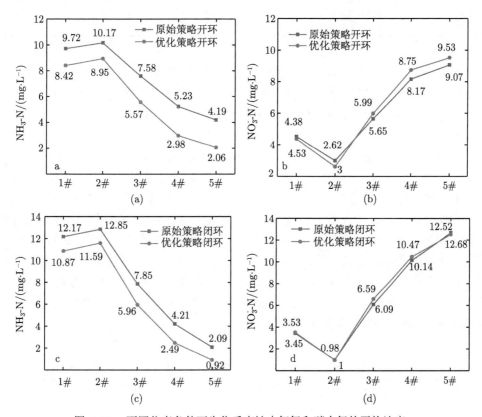

图 4-53 不同仿真条件下生化反应池中氨氮和硝态氮的平均浓度

和闭环条件下对应的 5 个生化反应池的硝态氮和氨氮的平均浓度。对比图 4-53(b) 中各个反应池硝态氮的变化可以发现，从 1 号到 2 号反应池，原始策略和优化策略下的硝态氮的平均浓度分别降低了 1.53 mg/L 和 1.76 mg/L，说明反硝化作用增强了。从 2 号反应池到 5 号反应池原始策略和优化策略下的硝态氮的平均浓度分别增加了 6.07 mg/L 和 6.91 mg/L，硝化过程增强了 15.2%。对比原始策略和优化策略运行参数的变化可以发现，Q_r 降低了 3.74%，Q_w 降低了 34.8%，Q_a 降低了 8.05%。其中 Q_w 的变化范围很大，Q_r 和 Q_a 的变化范围较小。Q_a 的降低会导致回流到反应器前端的硝态氮浓度降低，因此图 4-53(a) 中优化策略对应的 1 号反应池的硝态氮浓度略低于原始策略，但是差别不大。Q_w 的降低会增加反应器的污泥龄和污泥浓度，进而提高反应器的处理能力。表 4-22 给出了不同进水和控制条件下原始策略和优化策略对应的 5 号反应池的污泥浓度。可以看出，优化策略对应的 5 号反应池的污泥浓度始终高于原始策略。以晴天天气下开环仿真的结果为例，原始策略和优化策略对应的 5 号反应池污泥浓度分别为 3 268 mg/L 和 4 385 mg/L，污泥浓度提高了 34.18%，因此硝化和反硝化作用增强。

表 4-22　　不同运行策略和控制条件下的 TSS　　　　（单位：mg/L）

项目	原始策略开环	优化策略开环	原始策略闭环	优化策略闭环
晴天	3 268	4 385	3 271	4 422
雨天	2 988	3 998	2 993	4 040
暴雨	3 240	4 268	3 244	4 310

由前面的分析可知，优化策略对出水水质有较好的优化效果。更进一步地，表 4-23～表 4-25 给出了原始策略和优化策略在不同进水水质和控制条件下的 AE、PE、SP、OCI 的值。从表中可以看出，优化策略对应的 AE、PE 和 SP 的值，并不总是低于原始策略。但是整体来看，优化策略对应的运行能耗更低。以晴天开环仿真的结果为例，原始策略下的 AE、PE、SP 和 OCI 分别为 6 476 kW·h·d^{-1}、2 966 kW·h·d^{-1}、2 432 kg·SS·d^{-1} 和 21 846 kW·h·d^{-1}；优化策略对应的 AE、PE、SP 和 OCI 分别为 6 772 kW·h·d^{-1}、2 755 kW·h·d^{-1}、2 167 kg·SS·d^{-1} 和 20 603 kW·h·d^{-1}。AE 的增加主要是由于后 3 个反应池的氧气传质系数增加，原始策略下后 3 个好氧池的氧气传质系数之和为 564，优化策略为 586。因此，优化策略对应的 5 号反应池的溶解氧浓度的平均值高于原始策略，其结果见图 4-54。可以看出，优化策略下的溶解氧浓度的平均值提高了 30.1%。PE 降低了 7.11%，这主要是由于回流量降低了，导致泵的能耗降低了；SP 降低了 10.9%，废水处理厂的大部分能耗来源于污泥处置费用，Q_w 的降低会减少 SP。整体来看，优化策略的 OCI 降低了 5.69%。

表 4-23　　晴天下不同运行策略的运行能耗　　　　（单位：kW·h·d^{-1}）

项目	原始策略开环	优化策略开环	原始策略闭环	优化策略闭环
AE	6 476	6 772	7 240	7 451
PE	2 966	2 755	1 493	1 581
SP	2 432	2 167	2 437	2 159
OCI	21 846	20 603	21 161	20 072

表 4-24　　雨天下不同运行策略的运行能耗　　（单位：kW·h·d^{-1}）

项目	原始策略开环	优化策略开环	原始策略闭环	优化策略闭环
AE	6 476	6 772	7 172	7 432
PE	2 966	2 755	1 929	1 902
SP	2 349	2 091	2 354	2 083
OCI	21 430	20 225	21 115	19 994

表 4-25　　暴雨下不同运行策略的运行能耗　　（单位：kW·h·d^{-1}）

项目	原始策略开环	优化策略开环	原始策略闭环	优化策略闭环
AE	6 476	6 772	7 289	7 527
PE	2 966	2 755	1 732	1 760
SP	2 596	2 341	2 602	2 333
OCI	22 665	21 474	22 275	21 193

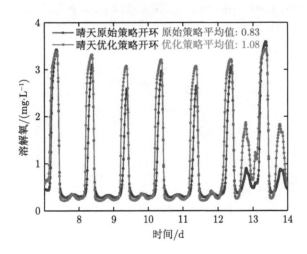

图 4-54　原始策略在开环和闭环条件下 5 号反应池溶解氧浓度的变化曲线

以上分析结果表明，通过多目标优化算法 NSGA-II 获得的最优解，可以在提高出水水质的同时，降低运行能耗，对于活性污泥工艺节能和减排权衡具有重要意义和价值。

参 考 文 献

[1] Henze M, Grady C P, Gujor W, et al. Activated sludge model No.1[R]. London, England: International Association on Water Pollution Research and Control Scientific and Technical Reports. 1986.

[2] 邓欢忠, 徐文丽, 林梅山, 等. 精确曝气流量控制系统在污水处理厂的应用 [J]. 给水排水, 2019, 55(S1): 51-54.

[3] 罗锋, 李伟, 王兴, 等. 华南某污水处理厂能耗分析及节能降耗措施研究 [J]. 给水排水, 2018, 54(9): 49-55.

[4] 韩兴连, 周光明, 高明辉. 基于模糊 PID 控制的改良 CASS 工艺曝气研究 [J]. 给水排水, 2012, 48(3): 103-106.

[5] 徐盼. 模糊 PID 控制器在污水处理厂曝气池中的应用 [D]. 西安：西安科技大学, 2016.

[6] 诸静. 模糊控制原理与应用 [M]. 北京：机械工业出版社, 1999.

[7] Yuan Z G, Oehmen A, Inglldsen P. Control of nitrate recirculation flow in predenitrification systems[J]. Water Science Technology, 2002, 45(4-5)：29-36.

[8] 彭永臻, 马勇, 王洪臣, 等. A/O 脱氮工艺中内循环控制策略的建立与研究 [J]. 北京工业大学学报, 2004, 30(2)：201-206.

[9] 陈勇. 基于多元统计分析的生产过程故障诊断研究 [D]. 杭州：浙江大学, 2003.

[10] Tiquia S M, Ichida J M, Keener H M, et al. Bacterial community profiles on feathers during composting as determined by terminal restriction fragment length polymorphism analysis of 16S rDNA genes[J]. Applied Microbiology Biotechnology, 2005, 67(3)：412-419.

[11] 徐峥勇. 序批式生物膜反应器高效生物脱氮途径优化控制策略研究 [D]. 长沙：湖南大学, 2007.

[12] 原建光, 孙娟, 苑丽, 等. 污水处理厂节能降耗的运行措施 [J]. 中国给水排水, 2013, 29(18)：149-150.

[13] 王一惠. 污水处理厂节能减排的实现途径 [J]. 节能与环保, 2019 (5)：81-82.

[14] 刘安. 关于城镇污水处理厂节能减排实现途径的探究 [J]. 化工管理, 2018 (14)：39-40.

[15] 周红标, 乔俊飞. 混合多目标骨干粒子群优化算法在污水处理过程优化控制中的应用 [J]. 化工学报, 2017, 68(9)：3511-3521.

第 5 章 A^2/O 废水处理的神经网络软测量及智能优化控制

为了提升废水处理效果, 可从如下两个方面考虑: 其一, 选用合适的处理工艺; 其二, 提高废水处理过程的自动化监测与控制水平。一般而言, 对于前者, 处理工艺一经构建, 改变的余地就很小。而对于后者, 可供发挥的余地则很大。在废水处理过程中 COD、NH_4^+-N、TN 和 TP 等水质指标都是衡量废水水质的重要参数, 是评价废水处理性能的关键指标。同时, 在线监测这些废水水质参数也是提高废水处理自动控制系统性能的关键。然而, 目前我国大部分废水处理厂大多靠人工化验来确定这些参数, 严重影响了废水处理工艺的优化控制效果。虽然近年来, 我国的仪表技术得到一定的发展, 出现了可以在线测量这些废水水质的分析仪表, 但这些产品普遍存在价格昂贵、设备投资和运行维护成本高、检测滞后时间长、稳定性不好和重复性差等问题, 从而降低了重要参数的控制品质, 这使其应用受到了进一步的限制。因此, 软测量技术已成为当前过程控制和过程在线检测领域的一大研究热点和主要发展趋势。

软测量技术具有可进行实时估计、可作为硬件仪表的软冗余、可降低硬件成本和可用于优化及故障诊断等特点及应用优势。通过软测量技术构建的软测量系统既可以用来代替传统硬件仪表, 也可以与硬件仪表同时使用以确保测量的准确性。因此, 从某种角度上讲, 将软测量用于废水工艺参数或出水指标的实时检测, 可提高废水处理过程的测控水平, 同时为废水处理过程的参数检测方法研究提供新的思路。

本章为了提高废水 A^2/O 工艺处理过程的监测控制水平和工艺处理性能, 深入研究了废水 A^2/O 生化处理过程中出水 COD_{eff} 和出水 $NH_{4\,eff}^+$ 的最优软测量模型的构建思路和方法, 并将最优软测量模型应用于废水处理工艺参数的智能化控制, 设计开发出用于造纸废水 A^2/O 工艺处理过程的溶解氧智能优化控制系统。

5.1 废水处理智能控制系统的设计

在实验室条件下搭建了造纸废水 A^2/O 工艺处理过程的自动控制系统。首先分析 A^2/O 生物脱氮除磷工艺的特点, 确定了造纸废水处理具体工艺流程, 然后根据实验室的条件选择和安装硬件设备, 同时完成对 PLC 控制程序和 MCGS 组态的设计, 在实验室搭建好自动控制系统。本节详细介绍了自动控制系统的硬件构成和软件构成, 为获取构建软测量模型所需的实验数据, 以及最终对溶解氧智能优化控制系统的控制效果考察做好准备。

5.1.1 A^2/O 废水处理系统简介

厌氧–缺氧–好氧生物脱氮除磷 (Anaerobic/Anoxic/Oxic, A^2/O) 工艺是传统活性污泥工艺、生物硝化, 反硝化工艺和生物除磷工艺的综合, 该工艺可将 BOD、COD、SS 及各种形式存在的氮和磷元素同时去除 [1]。随着国内废水排放标准的日益严格，为了同时去除废水中的 COD、氮和磷元素，该工艺在国内各大中型废水处理厂得到了广泛应用，其具体工艺流程如图 5-1 所示 [2]。

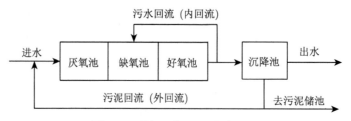

图 5-1　常规 A^2/O 工艺流程图

利用 A^2/O 工艺处理废水时，废水首先进入厌氧池，池中的兼性厌氧菌将废水中易降解的有机物转化成 VFA。同时，回流污泥带入的聚磷菌将体内的磷元素分解释放并吸收低级脂肪酸等易降解有机物，所释放的能量一部分供好氧的聚磷菌在厌氧环境下维持生存，另一部分供聚磷菌主动吸收 VFA，并在体内储存聚羟基丁酸酯 (Polyhydroxybutyrate, PHB)。废水进入缺氧池后，池中的反硝化细菌就将混合液回流带入的硝酸盐及进水中的有机物通过生物反硝化作用，转化成氮气散发到大气中，从而达到脱氮的目的。废水在经过厌氧池和缺氧池的过程中，有机物分别被聚磷菌和反硝化细菌利用，浓度降低后，接着废水进入好氧池，池中的硝化菌通过生物硝化作用将废水中的氨氮转化成硝酸盐。同时，聚磷菌除了吸收利用废水中残留的易降解 BOD 外，主要分解体内储存的 PHB 产生能量供自身生长繁殖，并主动超量吸收环境中的溶解磷，以聚磷的形式储存在体内，最终通过剩余污泥的排放，达到去磷的目的。最后，废水进入沉淀池进行泥水分离，上清液作为处理水排放，沉淀污泥则一部分回流到厌氧池，另一部分作为剩余污泥排放。

A^2/O 工艺是最简单的同步脱氮除磷工艺，该工艺总水力停留时间低于其他同类工艺，而且在厌氧–缺氧–好氧交替运行条件下，不易发生污泥膨胀，该工艺对 BOD 和 SS 去除率约为 90%～95%，总氮去除率为 70% 以上，磷去除率可达 90% [3]。

搭建的造纸废水 A^2/O 处理系统的实验装置示意图如 5-2 所示，废水处理自动控制系统的核心是 A^2/O 生化处理系统，其中厌氧池和缺氧池的有效容积均为 40 L，好氧池的有效容积为 160 L。

为了使进入生化反应器的废水水质均匀，在调节池安置搅拌机搅拌，厌氧池和缺氧池内也均安装有电动搅拌器。好氧池底部配备微孔曝气头，通过鼓风机为好氧池提供氧气，气体流量可通过调节鼓风机变频器频率进行控制，曝气量大小可通过流量计进行测量。进水泵和混合液回流泵均采用蠕动泵，可以通过调节泵的电压，进而达到改变进水量和混合液回流量的目的。为了测量进水和出水 COD，在调节池出水口和反应器出水口分别引一小管，废水可自流至切换槽，进行 COD 在线监测。

5.1.2　废水处理自动控制系统的硬件构成

实验室搭建的废水处理自动控制系统如图 5-3 所示，工业控制计算机 (Industrial Personal Computer，IPC) 作为上位机，可编程逻辑控制器 (Programmable Logic Controller，

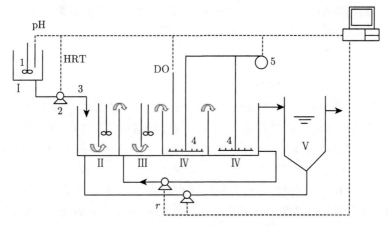

（Ⅰ）调节池; (Ⅱ)厌氧池; (Ⅲ)缺氧池; (Ⅳ)好氧池; (Ⅴ)沉降池;

(1) 搅拌器; (2) 蠕动泵; (3) 进水; (4) 曝气管; (5) 鼓风机

图 5-2　A²/O 工艺实验装置示意图

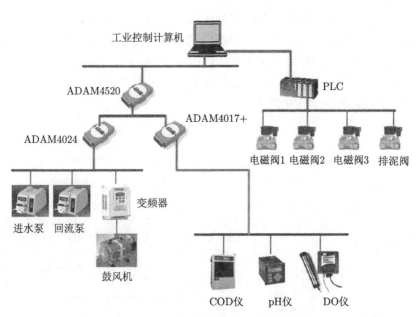

图 5-3　实验室废水处理自动控制系统

PLC) 作为下位机。IPC 是人机交互界面的场所,也是自动控制系统的监控中心,ADAM4520 是一个 RS232/485 转换器, 它是连接 ADAM4024、ADAM4017+ 和 IPC 之间通信的桥梁。ADAM4024 是 12 位分辨率 4 通道的数/模转换模块, 通过控制蠕动泵和变频器来调节进水流量、回流量和曝气量的大小。用户可在 IPC 中的组态软件 MCGS 构建的操作界面上改变蠕动泵的流量, 程序会自动将其转换为蠕动泵的转速, 从而控制进水流量和回流量。ADAM4017+ 是一个 16 位分辨率 8 通道双端模拟量输入的模/数转换模块, 在本系统中负责将在线检测得到的进出水 COD、好氧池溶解氧浓度值、进水 pH 转换成数字信号送入 IPC 的实时数据库中。电磁阀 1、电磁阀 2 和电磁阀 3 分别代表 3 个切换电磁阀,用来实现对进出水 COD 的测量,排泥阀用来控制污泥的排放。

5.1.3 废水处理自动控制系统的软件构成

1. STEP7-Micro/Win32 编程软件

STEP7 是西门子公司开发的用于 SIMATIC PLC 组态和编程的基本软件包,包含功能强大可适用于各种自动化项目任务的工具。编程设备可以是 PG(编程器) 或者 PC(个人计算机),通过编程电缆与 PLC 的 CPU 模块相连。用户可以在 STEP7 中编写程序和对硬件进行组态,并可将用户程序和硬件组态信息下载到 CPU 或者从 CPU 上载到 PG 或 PC。当程序下载调试完成以后,PLC 系统就可以执行各种自动任务。图 5-4 为 STEP7-Micro/Win32 编程软件的界面,在编程环境下编写本研究相关的 PLC 程序,然后再下载到 PLC 中。通过 PLC 程序实现进出水 COD 值的在线监测,按下 MCGS 组态界面上的"COD 测定启动按钮"开始测量 COD 值:首先电磁阀 1 打开,电磁阀 2 和 3 都关闭,原水持续 1 min 进入切换槽;第 1~31 min 内电磁阀 1、电磁阀 2 和电磁阀 3 均关闭,COD 监测仪抽水测量进水 COD,并将测量结果显示在 MCGS 组态软件界面上;第 31~32 min 内,电磁阀 1 和电磁阀 3 关闭,电磁阀 2 打开,排掉切换槽中剩余的水,以免影响出水 COD 的测量;在第 32~33 min 内,电磁阀 1 和电磁阀 2 关闭,出水持续 1 min 进入切换槽;第 33~63 min 内 COD 监测仪抽水测量出水 COD 值,并将测量结果显示在 MCGS 组态软件界面上;第 63~64 min 内,电磁阀 1 和电磁阀 3 关闭,电磁阀 2 打开,排掉切换槽中剩余的水,此时完成一个测量周期。

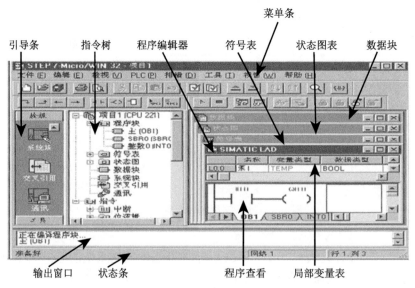

图 5-4   STEP7-Micro/Win32 编程软件界面

2. MCGS 软件的组态

MCGS 是为工业过程控制和实时监测领域服务的通用计算机系统软件,用其可视化的画面制作技术,可实现各种满足要求的仿真界面,特别适合开发人机交互界面。

MCGS 组态软件所建立的工程由主控窗口、设备窗口、用户窗口、实时数据库和运行策略 5 部分构成，每一部分都可通过组态操作，完成不同特性的工作。下面分别从这 5 个方面来介绍如何组态本书中的 A^2/O 废水处理工艺自动控制系统。

(1) 主控窗口组态

主控窗口是工程的主窗口，可以放置一个设备窗口和多个用户窗口。可实现的组态操作包括：定义工程的名称、编制工程菜单、设计封面图形、确定自动启动的窗口、设定动画刷新周期和指定数据库存盘文件名称及存盘时间等。

(2) 设备窗口组态

设备窗口用于连接和驱动外部设备，在本窗口内可配置数据采集与控制输出设备、注册设备驱动程序和定义连接与驱动设备的变量。MCGS 组态软件采用在串口通信父设备下挂接多个通信子设备的一种通信设备处理机制，各子设备继承父设备的一些公有属性，同时具有自己的私有属性。在实际操作时，MCGS 提供一个串口通信父设备构件和多个通信子设备构件，串口通信父设备构件完成对串口的基本操作和参数设置，通信子设备构件则为串行口实际挂接设备的驱动程序。本研究的设备窗口组态中，串口通信父设备下挂接了西门子 S7-200 型 PLC 和 ADAM4000 系列采集模块。

(3) 用户窗口组态

用户窗口主要用于设置工程中人机交互的界面，通过对图形对象的组态设置建立与实时数据库的连接，完成图形界面的设计工作。本研究在用户窗口中共建立了 A^2/O 废水处理自动控制系统、实时曲线、历史曲线和历史数据浏览 4 个界面。其中，A^2/O 废水处理自动控制系统界面是放置各图元、图符和动画构件的窗口，在工程运行时动画显示系统的运行状态并实时显示数据；实时曲线界面是显示一个或多个数据对象数值的动画图形；历史曲线界面就是将历史存盘数据从数据库中读出，以时间单位为横坐标，记录值为纵坐标进行曲线绘制；历史数据浏览界面可显示进水 COD、出水 COD、进水流量和进水 pH 等相关数据与时间的对应关系，方便用户查看。

(4) 实时数据库组态

在实时数据库内定义不同类型和名称的变量作为数据采集、处理、输出控制、动画连接和设备驱动的对象。本章研究中，在实时数据库窗口中建立了多个数据对象，包括数值型对象 (如进水流量浓度、混合液回流量、进水 pH、出水 COD 实测值、进水 COD 实测值、好氧池实测溶解氧)、开关型对象 (如电磁阀 1、电磁阀 2、电磁阀 3 和开始测 COD) 等。在系统运行中，从外部设备采集来的实时数据送入实时数据库，系统其他部分操作的数据也来自实时数据库。

(5) 运行策略组态

运行策略主要完成工程运行流程的控制，包括编写控制程序和选用各种功能构件。为了实现复杂工程系统的监控，MCGS 引入运行策略的概念，所谓运行策略就是用户为实现对系统运行流程自由控制所组态生成的一系列功能块的总称，它包括启动策略、退出策略、循环策略、用户策略、报警策略、事件策略和热键策略 7 种。图 5-5 为本节实验用到的几种策略，其中启动策略和退出策略为系统固有的两个策略块，启动策略在 MCGS 进入运行时，首先由系统自动调用执行一次，完成系统初始化功能；退出策略在 MCGS 退出运行前，由系统自动调用执行一次，完成系统善后处理功能。

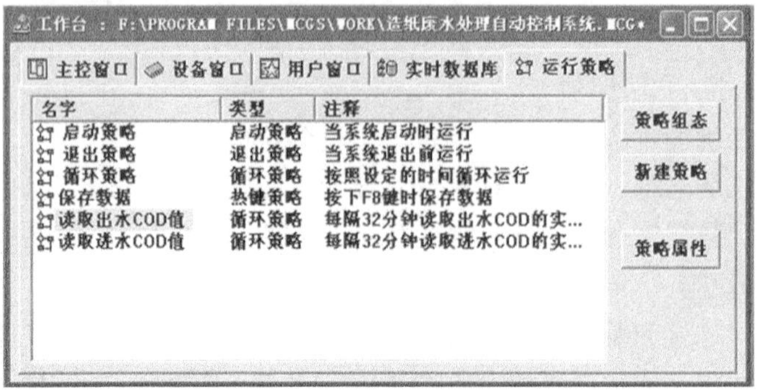

图 5-5   运行策略组态窗口示意图

5.2   基于神经网络和遗传算法的出水水质软测量

5.2.1   神经网络软测量模型的建构和优化

1. 数据的获取

所使用的实验装置如图 5-2 所示；实验原水采用模拟造纸废水配水所得，所用材料如表 5-1 所示。实验进水 COD 为 1 200 mg/L，进水 NH_4^+-N 为 32.3 mg/L，进水 PO_4^{3-}-P 为 10 mg/L。分别在可在线监测的 HRT、进水 pH、好氧池 DO 和混合液回流比 R 四个参数的不同组合下处理废水。实验过程中的进水流量和混合液回流量通过蠕动泵进行调节，HRT 选取 20 h、21.8 h、24 h、26.7 h 和 30 h 5 个水平；R 选取 1、2 和 3 三个水平进行实验。进水 pH 采用盐酸和氢氧化钠进行调节，控制在 6.3~8.3 内。每个实验周期为 24 h，每周期从沉降池中取上清液测量出水水质参数。出水氨氮浓度 ($NH_{4\ eff}^+$) 采用纳氏试剂分光光度法测定[4]。出水 COD(COD_{eff})、DO 和 pH 都通过在线分析仪进行在线监测，数据存储在工控机中。实验前 4 d，利用活性污泥进行预挂膜，并连续 30 d 使用实验配水驯化 A^2/O 生物膜，之后稳定运行 110 d，从处理数据中选取 90 组数据 (表 5-2) 用于构建神经网络软测量模型，其中前 60 组数据对软测量模型进行训练，后 30 组数据对软测量模型进行预测检验。

表 5-1 A^2/O 系统配水组成

组分	浓度/(mg·L^{-1})	组分	浓度/(mg·L^{-1})
NH_4Cl	80	蛋白胨	99
KH_2PO_4	20	尿素	4.7
葡萄糖	808	$FeSO_4·7H_2O$	1.9
淀粉	103	$ZnSO_4·7H_2O$	0.7
蔗糖	78	$MnSO_4·H_2O$	0.3
$MgCl_2·7H_2O$	39	$CuSO_4·5H_2O$	0.16
NaCl	35	H_3BO_3	0.086
$CaCl_2·2H_2O$	18	酵母提取物	0.86

表 5-2　实验数据样本

样本编号	HRT/h	pH	DO/(mg·L⁻¹)	R	COD_eff/(mg·L⁻¹)	NH₄⁺_eff/(mg·L⁻¹)	样本编号	HRT/h	pH	DO/(mg·L⁻¹)	R	COD_eff/(mg·L⁻¹)	NH₄⁺_eff/(mg·L⁻¹)
1	20	6.3	1.2	1	83.48	6.17	46	26.7	7.5	1.9	3	44.24	2.74
2	20	6.3	1.9	2	87.34	5.88	47	26.7	8.3	1.7	3	50.43	3.12
3	20	6.3	2.3	2	84.96	5.61	48	26.7	8.3	2.4	3	45.61	2.38
4	20	6.3	2.7	3	76.49	3.74	49	30	6.3	1.1	2	65.45	5.90
5	20	6.3	3.0	1	69.85	5.16	50	30	6.3	2.8	3	44.47	2.34
6	20	6.5	1.9	2	85.56	5.64	51	30	6.4	1.7	1	79.18	2.68
7	20	6.8	1.4	1	81.58	5.10	52	30	6.7	1.2	2	63.58	4.86
8	20	7.3	2.4	2	77.19	4.99	53	30	6.7	1.7	2	64.40	3.78
9	20	7.6	3.0	3	59.06	3.14	54	30	7.1	1.8	3	30.22	3.06
10	20	7.7	2.3	3	65.68	3.77	55	30	7.1	2.9	1	76.63	1.76
11	20	8.0	3.0	1	68.83	4.55	56	30	7.5	2.2	3	28.60	2.54
12	20	8.3	2.9	3	61.92	3.48	57	30	7.8	2.3	3	28.36	2.46
13	21.8	6.3	1.1	3	76.66	5.95	58	30	8.0	1.3	2	69.22	4.09
14	21.8	6.3	1.9	3	74.65	3.80	59	30	8.1	2.1	1	86.72	1.72
15	21.8	6.3	2.9	2	82.12	4.29	60	30	8.3	2.5	1	87.84	1.68
16	21.8	6.6	2.1	3	69.92	3.27	61	20	6.3	1.5	1	81.12	5.93
17	21.8	6.8	1.6	2	84.24	4.73	62	20	6.3	1.6	3	80.96	6.04
18	21.8	7.2	3.0	1	68.88	3.43	63	20	6.5	1.5	3	79.04	5.70
19	21.8	8.0	2.1	1	85.05	3.36	64	20	7.3	1.9	3	70.16	4.12
20	21.8	8.0	2.8	3	57.24	2.56	65	20	8.0	2.7	3	62.08	3.52
21	21.8	8.2	2.3	2	83.32	4.13	66	20	8.3	2.7	2	79.85	5.51
22	21.8	8.3	1.4	3	75.40	4.19	67	21.8	6.3	1.6	2	87.39	5.22
23	21.8	8.3	2.4	2	83.62	4.12	68	21.8	6.6	1.5	1	82.34	4.68
24	21.8	8.3	2.9	3	58.34	2.60	69	21.8	8.0	2.5	2	78.36	4.01
25	24	6.3	1.2	3	66.73	4.95	70	21.8	8.3	1.9	2	90.28	4.34
26	24	6.3	1.8	1	82.00	3.53	71	21.8	6.8	1.2	1	84.90	4.54
27	24	6.3	2.8	3	66.30	2.34	72	21.8	7.2	1.5	1	83.74	3.59
28	24	6.5	1.8	1	81.18	3.26	73	24	6.3	1.6	2	83.19	4.56
29	24	6.5	2.8	1	76.48	3.05	74	24	6.5	2.2	2	79.76	3.89
30	24	6.8	1.3	2	81.31	4.72	75	24	6.8	1.9	2	78.60	4.37
31	24	6.8	2.7	1	75.11	2.82	76	24	7.3	1.8	1	81.88	2.74
32	24	6.8	2.9	3	57.86	1.88	77	24	7.5	1.2	2	83.13	4.82
33	24	7.3	2.2	2	75.31	3.51	78	24	8.3	2.5	1	86.90	2.91
34	24	7.5	1.6	3	57.87	3.26	79	26.7	6.3	1.4	1	82.09	3.44
35	24	7.8	2.1	3	55.10	2.68	80	26.7	6.3	1.8	3	54.57	3.43
36	24	8.3	1.6	3	63.92	3.38	81	26.7	7.0	2.1	2	71.09	3.34
37	26.7	6.3	1.2	2	76.34	5.35	82	26.7	7.0	3.0	1	75.02	2.56
38	26.7	6.3	2.8	3	56.96	2.21	83	26.7	8.3	2.9	2	71.65	4.92
39	26.7	6.5	1.4	1	81.60	3.15	84	26.7	8.3	1.4	1	99.37	2.39
40	26.7	6.5	2.7	1	78.66	2.55	85	30	6.3	1.4	3	36.83	5.78
41	26.7	6.6	1.7	3	50.56	3.26	86	30	6.7	2.7	1	78.36	1.91
42	26.7	6.6	2.9	2	73.21	3.04	87	30	7.1	1.4	1	79.26	2.17
43	26.7	7.0	1.7	1	80.59	2.42	88	30	7.5	1.3	2	64.13	3.14
44	26.7	7.0	2.4	2	70.27	3.14	89	30	8.0	2.5	3	28.65	2.30
45	26.7	7.5	1.2	2	75.16	4.55	90	30	7.5	2.9	1	76.77	1.67

2. BP 神经网络结构和训练算法的确定

设计一个 BP 神经网络,一般应从网络的层数、每层中的神经元个数、传递函数和训练算法 4 个方面来考虑。BP 神经网络结构和算法的选取,尚缺乏通用的理论指导,一般是根据具体应用的不同而不同。在实际应用中一般采用不断尝试的方法,通过参考一些建议性意见并比较多种网络结构和算法的性能,最终确定性能较优的神经网络。本章 BP 神经网络的构建过程分为两步:首先选取较合适的传递函数和训练算法,然后再确定较优的隐含层神经元数。

(1) BP 神经网络层数的确定

BP 神经网络包含输入层、输出层和隐含层,输入层和输出层是确定的,确定网络的层数事实上就是要确定隐含层层数。一般来讲,隐含层层数越多 BP 神经网络的处理能力越强,可以达到的预测精度越高,但是训练将会越复杂,训练时间越长且网络的泛化能力也会随之下降。相关文献已经证明,对于在任何闭区间内的任意复杂的非线性关系,都可以用只含一个隐含层的 BP 神经网络来充分逼近,一个三层的 BP 神经网络可以完成任意的 n 维到 m 维的映射,多个隐含层和过多的隐含层神经元会使得网络结构复杂且容易造成过拟合 [5]。

(2) BP 神经网络输入输出层神经元个数的确定

输入层和输出层神经元的个数根据实际应用情况来确定。本节中选取可在线监测的 HRT、pH、DO 和 R 4 个参数作为输入变量,系统 COD_{eff} 或 $NH_{4~eff}^{+}$ 参数作为输出量。因此,本章所用 BP 神经网络输入层神经元个数为 4 个,输出层的神经元个数为 1 个。

(3) BP 神经网络隐含层神经元个数的确定

隐含层神经元的作用是从数据样本中挖掘内在规律,并将知识信息存储在隐含层神经元的连接权重中。隐含层神经元数量太少,网络从样本中获取知识的能力就差,隐含层神经元数量太多则可能出现过拟合。设置多少个隐含层神经元,取决于训练样本数的多少及样本中蕴含规律的复杂程度等多种因素。本章采用试错法确定隐含层神经元个数,在其他参数不变的情况下,固定收敛精度和迭代次数,用同一个数据样本集对采用不同隐含层神经元数的网络进行训练,选择网络误差最小时对应的隐含层神经元数。隐含层神经元个数的取值范围采用式 (5-1) 所示的常用经验公式进行确定:

$$l = \sqrt{m + n} + a \tag{5-1}$$

式中,l 为隐含层神经元数;m 为输入层神经元数;n 为输出层神经元数;a 为 1~10 的常数。因此,本章选取 $m=4$,$n=1$,$l=3$,4,$\cdots$,13 的 9 个神经网络进行训练和预测检验,再通过综合比较网络性能来确定较优的隐含层神经元数。

(4) BP 神经网络传递函数和训练算法的选择

BP 神经网络常用的传递函数,有 S 型对数函数 (logsig)、S 型双曲线正切函数 (tansig) 和线性函数 (purelin) 3 种,其数学表达式分别如式 (5-2)~ 式 (5-4) 所示,对应的曲线形状分别如图 5-6~ 图 5-8 所示。常用的训练算法则有 14 种。

为了比较训练算法和传递函数对 BP 神经网络性能的影响,本章用同一个实验数据样本集对使用不同传递函数和训练算法的 BP 神经网络进行训练和预测检验。

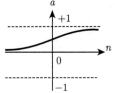

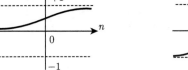

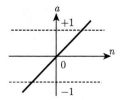

图 5-6　logsig 函数曲线图　　　图 5-7　tansig 函数曲线图　　　图 5-8　purelin 函数曲线

$$a = \text{logsig}(n) = \frac{1}{1 + \exp(-n)} \tag{5-2}$$

$$a = \text{tansig}(n) = \frac{2}{1 + \exp(-2 \times n)} - 1 \tag{5-3}$$

$$a = \text{purelin}(n) = n \tag{5-4}$$

3. 遗传算法对 BP 神经网络的优化

BP 算法的优点是算法推导清楚，学习精度较高；理论推导已证明，用 BP 算法可以逼近任何非线性函数。但是，BP 算法采用的是梯度下降法即最速下降法，由于 BP 神经网络训练过程中的最速下降方向只是对局部而言，对整体来说却不一定是最速下降方向；因此，BP 神经网络在学习过程中可能收敛于局部最优点。GA 作为一种新的全局优化搜索方法，具有简单通用、鲁棒性强和适于并行处理的优点，尤其适用于处理传统搜索方法难以解决的复杂非线性优化问题。GA-ANN 的主要训练机理就是利用遗传算法的强大全局搜索能力，在随机点集中对 BP 神经网络的权值和阈值进行全局搜索，定位最优解的初值区域，使得权值和阈值种群聚集在参数解空间的某几处，以此作为 BP 算法的初始权值和阈值；再用 BP 算法分别对其进行梯度搜索，最终求得最优解。本章采用遗传算法优化 BP 神经网络的具体流程如图 5-9 所示。

优化过程包含以下要素：

(1) 编码方法

编码方法采用实数编码，每个个体均为一个实数串，由输入层与隐含层连接权值，隐含层阈值，隐含层与输出层连接权值，输出层阈值 4 部分组成。以结构为 3-4-1 的 BP 神经网络为例，由于输入层有 3 个神经元，隐含层有 4 个神经元，输出层有 1 个神经元，则共有 3×4+4×1=16 个权值，4+1=5 个阈值，所以遗传算法个体编码长度为 16+5=21。

(2) 适应度值

根据个体得到 BP 神经网络的初始权值和阈值，用实验数据样本集对网络进行训练和预测检验，把预测输出和期望输出之间的误差绝对值之和作为个体适应度值，个体适应度值 F 定义如式 (5-5) 所示：

$$F = \sum_{i=1}^{n} |S_i - Y_i| \tag{5-5}$$

式中，n 是训练数据样本总数；S_i 是样本 i 的实际输出；Y_i 是样本 i 的预测输出。

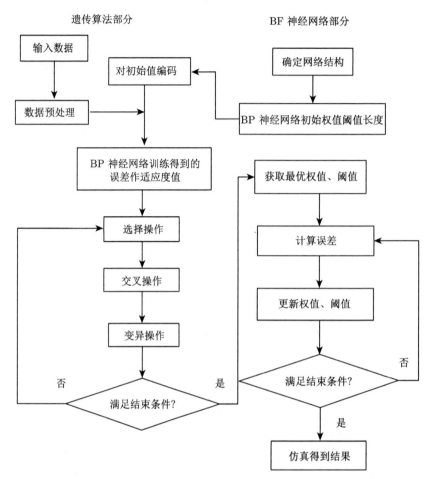

图 5-9 GA 优化 BP 神经网络流程图

(3) 选择操作

采用轮盘赌法对种群中的个体进行选择操作，个体被选中概率的计算方法如式 (5-6) 和式 (5-7) 所示：

$$f_i = 1/F_i \tag{5-6}$$

$$p_i = f_i / \sum_{i=1}^{N} f_i \tag{5-7}$$

式中，F_i 是个体 i 的适应度值；f_i 是个体 i 被选择到的概率；p_i 是 f_i 归一化后的值；N 是个体总数。

(4) 交叉操作

采用实数交叉法对种群中的个体进行交叉操作，第 k 个个体 a_k 和第 m 个个体 a_m 在第 j 位的交叉操作方法如式 (5-8) 和式 (5-9) 所示：

$$a_{kj} = a_{kj} \times (1-r) + a_{mj} \times r \tag{5-8}$$

$$a_{mj} = a_{mj} \times (1-r) + a_{kj} \times r \tag{5-9}$$

式中，r 是一个随机值。

(5) 变异操作

采用实数变异法对种群中的个体进行变异操作，个体 a_{ij} 的变异操作方法如式 (5-10) 和式 (5-11) 所示：

$$a_{ij} = \begin{cases} a_{ij} + (a_{ij} - \max a) \times \eta(g) & t > 0.5 \\ a_{ij} + (\min a - a_{ij}) \times \eta(g) & t < 0.5 \end{cases} \tag{5-10}$$

$$\eta(g) = t \times (1 - g/G)^2 \cdots \tag{5-11}$$

式中，g 是当前遗传代数；G 是总的遗传代数；t 是一个随机值。

4. 软测量模型性能评价指标

采用 RMSE、MAPE 和 R 三个指标对软测量模型的性能进行评价。

5.2.2　出水 COD 的软测量模型

1. 出水 COD 神经网络软测量模型结构和算法的确定

为了寻求具有较优结构和算法的出水 COD 的 BP-ANN 软测量模型，采用表 5-2 中的出水 COD 实验数据对使用不同传递函数和训练算法的结构为 4-5-1 的 BP 神经网络进行训练和预测仿真，其中前 60 组数据用于训练模型，后 30 组数据对模型进行预测验证。由于 BP 神经网络容易陷入局部最优值，因此本节采取多次初始化 (30 次) 网络权值和阈值的方法对 BP 神经网络进行训练，其中训练步数为 1 000 步，训练终止误差设为 0.000 01，其余参数使用默认值。通过综合比较 RMSE、MAPE 和 R 三个评判标准最终确定预测性能最好的 BP-ANN 软测量模型的隐含层及输出层的传递函数、训练算法和隐含层神经元数。选取预测时的 RMSE、MAPE 最小，R 最大的 BP 神经网络作为软测量模型。

结构为 4-5-1 的 BP 神经网络在不同传递函数和训练算法下的预测性能如图 5-10～图 5-12 所示。由图 5-10 和图 5-11 可知：当 tansig 作为输出层传递函数时，预测结果的均方根误差大多在 5 左右，平均绝对百分比误差大多在 5% 左右，效果较好，tansig 适合作为输出层的传递函数；当 logsig 作为输出层传递函数时，预测结果的均方根误差大多在 8 左右，平均绝对百分比误差大多在 10% 左右，效果不理想，logsig 不适于作为输出层的传递函数；当 purelin 作为输出层传递函数时，如果 logsig 或 tansig 为隐含层传递函数，效果较好，如果 purelin 为隐含层传递函数，预测结果的均方根误差大多在 9 左右，平均绝对百分比误差大多在 11% 左右，效果不理想。相对于其他 12 种训练算法，基于贝叶斯规则的训练算法 trainbr 和基于 Levenberg-Marquardt 最小二乘拟合的训练算法 trainlm 的整体效果较好。综合分析图 5-10～图 5-12 可知：隐含层传递函数为 logsig，输出层传递函数为 purelin，训练算法为 trainbr 时的 BP 神经网络对出水 COD 的预测性能最好，RMSE 为 0.945 9，MAPE 为 0.997 6%，R 达 0.997 97。

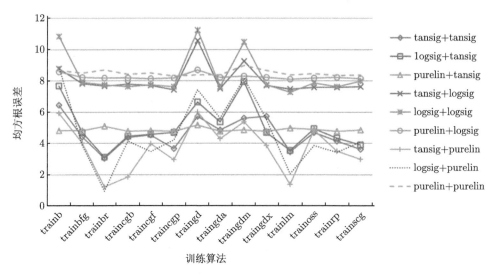

图 5-10　出水 COD 的不同传递函数和训练算法的均方根误差

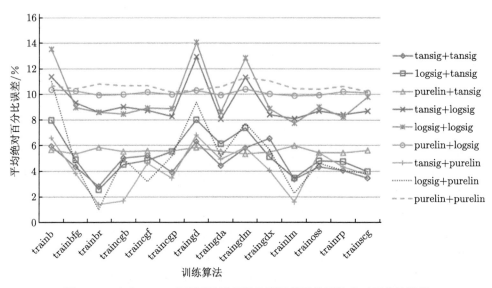

图 5-11　出水 COD 的不同传递函数和训练算法的平均绝对百分比误差

确定传递函数和训练算法后，根据式 (5-1) 对隐含层神经元数进行寻优，隐含层神经元数从 3 增加到 13 的过程中，BP 神经网络对出水 COD 的预测性能变化如图 5-13 所示。由图 5-13 可知，隐含层神经元数达到 5 个之后，BP 神经网络对出水 COD 的预测性能较好。隐含层神经元为 6 个时预测性能最好，均方根误差为 0.820 5，平均绝对百分比误差为 0.891 6％，相关系数达 0.998 43。因此选取结构为 4-6-1，隐含层传递函数为 logsig，输出层传递函数为 purelin，训练算法为 trainbr 的 BP 神经网络，作为出水 COD 的 BP-ANN 软测量模型。

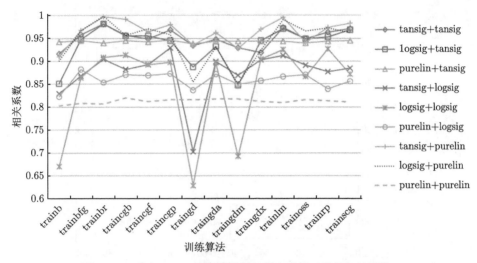

图 5-12　出水 COD 的不同传递函数和训练函数的相关系数

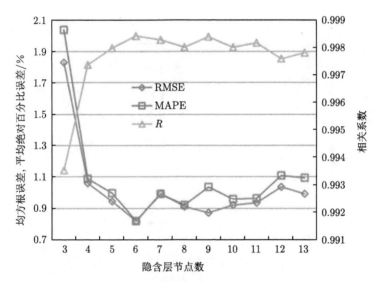

图 5-13　出水 COD 的不同隐含层节点数的均方根误差 (RMSE)、平均绝对百分比误差 (MAPE) 和相关系数 (R)

2. 出水 COD 神经网络软测量模型

出水 COD(COD$_{eff}$) 的 BP-ANN 软测量模型结构和算法确定之后,使用表 5-2 中的后 30 组数据对训练好的软测量模型进行验证仿真,仿真结果如图 5-14 所示,相应的相对误差 和验证数据 R 分别见图 5-15 和图 5-16。由图 5-15 和图 5-16 可知,在训练过程中,BP-ANN 软测量模型的最大相对误差为 5.058 9%,说明该软测量模型的训练是成功的,该软测量模 型具有很强的学习能力;对 COD$_{eff}$ 进行预测时,最大相对误差绝对值为 3.242 7%,均方 根误差为 0.820 5,平均绝对百分比误差为 0.891 6%,相关系数达 0.998 43。由此可以看 出,BP-ANN 软测量模型对整个工艺系统的出水 COD 值有很强的仿真预测能力。

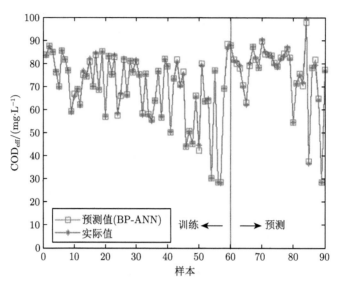

图 5-14 BP-ANN 软测量模型对出水 COD 的预测结果

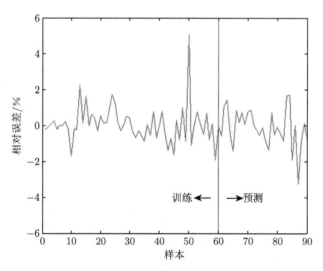

图 5-15 BP-ANN 软测量模型的训练和验证相对误差

3. 出水 COD 遗传神经网络软测量模型

构建好出水 COD 的 BP-ANN 软测量模型后，按照优化过程采用实数编码的遗传算法对 BP-ANN 软测量模型进行优化。优化过程如图 5-17 所示，遗传算法参数选取如下：交叉概率 p_c 为 0.4，变异概率 p_m 为 0.1，种群规模 N 为 10，遗传总代数 G 为 30。由图 5-17 可知，遗传个体在进化过程中，虽然种群的平均适应度值有很大的波动，但是整体趋势还是不断减小的，种群平均适应度初始值为 8.33，经过 30 代的进化之后降为 3.58。种群中最优个体的适应度值则随着进化逐渐降低，从最初的 4.66 降为 0.66。从图中可以看出，进化到第 10 代时，最优个体适应度就已经很小了；虽然之后种群平均适应度还是波动很大，

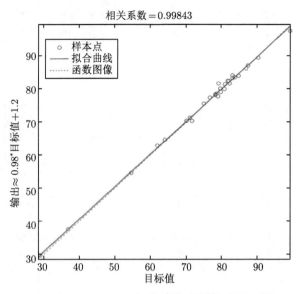

图 5-16 BP-ANN 软测量模型的验证相关系数

但是最优个体的适应度始终保持不变。这说明，本书所用的实数编码的遗传算法搜索效率高，寻优性能可靠。

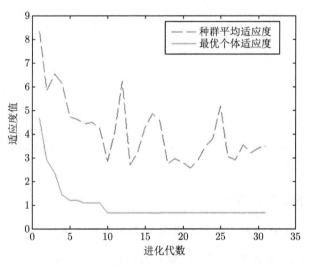

图 5-17 遗传算法优化人工神经网络过程

出水 COD 遗传神经网络 (GA-ANN) 软测量模型对实验数据的预测仿真结果如图 5-18 所示。GA-ANN 软测量模型在训练过程和预测过程中的相对误差如图 5-19 所示。图 5-20 给出了模型预测值与实际值的相关系数。由图 5-18、图 5-19 和图 5-20 可知，与 BP-ANN 软测量模型相比，GA-ANN 软测量模型预测性能更优；预测时的最大相对误差绝对值为 2.848 4%，均方根误差为 0.713 2，平均绝对百分比误差为 0.775 1%，相关系数为 0.998 9。

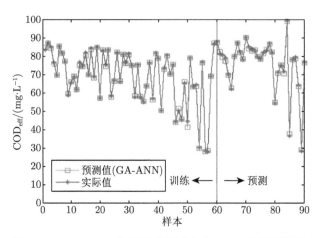

图 5-18　GA-ANN 软测量模型对出水 COD 的预测结果

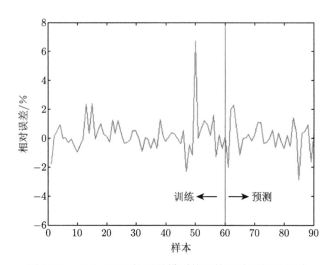

图 5-19　GA-ANN 软测量模型的训练和验证相对误差

5.2.3　出水氨氮浓度的软测量模型

1. 出水氨氮浓度的神经网络软测量模型结构和算法的确定

采用表 5-2 中的出水氨氮浓度实验数据对使用不同传递函数和训练算法的结构为 4-5-1 的 BP 神经网络进行训练和预测仿真，其中前 60 组数据用于训练网络，后 30 组数据对网络进行预测验证。采取多次初始化 (30 次) 网络权值和阈值的方法对 BP 神经网络进行训练，其中训练步数为 1 000 步，训练终止误差设为 0.000 01，其余参数使用默认值。BP 神经网络在不同传递函数和训练算法下的预测性能如图 5-21 ~ 图 5-23 所示。由图 5-21 和图 5-22 可知：当 tansig 作为输出层传递函数时，隐含层传递函数为 tansig 要比隐含层传递函数为 purelin 时的效果要好，隐含层传递函数为 logsig 时的模型性能则与波动很大，与使用的训练算法有关。当 logsig 作为输出层传递函数时，预测结果的均方根误

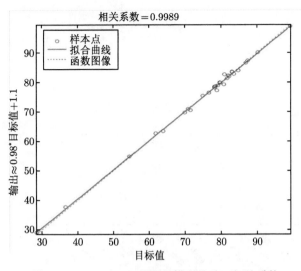

图 5-20　GA-ANN 软测量模型的验证相关系数

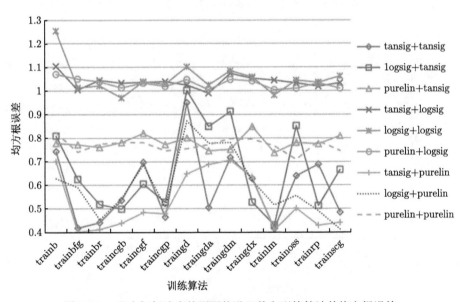

图 5-21　出水氨氮浓度的不同传递函数和训练算法的均方根误差

差大多大于 1，平均绝对百分比误差大多在 20% 左右，相关系数都小于 0.8；模型预测效果不理想，logsig 不适合作为输出层的传递函数。当 purelin 作为输出层传递函数时，如果 logsig 或 tansig 为隐含层传递函数，预测结果的均方根误差大多小于 0.7，平均绝对百分比误差基本小于 14%，相关系数大多高于 0.83，效果较好；如果 purelin 为隐含层传递函数，预测结果的均方根误差大多在 0.7 以上，平均绝对百分比误差大多大于 15%，相关系数小于 0.83，效果不理想。相对于其他 12 种训练算法，基于贝叶斯规则的训练算法 trainbr 和基于 Levenberg-Marquardt 最小二乘拟合的训练算法 trainlm 的整体效果较好。综合分析图 5-21～图 5-23 可知：隐含层传递函数为 tansig，输出层传递函数为 purelin，训练函数

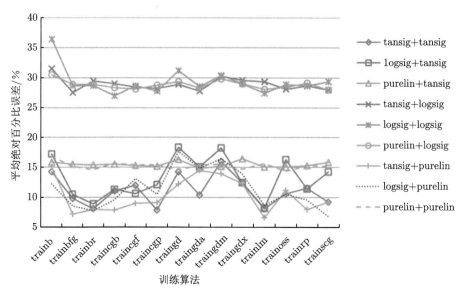

图 5-22　出水氨氮浓度的不同传递函数和训练算法的平均绝对百分比误差

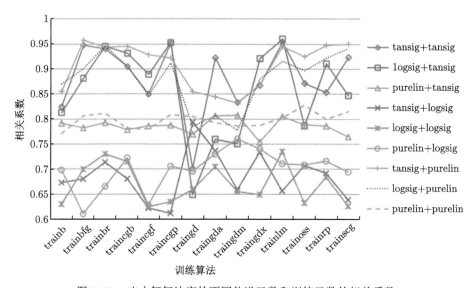

图 5-23　出水氨氮浓度的不同传递函数和训练函数的相关系数

为 trainlm 时的 BP 神经网络对出水氨氮浓度的预测性能最好，均方根误差为 0.410 5，平均绝对百分比误差为 6.661 1%，相关系数达 0.944 65。

确定传递函数和训练算法后，根据式 (5-1) 对隐含层节点数进行寻优；隐含层节点数从 3 增加到 13 的过程中，BP 神经网络对实验数据的预测性能变化如图 5-24 所示。由图 5-24 可知，随着隐含层节点数的增加，BP 神经网络对出水氨氮浓度的预测均方根误差和平均绝对百分比误差都在减小，相关系数值则在增大；隐含层节点数达到 11 个时，均方根误差和平均绝对误差都达到最小值，分别为 0.211 2 和 4.237 7%，相关系数为 0.990 15。因此，选取结构为 4-11-1，隐含层传递函数为 tansig，输出层传递函数为 purelin，训练算法为 trainlm 的 BP 神经网络作为出水氨氮浓度的 BP-ANN 软测量模型。

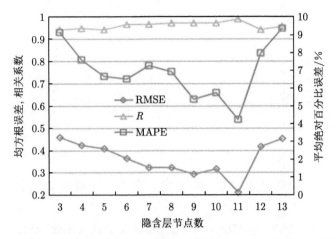

图 5-24　出水氨氮浓度的不同隐含层节点数的均方根误差、平均绝对百分比误差和相关系数

2. 出水氨氮浓度神经网络软测量模型

BP-ANN 软测量模型对表 5-2 中的出水氨氮 (NH$_4^+$ eff) 浓度数据样本进行预测仿真的结果如图 5-25～图 5-27 所示。由图 5-25～图 5-27 可知，在训练过程中，BP-ANN 软测量模型的最大相对误差绝对值可达 11.36%；对出水氨氮浓度进行预测时，最大相对误差绝对值为 8.56%，平均绝对百分比误差为 4.237 7%，均方根误差为 0.211 2，相关系数达0.990 15。由此可以看出，BP-ANN 软测量模型对整个工艺系统的出水氨氮浓度有很强的仿真预测能力。

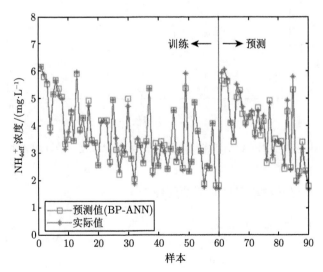

图 5-25　BP-ANN 软测量模型对出水氨氮浓度训练与预测结果

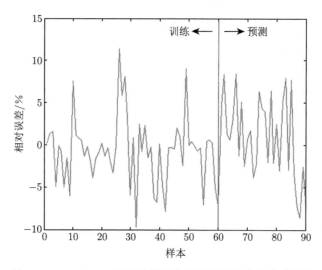

图 5-26 BP-ANN 软测量模型的训练预测结果和验证误差

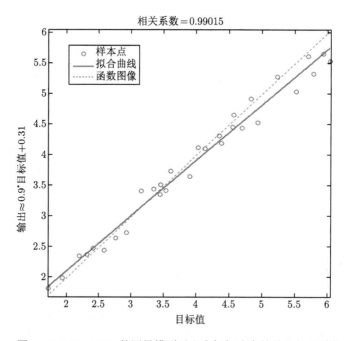

图 5-27 BP-ANN 软测量模型对出水氨氮浓度的验证相关系数

3. 出水氨氮浓度遗传神经网络软测量模型

按照优化过程采用实数编码的遗传算法对出水氨氮 BP-ANN 软测量模型进行优化。优化过程如图 5-28 所示，遗传算法参数选取如下：交叉概率 p_c 为 0.4，变异概率 p_m 为 0.1，种群规模 N 为 10，遗传总代数 G 为 35。由图 5-28 可知，遗传个体在进化过程中，虽然种群的平均适应度值有很大的波动，但是整体趋势还是不断减小的，种群平均适应度初始值为 10.70，经过 35 代的进化之后降为 5.10。种群中最优个体的适应度值则随着进化逐渐降低，从最初的 4.38 降为 1.72。从图中可以看出，进化到第 10 代时，最优个体适应度就已很小。

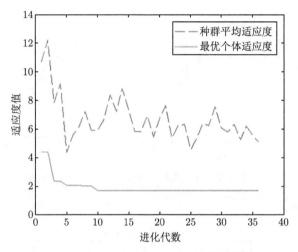

图 5-28　遗传算法优化 BP-ANN 软测量模型

GA-ANN 软测量模型对出水氨氮 ($NH_{4\ eff}^{+}$) 浓度实验数据的预测仿真结果如图 5-29 所示。GA-ANN 软测量模型在训练过程和预测过程中的相对误差如图 5-30 所示，图 5-31 给出了软测量模型预测值与实际值的相关系数。由图 5-29 ～ 图 5-31 可知，遗传算法优化后的软测量模型预测性能有所提高。在训练过程中，GA-ANN 的最大相对误差绝对值为 8.712 4%；预测时的最大相对误差绝对值为 8.729 8%，均方根误差为 0.203 1，平均绝对百分比误差为 3.864 1%，相关系数为 0.990 53。

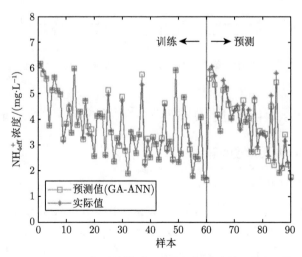

图 5-29　GA-ANN 软测量模型对出水氨氮浓度的训练与预测结果

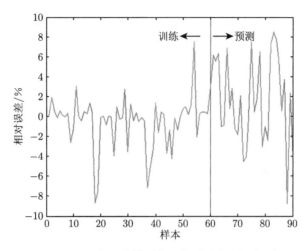

图 5-30   GA-ANN 软测量模型的训练预测结果和验证相对误差

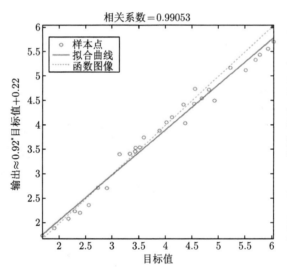

图 5-31   模型对出水氨氮浓度的验证的相关系数

5.3   基于自适应模糊神经网络的出水水质软测量

5.3.1   软测量模型结构及算法的确定

1. 数据的获取与预处理

所使用的试验装置如图 5-2 所示,试验原水采用模拟造纸废水配水所得,所用材料如表 5-1 所示。实验进水 COD 为 1 200 mg/L,进水 NH_4^+-N 浓度为 32.3 mg/L,进水 PO_4^{3-}-P 浓度为 10 mg/L。分别在所选可在线监测的水力停留时间 (HRT)、进水 pH(pH)、好氧池溶解氧 (DO) 和混合液回流比 (R) 四种参数组合下处理废水。实验中的进水流量和混合液回流量通过蠕动泵控制,废水水力停留时间为: 20 h、21.8 h、24 h、26.7 h 和 30 h;混合液回流比为 1、2 和 3。进水 pH 使用盐酸和氢氧化钠进行调节，控制在 6.3~8.3 内。每个实验周期为 24 h，每周期从沉降池中取上清液测量出水水质参数。出水氨氮浓度使用纳氏试剂分光光度法测定，进出水 COD、好氧池溶解氧浓度和进水 pH 都通过在线分析仪进行在线监测，数据存储在工控机中。实验前 4 d，利用活性污泥进行预挂膜，并连续 30 d 使用实验配水驯化 A²/O 生物膜，之后稳定运行 200 d，从处理数据中选取 150 组数据（图 5-32）。

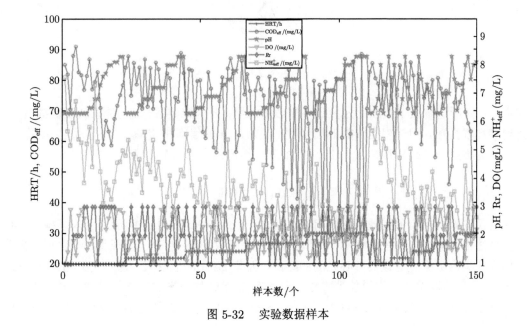

图 5-32　实验数据样本

为了确保输入值和输出值的统计分布大致均匀，使预测模型具有更高的精度，对数据进行归一化处理，使输入数据均在 0~1 内。进行标准化处理后，不论原始数据在数量级上有多大的差别，经过处理后的数据都能很好地反映数据之间的规律。

2. 自适应模糊聚类算法

模糊 C 均值聚类算法是硬 C 均值聚类算法的推广，是目前模糊聚类算法的主要实用算法，被广泛地应用于模式识别、图像处理和数据挖掘等领域，也可用于解决模糊神经网络构建过程中模糊规则的确定问题[5]。模糊 C 均值聚类是用隶属度确定每个数据点属于某个聚类的程度的一种聚类算法。该方法首先随机选取若干聚类中心，对所有数据点都分别赋予对各个聚类中心一定的模糊隶属度，然后通过迭代方法不断修正聚类中心。迭代过程中以极小化所有数据点到各个聚类中心的距离与隶属度值的加权和为优化目标。迭代过程在达到最大迭代次数或两次迭代的目标函数值减小的程度，小于给定的最小增量准则时结束[6]。假设样本观测数据矩阵为 $\boldsymbol{X} = \{x_1, x_2, \cdots, x_n\}$，其中 $\boldsymbol{x}_i = [x_{1i}, x_{2i}, \cdots, x_{pi}]^{\mathrm{T}}$，模糊 C 均值聚类就是求使聚类目标函数 $J(U, V)$ 最小的隶属度矩阵 $\boldsymbol{U} = [u_{ij}]_{c \times n}$ 及聚类中心 $V = \{v_1, v_2, \cdots, v_c\}$，其中 $\boldsymbol{v}_i = [v_{1i}, v_{2i}, \cdots, v_{pi}]^{\mathrm{T}}$；计算公式如式 (5-12) ~ 式 (5-14)

所示。

$$\{\boldsymbol{x}_1, \boldsymbol{x}_2, \cdots, \boldsymbol{x}_n\} = \begin{bmatrix} x_{11} & x_{12} & \cdots & x_{1n} \\ x_{21} & x_{22} & \cdots & x_{2n} \\ \vdots & \vdots & & \vdots \\ x_{p1} & x_{p2} & \cdots & x_{pn} \end{bmatrix} \tag{5-12}$$

$$J\left(\boldsymbol{U}, V\right) = \sum_{i=1}^{c} \sum_{j=1}^{n} u_{ij}^m d_{ij}^2 \tag{5-13}$$

$$\sum_{i=1}^{c} u_{ij} = 1, 1 \leqslant j \leqslant n, 2 \leqslant c \leqslant n \tag{5-14}$$

式中，p 为所选参数个数；n 为参数观测数据总数；c 为聚类数；u_{ij} 是隶属度函数值。m 为模糊加权指数，用于表征分类的模糊度。通常，m 的值都在 1.5~2.5；本章中 m 的值取 2。d_{ij} 为数据 $\boldsymbol{x}_j$ 到聚类中心 $\boldsymbol{v}_i$ 的欧氏距离，其值由式 (5-15) 计算得出。

$$d_{ij} = \|\boldsymbol{x}_j - \boldsymbol{v}_i\| \tag{5-15}$$

为保证聚类分析的有效性，将有效性函数 $B(c)$，如式 (5-18) 所示，引入模糊 C 均值聚类算法中，形成自适应模糊 C 均值聚类算法。函数 $B(c)$ 的分子表征类与类之间的距离，分母表征类内数据点与该类中心之间的距离，因此 $B(c)$ 的值越大，说明分类越合理，对应 $B(c)$ 值最大的聚类数 c 为最佳聚类数。自适应模糊 C 均值聚类算法的具体步骤如下。

Step1：给定迭代标准 $\varepsilon = 0.001$，$k = 0$，$c = 2$，$B(1) = 0$；选取 [0,1] 上的均匀分布随机数为初始聚类中心 $V^{(0)}$；

Step2：通过式 (5-16) 计算第 k 步的隶属度矩阵 $\boldsymbol{U}^{(k)}$；

$$u_{ij}^{(k)} = \frac{1}{\displaystyle\sum_{r=1}^{c} \left(\frac{d_{ij}^{(k)}}{d_{rj}^{(k)}}\right)^{\frac{2}{m-1}}} \tag{5-16}$$

Step3：通过式 (5-17) 修正聚类中心 $V^{(k+1)}$；

$$\boldsymbol{v}_i^{(k+1)} = \frac{\displaystyle\sum_{j=1}^{n} \left(u_{ij}^{(k)}\right)^m \boldsymbol{x}_j}{\displaystyle\sum_{j=1}^{n} \left(u_{ij}^{(k)}\right)^m} \tag{5-17}$$

Step4：若 $|V^{(k+1)} - V^{(k)}| \leqslant \varepsilon$ 则迭代停止，否则 $k = k + 1$，转到 Step2；

Step5：由式 (5-18) 和式 (5-19) 计算有效性函数 $B(c)$，在 $c > 2$ 且 $c < n$ 的情况下，若 $B(c-1) > B(c-2)$ 且 $B(c-1) > B(c)$，则聚类过程结束；否则，置 $c = c + 1$，转向

Step 1。

$$B\left(c\right)=\dfrac{\dfrac{\displaystyle\sum_{i=1}^{c}\sum_{j=1}^{n}u_{ij}^m\left\|\boldsymbol{v}_i-\bar{\boldsymbol{x}}\right\|^2}{(c-1)}}{\dfrac{\displaystyle\sum_{i=1}^{c}\sum_{j=1}^{n}u_{ij}^m\left\|\boldsymbol{x}_j-\boldsymbol{v}_i\right\|^2}{(n-c)}} \tag{5-18}$$

$$\bar{\boldsymbol{x}}=\dfrac{\displaystyle\sum_{i=1}^{c}\sum_{j=1}^{n}u_{ij}^m\boldsymbol{x}_j}{n} \tag{5-19}$$

式中，$\bar{\boldsymbol{x}}$ 为总体数据样本的中心向量。

　3. 自适应模糊神经网络的结构及算法

　　模糊神经网络是按照模糊逻辑系统的运算步骤分层构造，再利用神经网络算法进行学习的模糊系统。由于模糊逻辑系统可和多种神经网络相结合生成模糊神经网络，所以模糊神经网络的结构和学习算法也多种多样，其中较常用的是基于 Takagi-Sugeno 推理的自适应模糊神经网络结构及其算法[7]。以含两个输入变量 (I_1 和 I_2)、一个输出变量和三条模糊规则的一阶 Takagi-Sugeno 型自适应模糊神经网络为例，其拓扑结构如图 5-33 所示，模糊规则库可表示如下：

　　Rule 1: If I_1 is A_1 and I_2 is B_1, then $f_1=a_1I_1+b_1I_2+c_1$

　　Rule 2: If I_1 is A_2 and I_2 is B_2, then $f_2=a_2I_1+b_2I_2+c_2$

　　Rule 3: If I_1 is A_3 and I_2 is B_3, then $f_3=a_3I_1+b_3I_2+c_3$

其中：A_i 和 $B_j(i,j=1,2,3)$ 分别是输入变量 I_1 和 I_2 的隶属函数。a_i、b_j 和 $c_k(i,j,k=1,2,3)$ 是网络后件参数。

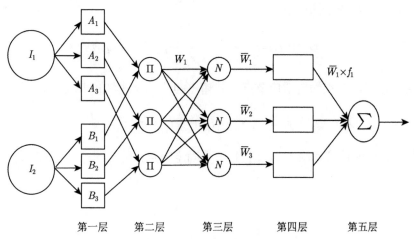

第一层　　　第二层　　　　第三层　　　　　第四层　　　　　第五层

图 5-33　双输入和三调模糊规则自适应模糊神经网络结构

第一层：该层每个节点代表一个语言变量值，它的作用是计算各输入分量属于各语言变量值模糊集合的隶属度，计算公式如式 (5-20) 和式 (5-21) 所示：

$$O_{1,i}^1 = \varphi_{A_i}(I_1) \tag{5-20}$$

$$O_{2,j}^1 = \varphi_{B_j}(I_2) \tag{5-21}$$

式中，I_1 和 I_2 是输入量；A_i 和 B_j 是语言变量值；φ_{A_i} 和 φ_{B_j} 分别是 A_i 和 B_j 的隶属函数，常用的隶属函数有高斯函数、钟形函数、三角函数和梯形函数如下所示。

高斯函数：

$$\varphi(I) = e^{-\frac{(I-c)^2}{2\sigma^2}} \tag{5-22}$$

钟形函数：

$$\varphi(I) = -\frac{1}{1 + \left(\dfrac{I-c}{a}\right)^{2b}} \tag{5-23}$$

三角形函数：

$$\varphi(I) = \max\left[\min\left(\frac{I-a}{b-a}, \frac{c-I}{c-b}\right), 0\right] \tag{5-24}$$

梯形函数：

$$\varphi(I) = \max\left[\min\left(\frac{I-a}{b-a}, 1, \frac{c-I}{c-b}\right), 0\right] \tag{5-25}$$

式中，a、b、c 和 σ 为自适应模糊神经网络前件参数。

第二层：该层的节点用 Π 表示，作用是将输入信号相乘，计算公式如式 (5-26) 所示：

$$O_i^2 = w_i = \varphi_{A_i}(I_1) \times \varphi_{B_i}(I_2); \quad i = 1, 2, 3 \tag{5-26}$$

第三层：该层的节点用 N 表示，第 i 个节点计算第 i 条规则 w_i 与全部规则 w 值之和的比值，计算公式如式 (5-27) 所示：

$$O_i^3 = \overline{w_i} = \frac{w_i}{w_1 + w_2 + w_3}; \quad i = 1, 2, 3 \tag{5-27}$$

第四层：该层的节点为自适应节点，其输出的计算公式如式 (5-28) 所示：

$$O_i^4 = \overline{w_i} \times f_i = w_i \times (\alpha_i I_1 + \beta_i I_2 + \sigma_i); \quad i = 1, 2, 3 \tag{5-28}$$

第五层：该层的单节点用 Σ 表示，是一个固定节点，用于计算所有输入信号的总输出，计算公式如式 (5-29) 所示：

$$O_i^5 = \sum_i \overline{w_i} \times f_i = \frac{\sum\limits_i w_i \times f_i}{\sum\limits_i w_i} \tag{5-29}$$

4. 自适应模糊神经网络软测量模型结构和参数的确定

模糊 C 均值聚类算法被广泛用于解决模糊规则的确定问题，它可以和模糊神经网络建模一起使用，把模糊神经系统中的规则数作为设计参数，根据输入输出数据对来确定模糊规则的数目。为了实现 ANFIS 软测量模型模糊规则数的自动寻优，首先利用自适应模糊 C 均值聚类算法进行输入空间划分，得到有效性函数值为：$B(2) = 1037.3$，$B(3) = 1779.7$，$B(4) = 2354.8$，$B(5) = 2866.8$，$B(6) = 3000.2$，$B(7) = 3126.1$，$B(8) = 3217.5$，$B(9) = 3310.7$，$B(10) = 3242.1$。可知数据分为 9 个聚类最优，聚类中心如表 5-3 所示。ANFIS 软测量模型的输入参数有 4 个，输入数据为四维，为了能够直观地观察数据特征值经过自适应模糊 C 均值聚类后的效果，特选取两组特征值绘出其聚类结果的二维图形，如图 5-34 所示。

表 5-3　实验数据聚类中心

聚类号	HRT/h	pH	DO 浓度/(mg·L^{-1})	R
1	20.12	6.51	1.75	1.64
2	29.97	7.04	1.74	1.24
3	23.92	6.92	2.02	1.28
4	26.67	6.99	2.36	2.73
5	23.91	7.15	1.96	2.72
6	26.68	6.85	2.03	1.37
7	21.75	6.86	1.80	1.84
8	29.97	7.84	2.14	2.56
9	20.22	7.76	2.46	2.69

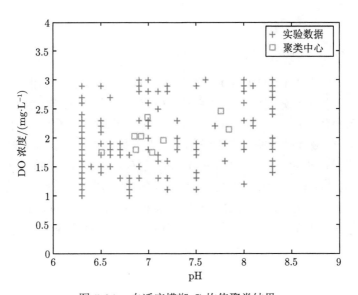

图 5-34　自适应模糊 C 均值聚类结果

自适应模糊神经网络第二层常用的隶属函数有高斯函数、钟形函数、三角函数和梯形函数 4 种,分别如式 (5-22) ~ 式 (5-24) 和式 (5-25) 所示。选取预测值和实际值之间的均方根误差、平均绝对百分比误差和相关系数作为判别标准,经过多次尝试最终确定了 ANFIS 软测量模型的较优运行参数,如表 5-4 所示。为了比较 ANFIS 软测量模型的预测性能,构建 GA-ANN 软测量模型与其对比。GA-ANN 软测量模型具体的结构和算法如表 5-4 所示。

表 5-4　ANFIS 和 GA-ANN 软测量模型参数的确定

软测量模型类型	基本结构		出水 COD 软测量模型		出水氨氮软测量模型	
	参数名称	参量/个	参数名称	参量	参数名称	参量
ANFIS 软测量模型	总层数	5	隶属函数	高斯函数	隶属函数	高斯函数
	输入输出层外层数	3	训练步数	800	训练步数	1000
	输入层节点数	4	模糊规则数/个	9	模糊规则数/个	9
	输出层节点数	1				
GA-ANN 软测量模型	总层数	3	隐含层节点数/个	7	隐含层节点数/个	10
	隐含层数	1	训练步数/步	1000	训练步数/步	900
	输入层节点数	4	种群规模	100	种群规模	100
	输出层节点数	1	最大遗传代数	15	最大遗传代数	20
			交叉概率	0.4	交叉概率	0.4
			变异概率	0.1	变异概率	0.1

首先根据废水的特征确定了废水处理的工艺流程,然后在实验室搭建自动控制系统;介绍了自动控制的硬件设施,同时完成对 PLC 控制程序和 MCGS 组态的设计,为建立模型的实现做好准备。

5.3.2　出水 COD 的软测量模型

1. 出水 COD 自适应模糊神经网络软测量模型

采用表 5-2 中的出水 COD(COD$_{eff}$) 实验数据样本对 ANFIS 软测量模型训练之后,模型的前件参数和后件参数分别如表 5-5 和表 5-6 所示。A^2/O 工艺出水 COD 与 ANFIS 软测量模型的输入参数 (HRT、pH、DO 和 R) 的关系如图 5-35 所示。由图可知,系统出水 COD 与 ANFIS 软测量模型输入参数间具有复杂的非线性关系。DO 浓度值越大,COD 去除率越高;当回流比为 1.5,进水 pH 为 7.5 左右时,A^2/O 系统的 COD 去除性能最好。ANFIS 软测量模型对出水 COD 的预测仿真结果如图 5-36 所示,相应的相对误差见图 5-37。由图 5-37 可知,在训练 ANFIS 软测量模型过程中,实际值与预测值之间的最大相对误差绝对值为 2.303 4%;模型预测时,其最大相对误差绝对值为 5.401 4%。

表 5-5 出水 COD 的 ANFIS 软测量模型的前件参数

聚类号	HRT/h		pH		DO 浓度/$(\text{mg} \cdot \text{L}^{-1})$		R	
	方差 σ	中心 c	方差 σ	中心 c	方差 σ	中心 c	方差 σ	中心 c
1	1.381	22.80	0.293 8	7.447	0.359 3	2.403	0.438	2.944
2	1.194	26.68	0.266 4	7.447	0.295 0	2.260	0.368 6	2.971
3	1.552	21.73	0.455 3	6.945	0.429 6	1.661	0.220 6	1.711
4	1.520	21.7	0.534 6	6.994	0.463 0	1.950	0.243 4	2.405
5	1.459	21.51	0.580 3	7.100	0.484 0	2.011	0.477 3	1.861
6	1.576	26.96	0.255 9	7.053	0.345 8	1.981	0.449 9	1.150
7	1.601	29.98	0.298 9	7.644	0.373 6	2.042	0.379 2	3.003
8	1.945	29.31	0.266 1	7.122	0.456 8	2.160	0.399 0	2.316
9	1.582	26.71	0.267 0	7.050	0.340 2	2.069	0.373 1	1.522

表 5-6 出水 COD 的 ANFIS 软测量模型的后件参数

聚类号	a	b	c	d	e
1	−0.963 3	−3.435	−9.811	50.58	−19.47
2	16.800	0.544 4	−4.104	−45.59	−264.2
3	−1.817	−3.411	−26.26	130.9	−95.12
4	−5.764	−23.95	2.111	−57.14	497.9
5	1.232	1.588	−12.45	5.272	66.41
6	−1.618	7.661	−9.044	−51.07	127.5
7	−4.782	7.581	−4.015	−38.23	236.3
8	−6.012	−3.152	0.163 1	−27.96	320.5
9	5.912	−9.929	−14.44	−20.53	66.83

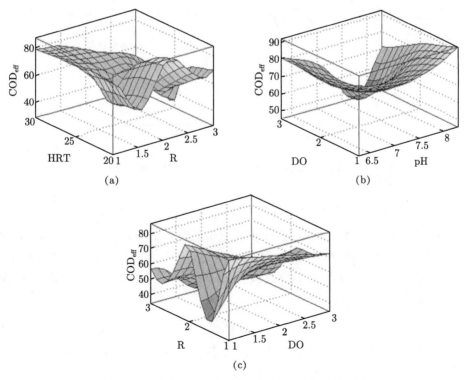

图 5-35 出水 COD 与各控制因素间的相关关系图

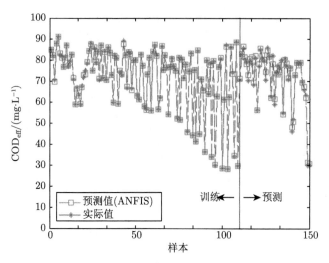

图 5-36   ANFIS 软测量模型对出水 COD 的预测结果

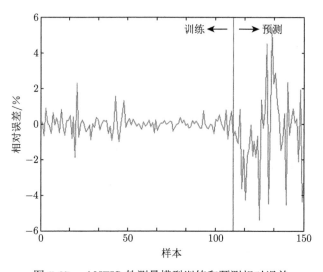

图 5-37   ANFIS 软测量模型训练和预测相对误差

2. 出水 COD 遗传神经网络软测量模型

GA-ANN 软测量模型对出水 COD 的预测仿真结果如图 5-38 所示，相应的相对误差见图 5-39。由图 5-39 可知，在训练 GA-ANN 软测量模型过程中，实际值与预测值之间的最大相对误差绝对值为 13.233%；软测量模型预测时，其最大相对误差绝对值为 8.508 6%。

3. 软测量模型分析比较

ANFIS 软测量模型和 GA-ANN 软测量模型对 A^2/O 出水 COD 的预测仿真各性能指标如表 5-7 所示。虽然两个软测量模型在训练过程中所用的数据样本及验证用的数据都是一样的。但是，从表 5-7 可以看出，与 GA-ANN 软测量模型相比，ANFIS 软测量模型具有更优的预测性能。仅采用可在线监测的 HRT、pH、DO 和 R 4 个参数作为模型的输入

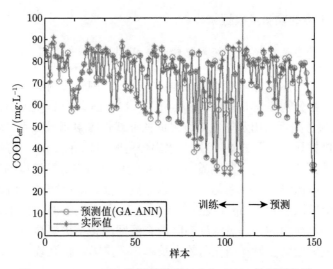

图 5-38　GA-ANN 软测量模型对出水 COD 的预测结果

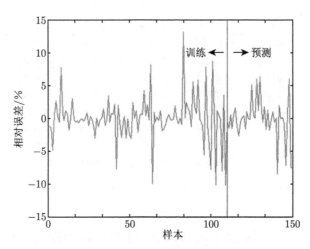

图 5-39　GA-ANN 软测量模型训练和预测相对误差

参量，ANFIS 软测量模型就能从训练数据中很好地学习到出水 COD 在 A²/O 工艺中的去除特性，从而较好地实现了对出水 COD 的在线实时软测量。

表 5-7　ANFIS 和 GA-ANN 软测量模型对出水 COD 的预测性能

		ANFIS 软测量模型	GA-ANN 软测量模型
均方根误差	训练	0.370 5	1.884 6
	预测	1.631 7	1.832 4
平均绝对百分比误差/%	训练	0.895 0	5.538 4
	预测	1.845 8	2.073 0
相关系数	训练	0.999 7	0.992 2
	预测	0.992 8	0.990 6

5.3.3　出水氨氮浓度的软测量模型

1. 出水氨氮浓度自适应模糊神经网络软测量模型

采用表 5-2 中的出水氨氮浓度实验数据样本对 ANFIS 软测量模型训练之后，模型的前件参数和后件参数分别如表 5-8 和表 5-9 所示。ANFIS 软测量模型能够通过三维曲面图 (图 5-40) 直观反映各因素与出水氨氮浓度之间的非线性映射函数关系，可为 A²/O 系统的高效稳定运行提供指导。由图 5-40 可知，水力停留时间、进水 pH、好氧池溶解氧浓度及混合液回流比 4 个工艺参数共同影响着 A²/O 系统去除出水氨氮浓度的效果。水力停留时间延长，系统出水氨氮浓度去除率提高；出水氨氮浓度去除率随着回流比的增大先增大后减小。好氧池溶解氧浓度为 2 mg/L 左右，进水 pH 在 7 左右时，出水氨氮浓度最低。溶解氧浓度过高，好氧池中的溶解氧浓度会随混合液回流带至厌氧池中，影响反硝化反应的进行；溶解氧浓度太低则会限制硝化菌的生长率，严重影响脱氮效果。

表 5-8　出水氨氮浓度的 ANFIS 软测量模型的前件参数

聚类号	HRT/h		pH		DO 浓度/(mg·L⁻¹)		R	
	方差 σ	中心 c	方差 σ	中心 c	方差 σ	中心 c	方差 σ	中心 c
1	1.246	24.16	0.38	7.065	0.277	2.049	0.403	2.823
2	1.357	21.82	0.423 7	7.844	0.276 1	2.299	0.380 9	2.137
3	1.32	21.8	0.426 2	6.681	0.411 7	1.649	0.299 7	1.897
4	1.51	20.1	0.276 9	6.554	0.166 7	1.625	0.416 4	1.828
5	1.224	24.07	0.345 8	6.949	0.355 7	1.804	0.488 9	1.341
6	1.433	20.1	0.525 6	7.545	0.281 1	2.396	0.487 2	2.832
7	1.306	26.71	0.336 5	6.809	0.297 2	1.974	0.402 4	1.837
8	1.833	29.9	0.302 2	7.474	0.298 8	1.972	0.421 4	2.456
9	1.829	29.91	0.411 4	7.567	0.244 1	2.160	0.416 1	1.283

表 5-9　出水氨氮浓度的 ANFIS 软测量模型的后件参数

聚类号	a	b	c	d	e
1	−0.207 2	−0.328 1	−1.044	5.309	−3.696
2	−0.247	0.413 4	−0.422 2	0.623 1	5.791
3	−0.741 6	−1.402	−1.919	0.187 9	33.27
4	−0.703 5	−0.850 2	0.868 7	−0.229 7	24
5	−0.346 7	−0.730 2	−0.564 6	4.456	13.02
6	−0.610 5	−0.136 3	−0.797 6	−2.551	26.55
7	0.215 9	−0.964 7	−0.763 9	0.732 2	4.396
8	−0.021 13	0.0566	−1.072	−0.392	6.412
9	−0.156 2	−0.135 5	−0.167 9	1.443	6.436

ANFIS 软测量模型对出水氨氮 (NH_4^+ eff) 浓度的预测仿真结果和相对误差如图 5-41 和图 5-42 所示。由图 5-42 可知，在训练 ANFIS 软测量模型过程中，实际值与预测值之间的最大相对误差绝对值为 5.128 3%；软测量模型预测时，其最大相对误差绝对值为 6.651 3%。

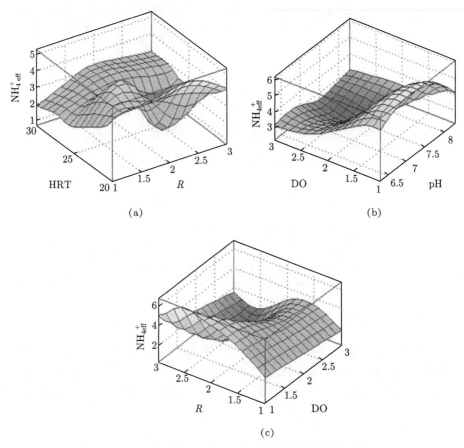

图 5-40　出水氨氮浓度与各项影响因素相关关系图

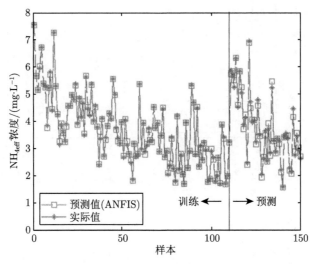

图 5-41　ANFIS 软测量模型对出水氨氮浓度的预测结果

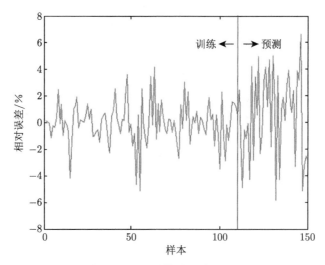

图 5-42　ANFIS 软测量模型训练和预测相对误差

2. 出水氨氮浓度遗传神经网络软测量模型

GA-ANN 软测量模型对出水氨氮 ($NH_{4\ eff}^{+}$) 浓度的预测仿真结果如图 5-43 所示，相应的相对误差见图 5-44。由图 5-44 可知，在训练 GA-ANN 软测量模型过程中，实际值与预测值之间的最大相对误差绝对值为 8.990 0%；软测量模型预测时，其最大相对误差绝对值为 9.344 0%。

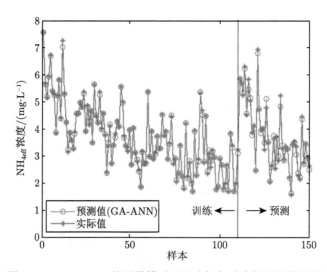

图 5-43　GA-ANN 软测量模型对出水氨氮浓度的预测结果图

3. 软测量模型分析比较

ANFIS 软测量模型和 GA-ANN 软测量模型对 A^2/O 出水氨氮浓度的预测仿真各性能指标如表 5-10 所示。从表 5-10 可以看出，与 GA-ANN 软测量模型相比，ANFIS 软测量

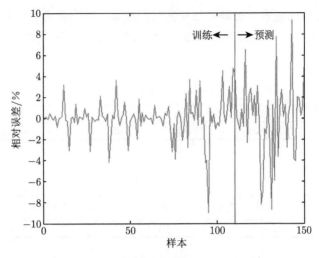

图 5-44　GA-ANN 软测量模型的训练和预测相对误差

模型具有更小的均方根误差和平均绝对百分比误差及更大的预测相关系数值，可更好地实现对出水氨氮浓度的在线实时软测量。

表 5-10　ANFIS 和 GA-ANN 软测量模型对出水氨氮浓度的预测性能

		ANFIS 软测量模型	GA-ANN 软测量模型
均方根误差	训练	0.046 9	0.058 2
	预测	0.129 1	0.144 8
平均绝对百分比误差/%	训练	3.026 6	2.960 2
	预测	2.898 4	2.754 3
相关系数	训练	0.999 3	0.998 9
	预测	0.995 1	0.993 6

5.4　基于 GA-BP 和动力学模型的邻苯二甲酸二丁酯降解预测模型

　　通过分析造纸废水的水质成分，选定造纸废水中典型有机物污染物邻苯二甲酸二丁酯作为研究对象，研究 A²/O 处理系统对邻苯二甲酸酯的去除特性，以及针对影响邻苯二甲酸酯在处理过程中的降解因素的分析，进行了相应的序批式试验，确定了水相和泥相中邻苯二甲酸酯降解的动力学参数，建立了邻苯二甲酸酯在厌氧–缺氧–好氧状态下的去除动力学模型 (考虑吸附作用)。最后，结合 GA 算法和 BP 神经网络对整个降解过程进行建模，用于反映各种不同的因素对邻苯二甲酸酯降解的影响作用。

5.4.1　实验材料和方法

　　1. 实验工艺条件

　　所使用的实验装置如图 5-2 所示的 A²/O 生化处理系统。所有反应器均由有机玻璃材料制成，其中厌氧池与缺氧池的有效容积均为 40 L，好氧池的有效容积为 160 L。不同研究阶段采用不同性质的进水，去除特性研究阶段进水为取自东莞某造纸厂的造纸废水，其水质参数如表 5-11 所示，运行参数具体见表 5-12，动力学模型建立阶段进水采用人工配水，具体详见表 5-13。

表 5-11　造纸废水主要水质指标　　　　（单位：mg·L^{-1}）

指标	总 COD	BOD	TOC	SS	色度	pH
均值	800～1500	250～560	150～320	200～450	150～220	6.7～8.6

表 5-12　系统主要运行参数

参数	水力停留时间 HRT/h	污泥回流比 /%	混合液回流比/%	停留时间比值（厌氧池/缺氧池/好氧池）
数值	12～30	100	100	1/1/4

表 5-13　A^2/O 系统配水进水组成

物质	浓度/(mg·L^{-1})	物质	浓度/(mg·L^{-1})
NH$_4$CL	700	葡萄糖	600
NaHCO$_3$	60	KH$_2$PO$_3$	24
MgSO$_4$	0.45	无水 CaCl$_2$	25
FeCl$_3$	4.5	MnCl$_2$	0.45
DBP	100～300		

2. 实验材料和仪器

试剂：甲酸 (分析纯)、甲醇 (色谱纯)、二氯甲烷 (分析纯)、甲醚 (分析纯)。

试验仪器：AgilentGC-MS-5975C 气相色谱–质谱测定仪 (包括真空脱气机、自动进样器、柱温箱、检测器)；气相色谱测定仪 (岛津 GC-2010 型)；电子分析天平 (JA2003N 型)；旋转蒸发仪。

3. 分析方法

1) DBP 浓度测定方法

DBP 浓度采用气相色谱方法进行测定，测定条件包括：色谱柱：DB-5 毛细管柱；柱温箱起始温度 60℃，保持 1 min，以 15 ℃/min 升至 230℃，保持 10 min，再以 15 ℃/min 升至 250℃，保持 2 min，进样 2 min 后开始分流；进样口温度 300℃；检测器温度 330℃；载气为高纯 N$_2$，流速 1.0 ml/min。

2) 水样预处理方法

取水样 5 ml，加入 5 ml 甲醇 (为防止经 0.45 μm 微孔滤膜过滤时水中 DBP 被滤膜吸附)，过滤后水样经 20 ml 二氯甲烷萃取 3 次，合并萃取液，在 50℃ 将二氯甲烷挥散至干，用色谱纯的甲醇定溶至 5 ml，进行气相色谱分析。标准溶液用色谱纯甲醇为溶剂，分别配制 25 μg/L、50 μg/L、100 μg/L、200 μg/L、400 μg/L 邻苯二甲酸二丁酯的甲醇溶液，经气相色谱分析后以峰面积为纵坐标，DBP 浓度为横坐标采用外标法作标准曲线为 $Y = 40.56991X + 103.33714$，线性相关系数为 0.999 52。

3) 污泥预处理

准确称取一定重量污泥样品 (在室温下自然风干) 于索式提取器中，用乙醚提取 18 h，然后过三氧化铝硅胶 (100～180 目) 无水硫酸钠柱，最后按水样预处理步骤进行固相萃取。

5.4.2　造纸废水有机物分析及选择

由于造纸过程中加入了大量的添加剂，造纸废水中含有很多机污染物，其中有机酸类、酯类较多，特别是含有大量邻苯二甲酸酯类 (Phthalate Esters，PAEs) 物质。PAEs 是一种难降解的有机污染物，此类化合物可以作为增塑剂、软化剂及添加剂被广泛应用于塑料、润滑剂、农药、造纸等行业中 [8]。有研究表明，该类物质是一类环境内分泌干扰物，严重危害和影响着人类和动物的生命健康安全 [9]。因此，对人们的日常生产和生活存在严重的潜在危害，目前，该类物质对水环境污染的影响已引起了世界各国的广泛关注。

通过 GC-MS 联机自动检索进行色谱峰的定性，确定造纸废水水质中有机物组分的种类及各组分的相对含量 [10]。GC-MS 分析共检测出主要有机污染物 41 种，其中烷烃类 14 种、芳烃类 3 种、酸类 1 种、酯类 5 种、醇类 2 种、酚类 6 种、醛类 2 种、酮类 7 种、其他 1 种。其中在酯类化合物中，邻苯二甲酸二乙酯、邻苯二甲酸二丁酯被列入中国和美国 EPA 优先控制污染物名单中 [11,12]。

为了深入了解造纸废水中 PAEs 在废水处理系统中迁移转化的规律，本实验选择邻苯二甲酸二丁酯 (Dibutyl phthalate，DBP) 作为 PAEs 类物质的代表物质，采用废水处理中常用的厌氧–缺氧–好氧系统 (即 A²/O 系统)，对 DBP 在厌氧、缺氧和好氧 3 种不同环境条件下的降解规律进行了较为深入的研究，并建立相应的降解动力学模型及 GA-BP 神经网络预测模型。

5.4.3　DBP 在 A²/O 中的迁移转化研究

1. HRT 对邻苯二甲酸二甲酯的影响分析

1) DBP 测试结果分析

实验对 4 个不同停留时间 (HRT) 工况下系统各池水相和泥相的 DBP 进行了测定，测定结果见表 5-14，并计算污泥中 DBP 占反应池混合液总 DBP 的比例得到表 5-15，然后计算各池生物降解量占总的去除量的百分比和总的去除率，结果表示如图 5-45 所示。

表 5-14　废水处理系统不同 HRT 下各池 DBP 去除情况

指标	HRT=12 h	HRT=18 h	HRT=24 h	HRT=30 h
进水浓度 /$(\mu g \cdot L^{-1})$	171.42	238.86	257.14	167.23
厌氧溶解 /$(\mu g \cdot L^{-1})$	32.82	33.29	35.26	31.9
厌氧吸附 /$(\mu g \cdot g^{-1})$	59.51	66.58	64.5	56.93
缺氧溶解 /$(\mu g \cdot L^{-1})$	18.08	16.23	18.48	16.58
缺氧吸附 /$(\mu g \cdot g^{-1})$	49.31	64.5	55.04	43.67
好氧溶解 /$(\mu g \cdot L^{-1})$	10.56	6.24	9.02	7.74
好氧吸附 /$(\mu g \cdot g^{-1})$	35.14	44.11	40.42	43.22
回流吸附 /$(\mu g \cdot g^{-1})$	38.57	47.02	46.44	43.81
出水 /$(\mu g \cdot L^{-1})$	7.12	6.13	5.79	6.69
总去除率 /%	93.77	95.62	95.77	95.57

表 5-15   不同 HRT 下污泥中 DBP 占混合液中总 DBP 的比例   (单位：%)

比例	HRT=12 h	HRT=18 h	HRT=24 h	HRT=30 h
厌氧池	82.04	84.62	84.61	83.95
缺氧池	87.29	91.62	91.61	90.47
好氧池	89.35	95.11	95.14	93.72

从表 5-14、表 5-15 和图 5-45 可得到如下结论：

① 活性污泥处理单元对 DBP 有明显的去除作用，DBP 的去除率约为 94%，停留时间的延长对其去除率改变甚微。

② 好氧池去除量占总的去除量的 58%~68%，说明好氧池在 DBP 生物降解的过程中起着比厌氧池和缺氧池更重要的作用，同时研究发现停留时间的延长对各池去除率影响不大。

③ 在各个 HRT 条件下，DBP 在各个反应池中的去除量大小依次为：好氧池去除量 > 缺氧池去除量 > 厌氧池去除量 > 沉降池去除量，其中 DBP 好氧池去除量占总去除量的一半以上，这可能与好氧池停留时间相对较长及 DBP 在好氧条件下更易于降解等因素有关。

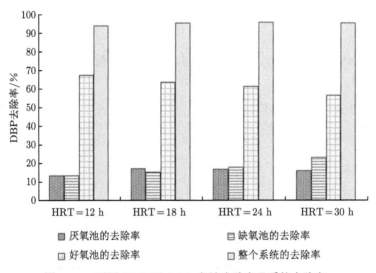

图 5-45   不同 HRT 下 DBP 各池去除率及系统去除率

④ 从表 5-15 可知，污泥中 DBP 占反应池混合液总 DBP 的比例大于 80%(污泥中的 DBP 占各池总 DBP 的比例远远大于水相的)，由于污泥浓度为 2~3 g/L，所以可以认为污泥吸附对 DBP 去除起着很重要的作用。

2) DBP 的去向分析

对于 DBP，系统去除总量是由污泥吸附和生物降解引起的，由此可以得到：系统去除总量 = 污泥吸附量 + 生物降解量；进水物质的量 − 出水物质的量 = 剩余污泥吸附的量 + 生物降解量 + 系统积累量。

根据上述计算方法,对 DBP 在 A²/O 系统中的去向进行分析,计算 DBP 随出水排出和随污泥排放的量,可以得到 DBP 经各途径去除量及其所占百分比如表 5-16 所示。

表 5-16　不同 HRT 下系统中 DBP 的物流去向

指标	HRT=12 h		HRT=18 h		HRT=24 h		HRT=30 h	
	去除量/ ($\mu g \cdot d^{-1}$)	贡献率/%	去除量/ ($\mu g \cdot d^{-1}$)	贡献率/%	去除量/ ($\mu g \cdot d^{-1}$)	贡献率/%	去除量/ ($\mu g \cdot d^{-1}$)	贡献率/%
进水系统总量	82 281.6	100	76 435.2	100	61 713.6	100	32 384.29	100
剩余污泥排放	1 752.598	2.1	382.176	0.5	820.790 9	1.33	276.130 2	0.85
出水排放	3 417.6	4.2	1 865.019	2.44	1 339.185	2.17	1 188.002	3.67
系统积累量	23 902.8	29	18 650.19	24.4	17 409.41	28.21	10 692.02	33.02
生物降解	53 211.51	64.7	55 537.82	72.66	42 144.22	68.29	20 228.14	62.46

从表 5-16 和图 5-46 可以看到,63%～72% 的 DBP 通过生物降解作用去除,24%～33% 的 DBP 未被降解而逐渐在系统积累,有 0.5%～2% 的 DBP 随剩余污泥排放,仅有 2%～4% 的 DBP 随出水排放至系统外。随着停留时间的变化 DBP 去除规律不明显,系统积累量和剩余污泥带走的 DBP 占进入系统的 DBP 的百分比随着停留时间的延长有增长趋势。综合考虑两者的因素,对 DBP 的去除来说,宜选择停留时间 HRT=18 h 比较好。

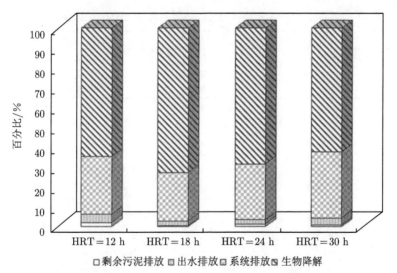

图 5-46　不同 HRT 下 DBP 在 A²/O 系统中物流去向

2. SRT 对邻苯二甲酸二甲酯的去除影响分析

1) DBP 测试结果分析

实验对 4 个不同泥龄 (SRT) 工况下系统各池水相和泥相的 DBP 进行了测定,测定结果见表 5-17,并计算污泥中 DBP 占反应池混合液总 DBP 的比例得到表 5-18,同时计算各池生物降解量占总的去除量的百分比和总的去除率,结果如图 5-47 所示。

从表 5-17、表 5-18 和图 5-47 可以得到如下结论:

① 活性污泥处理单元对 DBP 有明显的去除作用，DBP 的去除率约为 94%，停留时间的延长对其去除率改变甚微。

② 在各个 SRT 条件下，DBP 在各反应池去除量大小依次为：好氧池去除量 > 缺氧池去除量 > 厌氧池去除量 > 沉降池去除量，其中 DBP 好氧池去除量占总去除量的一半以上，这可能与好氧池停留时间相对较长及 DBP 在好氧条件下更易于降解等因素有关。

表 5-17　废水处理系统不同 SRT 下各池 DBP 去除情况

指标	SRT=10 d	SRT=15 d	SRT=20 d	SRT=25 d
进水浓度 /(μg·L^{-1})	179.14	238.86	298.57	149.29
厌氧溶解 /(μg·L^{-1})	38.83	33.29	42.95	26.52
厌氧吸附 /(μg·g^{-1})	53.99	66.58	69.43	51.44
缺氧溶解 /(μg·L^{-1})	22.18	16.23	19.32	11.81
缺氧吸附 /(μg·g^{-1})	44.95	64.45	52.54	38.43
好氧溶解 /(μg·L^{-1})	14.93	6.24	10.41	5.67
好氧吸附 /(μg·g^{-1})	45.59	44.11	52.05	40.55
回流吸附 /(μg·g^{-1})	45.38	47.02	49.55	41.36
出水/(μg·L^{-1})	13.78	6.13	10.25	5.65
总去除率 /%	90.19	95.62	95.84	95.55

表 5-18　不同 SRT 下污泥中 DBP 占混合液总 DBP 的比例　　　　　　　　(单位: %)

比例	SRT=10 d	SRT=15 d	SRT=20 d	SRT=25 d
厌氧池	77.80	84.62	82.22	82.62
缺氧池	83.63	91.62	77.77	88.85
好氧池	88.50	95.11	93.46	94.6

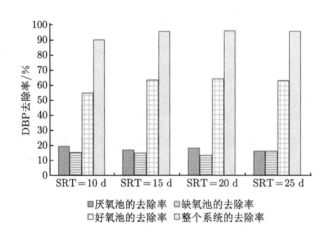

图 5-47　不同 SRT 下 DBP 各池去除率及系统整体去除率

③ 从表 5-18 可知，污泥中 DBP 占反应池混合液总 DBP 的比例大于 80%(污泥中的 DBP 占各池总的 DBP 的比例远远大于水相的)，由于污泥浓度为 2~3 g/L，所以可以认为污泥吸附对 DBP 去除起着很很重要的作用。

2) DBP 的去向分析

对于 DBP，系统去除总量是由污泥吸附和生物降解引起的，由此可以得到：

$$系统去除总量 = 污泥吸附量 + 生物降解量$$

$$进水物质的量 - 出水物质的量 = 剩余污泥吸附的量 + 生物降解量 + 系统积累量$$

根据上述计算方法，对 DBP 在 A²/O 系统中的去向进行分析，计算 DBP 随出水排出和随污泥排放的量，可以得到 DBP 经各途径去除量以及其所占百分比如表 5-19 所示。

从表 5-19 和图 5-48 可以看到，通过生物降解作用去除的 DBP 量占总量的 69%～74%，约 18%～26% 的 DBP 未被降解而逐渐在系统累积。另外，随着泥龄的增加 (10～25 d)，随剩余污泥排放 DBP 量所占比例逐渐由 1.54% 下降至 0.5%。生物降解去除量所占总量的百分比也略有增大 (69%～74%)，但出水排放量所占总量的百分比也有增大趋势。综合考虑两者的因素，对 DBP 的去除来说，宜选择泥龄 SRT=15 d。

表 5-19　不同 SRT 下系统中 DBP 的物流去向

指标	SRT=10 d		SRT=15 d		SRT=20 d		SRT=25 d	
	去除量/$(\mu g \cdot d^{-1})$	贡献率/%	去除量/$(\mu g \cdot d^{-1})$	贡献率/%	去除量/$(\mu g \cdot d^{-1})$	贡献率/%	去除量/$(\mu g \cdot d^{-1})$	贡献率/%
进水总量	57 324.8	100	76 435.2	100	95 542.4	100	47 772.8	100
剩余污泥排放	882.80	1.54	382.18	0.5	1 022.30	1.07	396.51	0.83
出水排放	6 202.54	10.82	1 865.02	2.44	2 646.52	2.77	1 285.09	2.69
系统积累量	10 685.34	18.64	18 650.19	24.4	24 869.69	26.03	10 314.15	21.59
生物降解	39 554.11	69	55 537.82	72.66	67 003.89	70.13	35 777.05	74.89

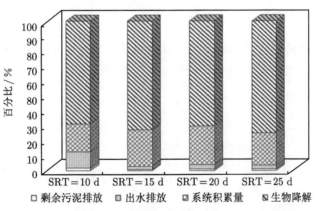

图 5-48　不同 SRT 下 DBP 在 A²/O 系统中的物流去向

3. 最佳工艺条件的确定

根据上述研究，本实验条件下的 A²/O 系统最佳工艺条件可确定为：总停留时间 HRT 为 18 h (HRT_厌氧池:HRT_缺氧池:HRT_好氧池=1:1:3)、污泥龄 SRT 为 15 d、污泥回流比 r 为 100%，混合液回流比 R 为 100%、环境温度为 25℃。

5.4.4　DBP 去除机理分析与模型研究

1. DBP 去除理论概述

1) 生物降解的动力学公式

根据国际水污染控制协会推出的活性污泥数学模型 ASM2，较复杂分子的慢速降解物质 Ss (如牛血清白蛋白、淀粉和油酸油脂等物质) 必须先水解为易生物降解的小分子有机物才能被微生物利用，而且水解步骤是其生物降解的限速步骤[13]。根据 ASM1，S_S 的水解速率可采用式 (5-30)～式 (5-32) 计算：

$$r_h(厌氧) = \eta_{Fe} K \frac{K_{O_2}}{K_{O_2} + S_{O_2}} \cdot \frac{K_{NO_3}}{K_{NO_3} + S_{NO_3}} \cdot \frac{S_S}{K_S + S_S} X_H \tag{5-30}$$

$$r_h(缺氧) = \eta_{NO_3} K \frac{K_{O_2}}{K_{O_2} + S_{O_2}} \cdot \frac{K_{NO_3}}{K_{NO_3} + S_{NO_3}} \cdot \frac{S_S}{K_S + S_S} X_H \tag{5-31}$$

$$r_h(好氧) = K \frac{K_{O_2}}{K_{O_2} + S_{O_2}} \cdot \frac{S_S}{K_S + S_S} X_H \tag{5-32}$$

由于 DBP 分子量较小，可直接被微生物利用，根据以往的文献研究结果，其生物降解过程可用式 (5-33)～式 (5-35) 来描述：

$$r_h(厌氧) = \eta_{Fe} K \times \frac{S_S}{K_S + S_S} X_H \tag{5-33}$$

$$r_h(缺氧) = \eta_{NO_3} K \times \frac{S_S}{K_S + S_S} X_H \tag{5-34}$$

$$r_h(好氧) = K \frac{S_S}{K_S + S_S} X_H \tag{5-35}$$

对于间歇批式试验反应器而言，由于其溶液是均匀混合的，因此反应器中的有机物的代谢速率是均匀的，可通过式 (5-36) 计算 DBP 的降解速率：

$$\frac{\mathrm{d}S}{\mathrm{d}t} = \frac{S - S_e}{t} \tag{5-36}$$

综合式 (5-30)～式 (5-36)，可得到式 (5-37)：

$$\frac{Xt}{S_o - S} = \frac{K_s}{K} \cdot \frac{1}{S} + \frac{1}{K} \tag{5-37}$$

令 $x = \dfrac{1}{S}$，$y = \dfrac{Xt}{S_o - S}$，$K_n = \dfrac{K_s}{K}$，$n = \dfrac{1}{K}$，则式 (5-37) 可近似简化为线性关系表达式：

$$y = K_n x + n \tag{5-38}$$

这样在已知 S_o，S，X，t 的情况下，就可以求取典型污染物的底物饱和常数 K_s 和降解速率常数 K 的值，从而建立有机物的生物动力学模型。

2) DBP 降解动力学模型构建思路

对于污水中有机物而言，在生物降解、污泥吸附、挥发去除、出水排放 4 种归宿中，只有生物降解作用才能将有机污染物真正去除掉，其他 3 种途径仅仅是改变有机物的存在方式，其环境污染风险依然存在。

然而，目前在很多采用 5.4.4 节中所描述的方法进行有机物生物降解模型的研究中，多把 "水相中有机物浓度的减少量" 等同于有机物生物降解量，这样就忽略了污泥吸附和挥发作用对水相有机物浓度减少量的贡献。

在本研究中，由于 DBP 不具有挥发性，通过合理计算 DBP 污泥吸附量，并将其扣除后，更为精确地计算出 DBP 生物降解量，从而建立了更准确的有机物去除模型，具体操作步骤如下：

① 液相浓度 C_w

直接测定不同时刻下水相中 DBP 的浓度。

② 泥相浓度 C_s

可直接测定其污泥吸附量，并采用最优数学模型计算加以校核。

③ 总浓度 S

$$S = C_w + C_s \tag{5-39}$$

④ DBP 生物降解速率 $\mathrm{d}S/\mathrm{d}t$

$$\frac{\mathrm{d}S}{\mathrm{d}t} = \frac{S(t + \Delta t) - S(t)}{\Delta t} \tag{5-40}$$

⑤ 模型建立

根据式 (5-39) 和式 (5-40) 建立 DBP 去除模型。

⑥ 模型验证

根据式 (5-39) 和 5.4.3 节的测试结果，对建立的 DBP 去除模型进行验证。

2. DBP 降解的动力学模型论概述

表 5-20～ 表 5-22 给出了 DBP 在厌氧、缺氧和好氧状态下的降解动力学参数计算表。根据式 (5-38)，可以推得厌氧、好氧和缺氧情况下 DBP 降解的动力学公式和参数，具体见表 5-23。

表 5-20　DBP 厌氧降解动力学参数计算表

T/h	$C_w/(\mu\mathrm{g} \cdot \mathrm{L}^{-1})$	$C_s/(\mu\mathrm{g} \cdot \mathrm{gvss}^{-1})$	$S/(\mu\mathrm{g} \cdot \mathrm{L}^{-1})$	$1/S$	$X\mathrm{d}t/\mathrm{d}S$
0	35.67	67.75	179.977 5	—	—
1	31.98	61.48	162.932 4	0.006 137 515	0.125 549 278
2	28.86	55.76	147.628 8	0.006 773 746	0.139 836 378
3	26.36	50.06	132.987 8	0.007 519 487	0.146 164 879
4	23.88	44.97	119.666 1	0.008 356 586	0.160 640 159
5	21.51	40.37	107.498 1	0.009 302 49	0.175 871 137
6	20.57	35.69	96.589 7	0.010 353 071	0.196 179 091

表 5-21 DBP 缺氧降解动力学参数计算表

T/h	$C_w/(\mu g \cdot L^{-1})$	$C_s/(\mu g \cdot gvss^{-1})$	$S/(\mu g \cdot L^{-1})$	$1/S$	Xdt/dS
0	22.82	64.89	161.035 7	—	—
1	20.63	58.74	145.746 2	0.006 861 242	0.139 965 336
2	18.43	52.86	131.021 8	0.007 632 318	0.145 336 992
3	16.68	47.55	117.961 5	0.008 477 342	0.163 855 348
4	14.92	42.51	105.466 3	0.009 481 702	0.171 265 766
5	13.17	38.32	94.791 6	0.010 549 458	0.200 474 018
6	11.85	34.4	85.122	0.011 747 844	0.221 312 154

表 5-22 DBP 好氧降解动力学参数计算表

T/h	$C_w/(\mu g \cdot L^{-1})$	$C_s/(\mu g \cdot gvss^{-1})$	$S/(\mu g \cdot L^{-1})$	$1/S$	Xdt/dS
0	10.79	44.17	104.872 1	—	—
1	9.76	38.41	90.613 05	0.010 4	0.175
2	8.22	34.13	80.166 04	0.011 7	0.209
3	7.71	30.17	71.278 19	0.013 9	0.246
4	6.68	26.56	62.854 4	0.015 1	0.269
5	5.65	23.28	55.189 84	0.018 2	0.303
6	5.14	20.69	48.795 9	0.020 6	0.35

表 5-23 DBP 水解动力学拟合式

项目	拟合式 $y = K_n x + n$	R^2	K_{bio}	K_s	η
厌氧	$Y = 16.178x + 0.0268$	0.992 5	37.31	603.6	0.56
缺氧	$Y = 17.089x + 0.0178$	0.976 0	56.18	960.06	0.85
好氧	$Y = 16.256x + 0.0151$	0.987 2	66.22	1 076.47	1

从表 5-23 可以看到，厌氧、缺氧和好氧状态对 K_{bio} 的大小有影响，K_n、K_s 的值在厌氧、缺氧和好氧状态下依次升高。

分别采用上述参数研究实际废水中 DBP 在 A^2/O 系统各池中的进出水数据进行分析，可以得到表 5-24 所示结果。

表 5-24 各池实际出水和预测出水浓度的比较

项目	实际出水浓度/($\mu g \cdot L^{-1}$)	模型预测值/($\mu g \cdot L^{-1}$)	相对误差/%
厌氧池	114.45	125.43	9.59
缺氧池	68.38	74.76	9.33
好氧池	16.37	18.70	14.29

从表 5-24 中可以看到，所建立的模型能对各池出水浓度进行预测，预测结果和实测结果较为吻合，其相对误差在 15% 以内。这能帮助我们了解各池中 DBP 的去除效果，对各池的设计参数选取有重要的指导意义。

5.4.5 基于 GA-BP 神经网络的出水 DBP 预测模型

1) 样本数据选取及数据预处理

在 5.4.3 节实验数据的基础上, 结合 DBP 在 A^2/O 系统中降解过中相关的参数 (ORP, DO, pH, MLSS), 本节中样本数为 25, 表 5-25 为用于网络学习的部分样本数据, 同时对数据进行归一化处理。

2) 确定辅助变量和神经网络结构

通过对废水处理过程的机理分析可知与 DBP 耦合和关联关系最大的几个辅助变量: COD、ORP、DO、ORP、MLSS 和 pH。因此确定神经网络拓扑结构为 6 输入, 隐含层的神经元定为 12 个, 输出层只有一个神经元 DBP, 建立一个 MISO 系统模型以实现主导变量 DBP 的软测量。其中隐含层和输出层的激励函数分别为双曲正切 Sigmoid 函数和线性函数。

3) GA-BP 算法

由于标准 BP 算法收敛速度慢, 容易陷入局部极小, 数值稳定性差, 而遗传算法又存在过早收敛的缺点 [14,15], 本章提出了一种新的训练神经网络的 GA-BP 算法。

本章提出的 GA-BP 算法采用遗传算法来优化神经网络权值, 其中采用自适应学习速率动量梯度下降算法对神经网络进行训练, 计算适应度函数, 最后用与最大适应度函数对应的优化的权值计算神经网络输出, GA-BP 算法具体操作如下:

① 初始化种群 P, 包括交叉规模、交叉概率 P_c、突变概率 P_m 及对任一 WIH_{ij} 和 WHO_{ji} 初始化; 在编码中, 采用实数进行编码, 初始种群取 50。

② 计算每一个个体评价函数, 并将其排序。可按下式概率值选择网络个体:

$$p_s = f_i \left/ \sum_{i=1}^{N} f_i \right.\qquad(5\text{-}41)$$

式中, f_i 为个体 i 的适配值, 可用误差平方和 E 来衡量, 即:

$$f(i) = 1/E(i)\quad E(i) = \sum_p \sum_k (V_k - T_k)^2\qquad(5\text{-}42)$$

式中, $i = 1, \cdots, N$ 为染色体数; $k = 1, \cdots, 4$ 为输出层节点数; $p = 1, \cdots, 5$ 为学习样本数; T_k 为教师信号。

③ 以概率 P_c 对个体 G_i 和 G_{i+1} 交叉操作产生新个体 G_i' 和 G_{i+1}', 没有进行交叉操作的个体进行直接复制。

④ 利用概率 P_m 突变产生 G_i 的新个体 G_i'。

⑤ 将新个体插入种群 P 中, 并计算新个体的评价函数。

⑥ 计算 ANN 的误差平方和, 若达到预定值 ε_{GA}, 则转⑦, 否则转③, 继续进行遗传操作。

⑦ 以 GA 遗传出的优化初值作为初始权值, 用 BP 算法训练网络, 直到指定精度 $E_{BP}(\varepsilon_{BP} < \varepsilon_{GA})$。

4) 仿真结果与分析

本章采用 MATLAB 对 GA-BP 神经网络软测量模型进行仿真实验。为了清楚地说明遗传算法在神经网络权值优化设计中的性能, 将纯遗传算法、纯 BP 和 GA-BP 算法进行比较。

用 GA 直接训练 BP 神经网络的权重算法，在 MATLAB 编程运行，经过大约 700 代的搜索后染色体的平均适应度趋于稳定，误差平方和曲线和适应度曲线见图 5-49，预测结果见图 5-50。

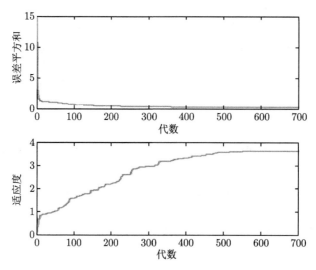

图 5-49   误差平方和曲线和适应度曲线

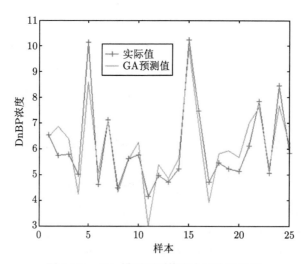

图 5-50   GA 模型预测值和实际值的比较

回想结果 TT 为：

6.147 1   6.936 3   5.722   3.808   8.316 8   4.692 5   7.149   4.319   5.798 9

5.501 5   2.765 4   5.620 3   5.105 5   5.683 7   9.930 5   7.649 9   3.931 1

6.145 4   6.385 2   5.813 5   6.744 4   7.956 8   5.120 8   8.028 5   6.425

理想输出 T 为：

6.54   5.76   5.79   5.02   10.14   4.62   7.14   4.48   5.64   5.78   4.16   4.97

4.73　5.24　10.25　7.48　4.72　5.47　5.24　5.14　6.13　7.85　5.08　8.46

5.84

运行时间为 50.375 0 s。

为便于比较, 图 5-51 给出了纯 BP 算法的训练目标曲线, 这里目标误差为 0.1, lr=0.01。从图 5-51 可以看出, BP 算法 1020 步可以收敛到误差目标值, 运行时间为 19.547 0 s。

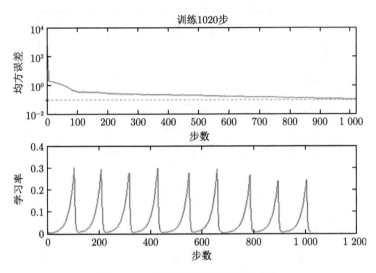

图 5-51　BP 算法的训练误差曲线

从以上的比较中可看出, 用 GA 训练 ANN 的权值尽管可以得到满意的回想结果, 但相比 BP 算法, 其运行时间要长得多。这是因为 GA 收敛是依靠类似于穷举法的启发式搜索, 再加之网络结构的复杂性, 要运算的数据相当大, 比如, 上面的神经网络的权值与阈值的个数为: 6×12+12+12×1+1=97 个, 50 个种群就是 97×50=4 850 个, 对这些数进行编码、解码、交叉、变异等遗传操作, 这样进行一代遗传操作相比 BP 算法的正、反向的一步操作, 要处理的数据就相当大, 因而不可避免会出现搜索时间长的问题。

考虑到 BP 算法寻优具有精确性, 但易陷入局部极小、收敛速度慢的缺点, 而遗传算法具有很强的宏观搜索能力, 可避免局部极小, 若将两者结合起来就能发挥各自的优势。用 GA-BP 算法训练前面的神经网络, 其遗传算法误差平方和曲线、适应度曲线和 BP 算法的训练目标曲线分别见图 5-52、图 5-53。这里, GA 的初始种群 $P_{op} = 50, \varepsilon_{GA} = 5.0$; BP 算法的目标误差为 0.05, lr=0.01。实际预测结果见图 5-54。

回想结果 TT 为:

6.127 2　6.782 2　5.785 5　4.46　9.560 8　5.189 2　7.224 8　4.592 8

5.903 6　5.918 4　3.893 4　5.226 5　4.662 6　5.580 4　10.286　7.336 1

4.061 1　5.542 8　5.603 9　5.165 7　6.324 2　7.3　5.145 1　8.010 6　5.954 1

可以看出, GA 进行了 80 代的遗传操作达到了目标值 ε_{GA}; BP 算法进行了 691 步收敛到指定精度 ε_{BP}, 并得到理想的输出结果, 运行时间为 17.985 0 s。

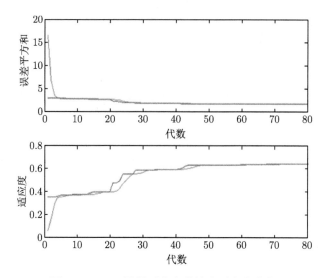

图 5-52　GA 误差平方和曲线和适应度曲线

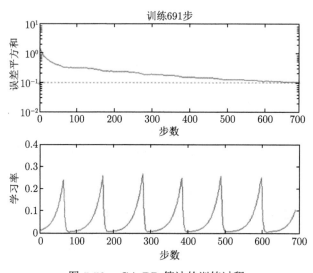

图 5-53　GA-BP 算法的训练过程

通过算法比较可明显得出：GA-BP 算法无论是收敛速度还是运行时间都比 GA 直接训练 BP 神经网络的权重算法和纯 BP 算法好。

5.4.6　实验模型比较

GA-BP 模型与机理模型实验数据比较见表 5-25。

从表 5-25 可以看到，用 GA-BP 网络预测的要比机理模型预测的误差要小一些，从而也就说明了 GA-BP 神经网络模型预测 DBP 要比机理模型预测准确。

神经网络模型能直接从历史数据扩展到工艺的基本现象，避免了建立机理模型所需的各种复杂参数，从而使用更为方便，模型预测的精度也并不亚于机理模型，这有利于它的推广。但使用人工神经网络这类黑箱模型，不能弄清楚控制和操作中影响因素的作用关系，

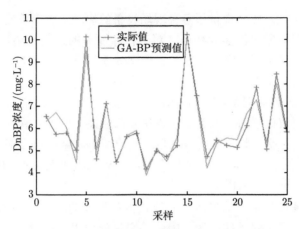

图 5-54　GA-BP 模型预测值和实际值的比较

表 5-25　两种模型预测误差结果对比表

数据处理类型	5.84	8.46	6.13	5.24	4.73
纯 BP 神经网络	5.95	8.01	6.16	5.58	4.66
GA-BP 模型预测误差	0.11	−0.45	0.03	0.34	−0.07
机理模型预测值	5.50	9.01	7.05	5.96	5.06
机理模型预测误差	−0.34	0.55	0.92	0.72	0.33

这降低了通过它对系统进行调控的准确性。如果根据生产运行况不断加强人工神经网络模型的学习并建立自耦合的专家策略，则可在一定程度上解决这一问题。

总的来说，与机理模型相比，神经网络模型的优势主要体现在以下 3 点[16]：① 它不需要任何有关不同变量间的结构关系的知识，它仅仅需要指定一定的网络结构及输入足够的一系列可测的信息；② 神经网络本身就是大规模非线性的动态系统，非常适用于非线性系统建模；③ 神经网络具有并行处理能力，可以使用快速并行处理算法从而大大提高辨识速度。这些优点对优化反应器运行条件、模拟控制反应器、提高反应器稳定性及效率，具有重要的意义。

作为软测量技术来说，建立软测量模型的目的就是更好地提高工艺过程的自动化控制水平，提高废水处理的效率。通过对 BP-ANN 软测量模型、GA-ANN 软测量模型和 ANFIS 软测量模型的研究分析可知，ANFIS 软测量模型对造纸废水 A^2/O 生化处理过程出水 COD 和出水氨氮溶度的软测量性能最好。现构建基于在线监测的 ANFIS 软测量模型的造纸废水 A^2/O 生化处理过程的溶解氧智能优化控制系统。

5.5　基于自适应模糊神经网络软测量模型的溶解氧智能优化控制

5.5.1　溶解氧浓度控制方案

MCGS 是一款全中文的工控组态软件，具有组态方便、监控功能完善和动画效果显示等优点，利用其可视化的画面制作技术，可实现各种满足要求的仿真界面，特别适合开发人机交互界面。同时，MCGS 提供了各种现场设备的驱动，能简单实现上位机与现场控制系统之间的连接，但通常只能实现数值计算分析和简单的控制策略。MATLAB 是 Math Works 公司的一款科学工程计算软件，数据处理效率高且提供了丰富的控制工具箱，容易实现复杂的控制算法。在 MATLAB 中可以根据特定的被控过程建立仿真模型，构造仿真平台，编制控制策略算法。但是，MATLAB 在生成人机界面上功能薄弱，而且生成的这些算法不能直接作用到被控制的对象上，需要建立在监控平台组态软件之上，通过组态软件与对象进行数据交换。鉴于此，采用 MATLAB 语言编制溶解氧智能优化控制系统，并通过基于 OPC 技术的互联方法，实现 MATLAB 与 MCGS 两者之间的数据通信，有效实现溶解氧智能优化控制系统的工程实际应用。

在废水生化处理过程中，曝气所需的能耗占总能耗的 40% ～50%，且好氧池中的溶解氧浓度直接影响到出水水质的好坏。因此，废水处理主要是对好氧池溶解氧浓度 (DO) 进行控制。从已有的文献可知，溶解氧浓度的控制基本上采用的是恒定的设定值 (DO=2 mg/L) 进行控制，出水水质难以保证且能耗大。造纸废水 A^2/O 生化处理过程中的基于在线监测的 ANFIS 软测量模型的溶解氧智能优化控制系统可动态调整优化溶解氧浓度的设定值，其结构如图 5-55 所示。构建溶解氧智能优化控制系统的重点在于建立精确的 A^2/O 系统出水 COD 的预测模型和溶解氧控制模型，考虑到废水的生化处理系统具有非线性和滞后性的特征，并结合对 BP-ANN 软测量模型、GA-ANN 软测量模型和 ANFIS 软测量模型的研究分析，选用两个自适应模糊神经网络分别用于构建预测模型和控制模型。所设计的溶解氧智能优化控制系统具体的控制方案执行过程如下：首先，由可在线监测的水力停留时间 (HRT)、进水 pH(pH)、好氧池溶解氧 (DO) 和混合液回流比 (R) 4 个参数作为输入变量建立 A^2/O 系统出水 COD 的 ANFIS 软测量模型，用于实时预测系统出水的 COD；其次，将预测的 COD 值与期望的出水 COD 值作比较得到出水 COD 变化量 $e(t+\Delta t)$ 和变化率 $ec(t+\Delta t)$，再以这两个变量作为输入变量构建模糊神经网络控制器，计算出溶解氧浓度的变化量 $\Delta DO(t)$，用于修正当前的溶解氧 $DO(t)$ 浓度，从而实现溶解氧浓度的在线实时智能优化控制。

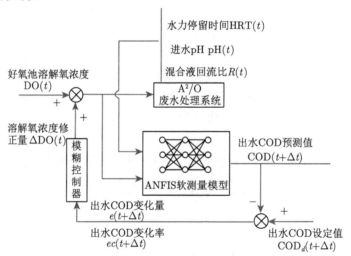

图 5-55　溶解氧智能优化控制系统结构

5.5.2 废水处理出水 COD 预测模型

1. 样本数据的获取

变量为可在线监测的 HRT、进水 pH、好氧池 DO 和混合液回流比 R 四个参数,通过实验考察造纸废水 A²/O 工艺处理过程中出水 COD 值和 HRT、pH、DO 及 R 之间的关系,为建立溶解氧智能优化控制系统中的预测模型取得足够的训练样本。如果想考察系统出水 BOD 或出水氨氮浓度等其他指标,只需将网络输出改为相应指标变量即可。废水取自广纸集团南沙环保造纸基地,该基地主要采用废纸为原料生产新闻纸,其水质参数参见表 5-26。实验装置和工艺流程参见图 5-2。

表 5-26　造纸废水水质参数

COD/(mg·L⁻¹)	BOD/(mg·L⁻¹)	pH	SS/(mg·L⁻¹)
570~1300	220~390	6.5~7.0	500~1 000

实验中,进入 A²/O 废水处理系统的造纸废水 COD 通过调节池调节保持在 700 mg/L。在 MCGS 中通过改变进水流量和混合液回流量,从而将 HRT 控制在 20 h、21.8 h、24 h、26.7 h 和 30 h 五个水平,R 控制在 1、2 和 3 三个水平。在 MCGS 中通过调节鼓风机曝气量在 0.9~1.55 m³/h 的范围内变化,从而获得在不同溶解氧下的出水 COD。在实验过程中,HRT、pH、DO、R 和系统进出水的 COD 均自动保存在 MCGS 实时数据库中。从 MGCS 的实时数据库中筛选 90 组样本数据 (表 5-27) 用于预测模型的构建,其中前 60 组用于模型的训练,后 30 组用于模型的预测验证。

2. 样本数据的预处理

由于样本数据的属性单位不同且样本数值大小相差较大,为了使不同属性的数据处于同等重要的地位,在样本数据训练预测模型之前需要对数据进行归一化处理。数据的归一化过程是为了保证每个数据项在同一区间取值,防止特征数据项数量级差别较大而造成数量级小的数据项特征无法发挥作用。

3. 预测模型的构建及仿真

选取 ANFIS 软测量模型作为溶解氧智能优化控制系统中的预测模型,ANFIS 软测量模型构建的具体过程可参考第 4 章的相关内容。通过多次尝试,最终确定预测模型的隶属度函数为高斯函数,模糊规则数为 9,训练步数为 800 的一阶 Takagi-Sugeno 型 ANFIS 软测量模型。ANFIS 软测量模型对出水 COD 的预测仿真结果和相应的相对误差分别如图 5-56 和图 5-57 所示。

由图 5-56 可知,用训练数据仿真输出的出水 COD 与实际出水 COD 的曲线几乎重合,说明两者非常接近。由图 5-57 可知,用模型进行训练时的最大相对误差绝对值为 0.787 8%。说明模型的训练是成功的,构建的 ANFIS 软测量模型具有很强的学习能力。用软测量模型进行预测时的最大相对误差绝对值为 4.864 1%,均方根误差为 1.736 5。

表 5-27 实验数据样本

样本编号	HRT/h	pH	DO 浓度/(mg·L⁻¹)	R	COD/(mg·L⁻¹)	样本编号	HRT/h	pH	DO 浓度/(mg·L⁻¹)	R	COD/(mg·L⁻¹)
1	20	6.5	1.2	1	83.26	46	26.7	7	2.5	2	70.02
2	20	6.5	1.6	1	79.75	47	26.7	7	1.8	3	46.73
3	20	6.5	3	2	78.42	48	26.7	7	2.7	3	45.97
4	20	6.5	2	2	84.87	49	30	6.5	1	1	78.30
5	20	6.5	1.1	3	81.10	50	30	6.5	2.9	1	80.06
6	20	6.5	2.5	3	73.99	51	30	6.5	1.3	2	64.77
7	20	7	1.5	1	81.04	52	30	6.5	3	2	69.60
8	20	7	2.4	1	71.16	53	30	6.5	1.1	3	33.14
9	20	7	1.6	2	85.52	54	30	6.5	2.7	3	40.29
10	20	7	2.4	2	78.19	55	30	7	1.3	1	79.03
11	20	7	2.8	3	65.45	56	30	7	2.1	1	77.81
12	20	7	1.2	3	77.06	57	30	7	1.1	2	62.91
13	21.8	6.5	1.2	1	84.59	58	30	7	2.9	2	63.77
14	21.8	6.5	2.6	1	74.84	59	30	7	1.4	3	30.10
15	21.8	6.5	2.1	2	83.26	60	30	7	2.8	3	33.28
16	21.8	6.5	2.9	2	79.41	61	20	6.5	2.5	1	71.96
17	21.8	6.5	2.4	3	70.26	62	20	6.5	2.7	2	80.18
18	21.8	6.5	2.5	3	69.94	63	20	6.5	1.3	3	80.07
19	21.8	7	1.3	1	84.68	64	20	7	1.1	1	85.45
20	21.8	7	2.4	1	74.48	65	20	7	1.6	1	79.94
21	21.8	7	1.1	2	87.43	66	20	7	1.7	3	73.35
22	21.8	7	2.2	2	79.18	67	21.8	6.5	1.5	1	82.47
23	21.8	7	1.8	3	67.30	68	21.8	6.5	2.1	1	78.26
24	21.8	7	2.4	3	63.94	69	21.8	7	1.6	1	81.88
25	24	6.5	1.5	1	82.67	70	21.8	7	2	1	78.16
26	24	6.5	2.3	1	78.74	71	24	6.5	2	1	80.20
27	24	6.5	1.1	2	83.20	72	24	6.5	1.6	2	81.62
28	24	6.5	2.5	2	78.87	73	24	6.5	1.9	3	63.67
29	24	6.5	2.4	3	63.05	74	24	7	1.7	1	81.49
30	24	6.5	3	3	62.69	75	24	7	1.2	2	81.52
31	24	7	1.2	1	85.10	76	24	7	2.3	3	56.99
32	24	7	2.8	1	73.79	77	26.7	6.5	1.5	1	81.36
33	24	7	2.1	2	76.65	78	26.7	6.5	1.8	2	74.76
34	24	7	2.9	2	72.66	79	26.7	6.5	2.3	2	74.50
35	24	7	2	3	58.05	80	26.7	6.5	1.6	3	51.62
36	24	7	2.8	3	55.41	81	26.7	6.5	1.9	3	51.99
37	26.7	6.5	2.2	1	79.70	82	26.7	7	1.3	1	82.46
38	26.7	6.5	2.8	1	78.50	83	26.7	7	2.2	1	78.28
39	26.7	6.5	1.2	2	75.11	84	26.7	7	2.7	2	69.54
40	26.7	6.5	2.6	2	74.41	85	30	6.5	1.5	1	78.67
41	26.7	6.5	1.1	3	51.01	86	30	6.5	1.7	1	78.82
42	26.7	6.5	2.7	3	53.15	87	30	6.5	1.5	2	65.28
43	26.7	7	1.5	1	81.53	88	30	7	1.7	2	63.08
44	26.7	7	2.7	1	76.10	89	30	7	2.5	2	63.38
45	26.7	7	1.4	2	73.08	90	30	7	1.8	3	30.94

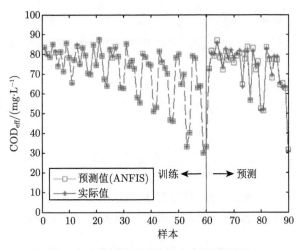

图 5-56　模型对出水 COD 的预测结果

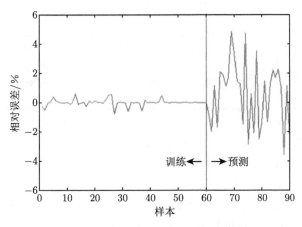

图 5-57　模型的训练和预测相对误差

5.5.3　废水处理溶解氧的智能优化控制

1. 溶解氧浓度控制数学模型

以 $t + \Delta t$ 时刻期望出水 COD 值 $COD_d(t + \Delta t)$(一般为定值)、预测值 $COD(t + \Delta t)$ 之间的差值 (e) 和 COD 值变化率 (ec) 作为控制模型的输入变量，求出 t 时刻废水处理系统溶解氧浓度的修正量 (ΔDO)，从而达到调节溶解氧浓度的目的。模糊控制模型的数学表达式如式 (5-43) 所示：

$$\Delta DO(t) = F(e, ec) \tag{5-43}$$

式中，$\Delta DO(t)$ 为 t 时刻的溶解氧浓度修正量，$e(t + \Delta t) = COD_d(t + \Delta t) - COD(t + \Delta t)$ 为 COD 值变化量，$ec(t + \Delta t) = [COD(t) - COD(t + \Delta t)]/\Delta t$ 为 COD 值变化率。

2. 溶解氧模糊控制器的构建

选取 ANFIS 模型作为溶解氧智能优化控制系统中的模糊控制器。以溶解氧浓度为被控制量的模糊控制器是典型的双输入单输出模糊控制系统。根据在实验基础上建立的溶解氧浓度与系统出水 COD 值之间的关系和模糊集定义、现场操作员在操作过程中遇到的情况及专家经验，可以得到以模糊语言表示的 49 条模糊控制推理合成规则和模糊控制规则，可描述为：

$$R_m : \text{if } e \text{ is } A_1^i \text{ and } ec \text{ is } A_2^j, \text{ then } \Delta DO \text{ is } B^m, i = j = 1, 2, \cdots, 7; m = i \times j$$

其中，$A_1^i = A_2^j = B^m = \{NB, NM, NS, NO, PS, PM, PB\}$ 分别为 NM，NS，NB，NO，PS，PM，PB 时，各有 7 条控制规则。总的控制规则可以用控制规则表 5-28 表示。

表 5-28   溶解氧模糊控制器的控制规则表

		\multicolumn{7}{c}{e}						
		NB	NM	NS	NO	PS	PM	PB
ec	NB	PB	PB	PB	PB	PM	PS	NO
	NM	PB	PB	PB	PM	PS	NO	NS
	NS	PB	PB	PM	PS	NO	NS	NM
	NO	PB	PM	PS	NO	NS	NM	NB
	PS	PM	PS	NO	NS	NM	NB	NB
	PM	PS	NO	NS	NM	NB	NB	NB
	PB	NO	NS	NM	NB	NB	NB	NB

以 e is NB 为例，共有 7 条控制规则：

(1) 如果"差值"是"负大"，"变化率"是"负大"，则"修正量"为"正大"；(if e is NB and ec is NB, then ΔDO is PB)

(2) 如果"差值"是"负大"，"变化率"是"负中"，则"修正量"为"正大"；(if e is NB and ec is NM, then ΔDO is PB)

(3) 如果"差值"是"负大"，"变化率"是"负小"，则"修正量"为"正大"；(if e is NB and ec is NS, then ΔDO is PB)

(4) 如果"差值"是"负大"，"变化率"是"零"，则"修正量"为"正大"；(if e is NB and ec is NO, then ΔDO is PB)

(5) 如果"差值"是"负大"，"变化率"是"正小"，则"修正量"为"正中"；(if e is NB and ec is PS, then ΔDO is PM)

(6) 如果"差值"是"负大"，"变化率"是"正中"，则"修正量"为"正小"；(if e is NB and ec is PM, then ΔDO is PS)

(7) 如果"差值"是"负大"，"变化率"是"正大"，则"修正量"为"零"；(if e is NB and ec is PB, then ΔDO is NO)

根据造纸废水处理系统的要求，COD 值变化量及其变化率，以及溶解氧浓度的基本论域设定为：$[-40, +40]$、$[-8, +8]$ 和 $[-1.5, +1.5]$，相应的模糊论域均为 $[-6, +6]$，因此 e 和 ec 的量化因子分别为 $k_e = n/x_e = 6/40 = 0.15$，$k_{ec} = n/x_{ec} = 6/8 = 0.75$，比例因子

$k_{\mathrm{DO}} = \Delta\mathrm{DO}/n = 1.5/6 = 0.25$。模糊控制模型采用图 5-58 的结构，第一层为 2 个节点，代表输入参数 e 和 ec；第二层为 14 个节点，代表每个输入所对应的 7 个隶属函数，完成隶属度函数值的求取；第三层为 49 个节点，代表 49 条模糊规则，完成模糊规则的前件计算；第四层为 49 个节点，代表 49 个隶属度的适用度；第五层为 1 个节点，代表 t 时刻的溶解氧浓度修正量。

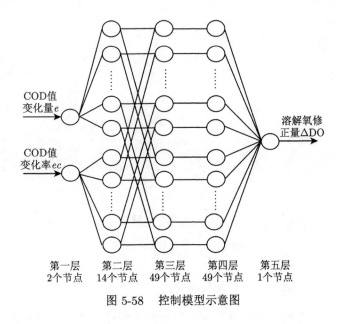

图 5-58　控制模型示意图

将 49 条模糊规则视作 49 个样本数据对，对 ANFIS 模型进行训练。由于模糊控制规则表包含了造纸废水处理运行过程需要调节溶解氧浓度的所有可能情况，控制模型只要记住这些规则就能起到调节溶解氧浓度的功能，而不必像预测模型那样对网络的泛化能力进行检验，因此得到的前后件参数可以准确地映射输入量 e 和 ec 与输出量 $\Delta\mathrm{DO}$ 的关系。模糊控制器训练结束后，通过查看模糊控制器已形成的规则库 (图 5-59) 可知，模糊控制器已经将 49 条模糊规则完全记住。当输入 $e(t+\Delta t)$ 和 $ec(t+\Delta t)$ 时，训练好的模糊控制器则可得到相应的输出 $\Delta\mathrm{DO}(t)$。

按照图 5-58 所示的溶解氧智能优化控制系统结构，在 MATLAB 软件中将训练好的预测模型和控制模型连接好。实现溶解氧浓度自动寻优的具体工作过程如下：在造纸废水 A^2/O 工艺处理过程中，通过采集模块读取 $\mathrm{HRT}(t)$、$\mathrm{pH}(t)$、$\mathrm{DO}(t)$ 和 $R(t)$ 4 个参量的值输入预测模型中，经算法计算得到预测值 $\mathrm{COD}(t+\Delta t)$；预测值与设定值 $\mathrm{COD}_d(t+\Delta t)$ 比较后得到 $e(t+\Delta t)$ 和 $ec(t+\Delta t)$；$e(t+\Delta t)$ 和 $ec(t+\Delta t)$ 分别乘以 k_e 和 k_{ec} 后输入模糊控制器，得到 $\Delta\mathrm{DO}(t)$；$\Delta\mathrm{DO}(t)$ 乘以 k_{DO} 后去修正当前的溶解氧浓度 $\mathrm{DO}(t)$，进而完成溶解氧浓度的自动寻优，接着重复相同的动作进入下一个周期。至此，完成了溶解氧智能优化控制系统的设计工作，接下来就是将在 MATLAB 软件中构建的溶解氧智能优化控制系统与 MCGS 组态软件相结合，实现在实验室条件下对造纸废水 A^2/O 工艺处理过程的溶解氧智能优化控制。

图 5-59　模糊控制器规则库

3. MCGS 下实现溶解氧浓度的智能优化

OPC 规范实质是在硬件供应商和软件开发商之间建立了一套完整的规则，只要遵循这套规则，数据交互对两者而言便是透明的。OPC 规范包括 OPC 服务器和 OPC 客户端 2 个部分，OPC 服务器由 3 类对象组成，包括服务器 (server)、组 (group) 和数据项 (item)。客户不能直接对数据项进行操作，所有的操作都是通过组对象来进行的。在 MATLAB 7.0 以上版本中，集成了 OPC 工具箱，它是一个 OPC 客户端数据访问软件，提供了一种服务器和客户端互访的通信机制，通过 OPC 工具箱可以连接任何一个 OPC 数据服务器，实现对连接的 OPC 服务器数据的读或写。OPC 基金会提供了一套可以在网络上浏览其他计算机并能与之通信的核心组件，但这些核心组件并没有安装，在使用 MATLAB OPC 工具箱之前需要将这些核心组件安装到计算机中去。

MCGS 与 MATLAB 数据通信的具体实现过程如下：首先在 MCGS 组态环境下，新建一个控制工程，设置 11 个变量，包括进水流量、混合液回流量、水力停留时间、混合液回流比、好氧池实测溶解氧浓度、进水 pH、出水 COD 设定值、出水 COD 预测值、溶解氧浓度预测值、进水 COD 实测值和出水 COD 实测值，完成动画组态；具体组态过程可参考本书第 2 章的相关内容。组态好的 MCGS 在运行环境中启动后，OPC 服务器功能将自动启动。之后，启动 MATLAB 软件并在命令窗口中输入命令 opcregister('install')，用来安装由 OPC 基金会提供的一套可以在网络上浏览其他计算机并且能通信的核心组件。再输入命令：da=opcda('localhost','MCGS.OPC.Server')；connect(da)；则 MATLAB 与 MCGS 建立连接，MATLAB 可对 MCGS 所设置的 11 个变量进行读写操作。

造纸废水 A²/O 工艺处理过程的溶解氧智能优化控制系统在 MCGS 环境运行下的操

作界面如图 5-60 所示。造纸废水 A²/O 废水处理系统运行时可在 MCGS 操作界面上对进水流量和混合液回流量两个数值量进行设置，设置完成后界面上将显示相应的水力停留时间和混合液回流比。好氧池实测溶解氧值通过安装在好氧池中的 HACH LDO™ 荧光法无膜溶解氧分析仪进行在线监测；进水 pH 则通过安装在调节池中的哈希 GLI pH/ORP 分析仪进行在线监测。上述两个数值量均自动保存在 MCGS 实时数据库中并显示在 MCGS 操作界面上。溶解氧智能优化控制系统设置成每 5 min 运行一次，运行得到的溶解氧预测值返回给 MCGS 用于调节变频器的频率来控制鼓风机的曝气量。

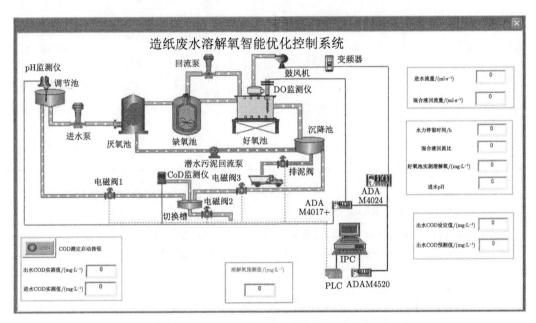

图 5-60　溶解氧智能优化控制系统操作界面

5.5.4　溶解氧浓度控制效果分析

在考察溶解氧智能优化控制系统控制效果的实验过程中，将进水 COD 控制在 700 mg/L，出水 COD 期望值设定在 70 mg/L。在其他条件不变的情况下，改变进水流量和混合液回流量，考察造纸废水经 A²/O 废水处理系统之后的出水 COD 值变化。随着进水流量和混合液回流量的改变，溶解氧智能优化控制系统会根据 A²/O 废水处理系统的运行状况计算出此时应加给好氧池的溶解氧浓度，以将出水 COD 值控制在 70 mg/L 左右。从 MCGS 实时数据库中调用运行数据，具体各项数据如表 5-29 所示，从表中数据可以看出，智能控制系统计算出的溶解氧浓度使得经 A²/O 废水处理系统的造纸废水出水 COD 值在 70 mg/L 附近波动，波动范围为 60.86~78.77 mg/L。

通过比较实验 3 和实验 4 可知，它们两个实验的 HRT、进水 pH 和混合液回流比 R 均相同，经过溶解氧智能优化控制系统控制后，最终溶解氧浓度分别为 2.5 mg/L 和 2.9 mg/L，仅相差 0.4 mg/L。同样，实验 7 和实验 8 的最终溶解氧浓度仅相差 0.2 mg/L。说明该溶解氧智能优化控制系统是成功的，可实现溶解氧浓度的自动优化调节，稳定出水水质。

表 5-29 溶解氧智能控制系统性能

实验号	进水 COD/(mg·L^{-1})	HRT/h	pH	DO/(mg·L^{-1})	R	出水 COD/(mg·L^{-1})
1		20	6.5	2.2	1	74.62
2		20	6.5	2.3	3	74.98
3		20	7	2.5	2	77.27
4		20	7	2.9	2	72.34
5		20	7	2.6	3	66.74
6		21.8	6.5	3.6	2	69.76
7		21.8	7	2.6	2	76.45
8	700	21.8	7	2.8	2	74.60
9		21.8	7	2.1	3	65.74
10		24	6.5	2.4	1	78.10
11		24	6.5	2.6	2	78.46
12		24	7	2.7	1	74.44
13		24	7	2.3	2	75.64
14		24	7	1.5	3	60.86
15		26.7	6.5	2.7	1	78.77
16		26.7	7	1.7	2	72.63
17		30	7	2.4	1	77.69

参 考 文 献

[1] Fan J, Tao T, Zhang J, et al. Performance evaluation of a modified anaerobic/anoxic/oxic (A^2/O) process treating low strength wastewater [J]. Desalination, 2009, 249(2): 822-827.

[2] Wang J, Zhang J, Xie H, et al. Methane emissions from a full-scale A/A/O wastewater treatment plant [J]. Bioresource Technology, 2011, 102(9): 5479-5485.

[3] 吴昌永, 彭永臻, 彭轶. A^2/O 工艺的反硝化除磷特性研究 [J]. 中国给水排水, 2008, 24(15): 11-14.

[4] 国家环保总局. 水和废水监测分析方法 (第四版)[M]. 北京: 中国环境科学出版社, 2002.

[5] Ayvaz M T, Karahan H, Aral M M. A quifer parameter and zone structure estimation using kernel based fuzzy c-means clustering and genetic algorithm [J]. Journal of Hydrology, 2007, 343(3): 240-253.

[6] Tsai D M, Lin C C. Fuzzy c-means based clustering for linearly and nonlinearly separable data[J]. Pattern Recognition, 2011, 44(8): 1750-1760.

[7] Altinay P, Sever A, Abdurrahman T, et al. Effects of phase vector and history extension on prediction power of adaptive-network based fuzzy inference system (ANFIS) model for a real scale anaerobic wastewater treatment plant operating under unsteady state[J]. Bioresource Technology, 2009, 100(20): 4579-4587.

[8] 李金荣, 郭瑞昕, 刘艳华, 等. 五种典型环境内分泌干扰物赋存及风险评估的研究进展 [J]. 环境化学, 2020, 39(10): 2637-2653.

[9] 郑顺安, 倪润祥, 宝哲. 西北地膜高投入地区土壤与玉米邻苯二甲酸酯 (PAEs) 含量水平与健康风险评估 [J]. 环境化学, 2020, 39(7): 1839-1850.

[10] 聂绍丽, 罗琦, 曾莉. 气相色谱–质谱联用法测定 PC 奶瓶中的 17 种邻苯二甲酸酯含量 [J]. 江西化工, 2020, 36(6): 121-123.

[11] 张锡辉. 高等环境化学与微生物学原理及应用 [M]. 北京: 化学工业出版社, 2001.

[12] US EPA. National Primary Drinking Water Regulations, Federal Register, 40 CFR Chapter 1, Part 141 [M]. Washington: US Environmental Protection Agency, 1991.

[13] 黄满红, 李咏梅, 顾国维. 直链烷基苯磺酸钠在厌氧–缺氧–好氧污水处理系统中的迁移转化规律 [J]. 环境科学, 2007, 28(7): 1502-1506.

[14] 陈智军, 李洋莹. 神经网络 BP 算法改进及其性能分析 [J]. 软件导刊, 2017, 16(10): 39-41.

[15] 刘洁, 张丰帆, 赵沴, 等. 基于改进遗传算法的河流水污染源反演方法 [J]. 环境科学学报, 2020, 40(10): 3598-3604.

[16] 李慧婷. 基于神经网络的无线信道仿真与建模研究 [D]. 北京: 北京交通大学, 2020.

第 6 章　工业废水智能控制系统工程案例

随着我国制造业的发展，工业废水的排放量日益增加，而达不到排放标准的工业废水排入水体，将会对地表水和地下水造成污染。地表水和地下水被污染进而导致可利用的水资源量日益减少，影响工农渔业生产，给人们生活和身体健康带来危害与隐患。水污染问题是我国目前面临的主要环境问题之一，而工业废水处理则是环境部门亟待解决的重要课题。制浆造纸废水在工业废水中占有很大的比例，在 2009 年最高峰时造纸行业排放废水44.1 亿 t，占工业废水排放量的 18.8%，COD 排放量占工业总排放量的 28.9%，给我国的生态环境保护工作带来了巨大的压力。

本章以制浆造纸废水为研究对象，采用华南理工大学万金泉教授团队自主设计研发的一体化高效反应器、两相两阶段厌氧生物反应器和 PS 高级氧化系统等工程现场应用装置，在分析制浆造纸废水处理工艺特点及控制特性的基础上，进一步研究制浆造纸废水处理智能控制系统的控制策略，以实现对各项废水处理单元的工程化智能控制应用。工业废水处理智能控制系统是以制浆造纸废水中的典型水质特征作为建模参数，通过水质检测、在线传感器等各项实时监测手段，分析废水处理过程中的各项影响因素，从而建立水质特征参数与控制变量之间复杂的非线性关系，以此作为废水处理智能动态建模的数据来源与理论基础。同时，结合实际的制浆造纸废水处理厂的运行状况及操作经验，建立基于模糊BP 神经网络的废水流量、曝气量、回流比、加药量、泥位高度等的预测和最优控制模型，以 Visual Studio. NET 为开发工具，结合组态软件开发面向废水处理的嵌入式监控系统，完成了相关的组态工作和 PLC 程序设计。同时采用计算机语言编写了模糊神经网络模型算法程序，实现与组态软件的挂接，完成了对实际制浆造纸工业废水处理系统的智能优化控制。

6.1　制浆造纸废水处理简介

6.1.1　制浆造纸废水处理工艺简介

制浆造纸废水悬浮物浓度高，COD、BOD 含量大，可生化性较差。因此，针对此种水质特征，制浆造纸废水处理方法较一般工业废水有所不同。目前，制浆造纸废水的处理方法主要包括物理法、化学法、生物法和物理化学法，常用的制浆造纸废水处理工艺流程如图 2-2 所示。

1. 物化处理

物化处理过程通常采用混凝法处理废水，化学混凝法是处理制浆造纸废水中较为常用的方法，这种方法可以有效降低废水的浊度和色度，在制浆造纸废水的处理中应用十分广泛，既可以作为独立的处理工艺，也可以与其他处理方法配合使用，用于预处理段、中间处理段和最终处理段。它可以作为初级处理的手段，也可以作为二级处理或深度处理的一种工艺。

2. 厌氧生物处理

厌氧生物处理法是在无氧条件下，通过厌氧生物对有机物进行酸性发酵和碱性发酵两个阶段的厌氧分解，完成代谢过程，即在产酸微生物的作用下，有机物转化为低级脂肪酸、醇、氨、和 CO_2 等中间产物。而后在产甲烷菌的作用下，转化为甲烷和二氧化碳，从而实现对有机物的分解与去除。

在过去很多研究和工程实践中，厌氧处理工艺在制浆造纸废水中应用较少，甚至有研究者误认为厌氧处理对制浆造纸废水的处理降解作用不大。随着厌氧生物理论研究的深入及相关工程在制浆造纸废水领域的成功应用，人们逐渐改变了厌氧处理在制浆造纸废水中作用的认识，只要合理设计工艺参数、提高布水设备混合和均匀布水效果，选择优势菌种，厌氧处理在制浆造纸废水中也能起到重要作用。

废水厌氧处理是近年来污水处理领域发展较快的技术，具有高效低耗、运行稳定、产生沼气，可实现资源化利用等特点，已成为中、高浓度污水处理的主流技术之一。厌氧生物法和好氧生物法相比，不需要曝气，只需少量或不需补充管养物，具有产生的污泥稳定且污泥量少、易于脱水、反应器处理负荷高、体积小、占地少、规模灵活、操作方便等优点。目前，研究者开发的厌氧生物处理工艺和设备种类很多，包括厌氧滤池、厌氧接触消化池、上流式厌氧污泥味 (UASB)、厌氧附着膜膨胀床 (AAFEB)、厌氧流化床 (AFEB)、升流式厌氧污泥床–滤层反应器 (UFB) 等。UASB 反应器已经成为最重要的和最受欢迎的厌氧反应器，目前在世界上 (不包括中国)UAS8 反应器占全部造纸水厌氧处理设备的 75%，它在制浆造纸废水处理中还将继续发挥重要作用。

3. 生物接触氧化法

生物接触氧化法是生物膜的一种形式，是在生物滤池的基础上，从接触曝气法改良演变而来的。好氧污水处理有两种传统方法：一种是活性污泥法，另一种是生物膜法。废水生化处理基本原理是利用微生物降解废水中的有机物并转化成无机污泥。两种传统方法的区别：一是在于微生物存在的状态不同，在活性污泥法中，微生物以絮状结构悬浮于所需净化的污水中，经充分混合而成为混合液；在生物膜法中，微生物以生物膜的形态附着在固体填料表面上与所需净化的污水相接触。二是在吸氧方式上，活性污泥法中微生物从所需净化的污水中吸收溶解氧，而生物膜法直接从大气中吸氧。如前所述，生物接触氧化技术是在生物滤池的基础上发展起来的，又名"浸没式生物滤池法"，但从生物膜固定和废水流动来看，相似于生物滤池法，而从废水充满曝气池和采用人工曝气来看，它又相似于活性污泥法。因此生物接触氧化法兼有生物滤池和活性污泥的双重特点，是传统工艺的一次革新。

生物接触氧化法主要由池体、填料、布水装置和曝气系统 4 部分组成，其中核心处理设备是接触氧化池。它主要是利用固着在填料上的生物膜吸附废水中的有机物并加以氧化分解从而使污水净化。生物接触氧化法具有附着力强，剩余污泥量少，无污泥膨胀现象，出水水质好等特点，但在处理较高负荷的污水时容易发生堵塞且处理费用高。

4. 制浆造纸废水深度处理技术

目前国内大部分造纸厂所采用的废水处理方法仍集中在格栅-斜筛过滤、混凝-吸附、厌氧-好氧生化处理、Fenton 氧化等方向。随着造纸废水处理技术的不断深入发展，许多新型处理技术逐渐出现在公众视野并得到推广应用，这些新型处理技术主要集中在造纸废水深度处理技术上。废水深度处理技术主要是将水中物化-生化处理难以去除的溶解性有机物、SS 等进一步脱除，以满足更高污水排放标准的要求，甚至实现水的回用。造纸废水深度处理技术主要包括高级氧化法、电化学法、絮凝-吸附法、膜分离法及组合技术分离法等[1]。

高级氧化技术是直接将污染物矿化为 CO_2、H_2O 和无机物或转换为低毒、易降解小分子物质的化学氧化技术[2]。高级氧化技术主要包括 Fenton 氧化法、过硫酸盐氧化法、光催化氧化法、臭氧氧化法、电催化氧化法、湿式空气氧化法、超临界水氧化法等[3]。由于高级氧化技术产生的自由基具有强氧化性，可以降解绝大多数难降解的有机污染物，该技术已成为解决水体污染问题的重点技术。同时该技术的研究点也早已不限于羟基自由基，而成了包括硫酸根自由基和超氧自由基等一类具备强氧化性的自由基。

6.1.2 制浆造纸废水的来源及特点

制浆造纸工业废水主要包括蒸煮废液、制浆中段废水和抄纸废水三大类[4]。3 种废水由于产生的工序不同，其理化性有显著的差异。

1. 蒸煮废液

蒸煮废液是制浆蒸煮过程中产生的超高浓度废液，包括碱法制浆的黑液和酸法制浆的红液。我国目前大部分造纸厂采用碱法制浆，所排放的黑液是制浆过程中污染物浓度最高、色度最深的废水，呈棕黑色。它几乎集中了制浆造纸过程 90% 的污染物，其中含有大量木质素和半纤维素等降解产物、色素、戊糖类、残碱及其他溶出物。每生产 1 t 纸浆约排黑液 10 t，其特征是 pH 为 11~13，BOD 为 34500~42500 mg/L，COD 为 106000~157000 mg/L。亚铵法制浆废液呈褐红色，故又称红液，杂质约占 15%，其中钙、镁盐及残留的亚硫酸盐约占 20%，木素碱酸盐、糖类及其他少量的醇、酮等有机物约占 80%。

2. 制浆中段废水

制浆中段废水是经黑液提取后的蒸煮浆料在洗涤、筛选、漂白及打浆中所排出的废水。这部分废水水量较大，中段废水的污染量占 8%~9%，1 t 浆 COD 负荷在 310 kg 左右，含有较多的木质素、纤维素等降解产物、有机酸等有机物，其中以可溶性 COD 为主。一般情况下其水质特征为 pH 为 7~9，COD 为 1200~3000 mg/L，BOD 为 400~1000 mg/L，SS 为 500~1500 mg/L。

3. 抄纸废水

抄纸废水又称白水，在纸的抄造过程中产生，主要含有细小纤维和抄纸时添加的填料、胶料和化学品等。这部分废水的水量较大，每吨纸产生的白水量为 100~150 t，其污染物负荷低，以难溶性 COD 为主，易于处理，在回收纤维的同时可以回用处理后的水。一般白水的 COD 仅为 150~500 mg/L，SS 为 300~700 mg/L，pH 为 6~8。

6.1.3　制浆造纸废水处理过程的特征

制浆造纸废水处理系统具有复杂性、非线性、时变性、不确定性和滞后性等特点。主要体现在：① 原水水质如进水量、原水 COD、原水 SS、原水 pH 等，混凝剂质量及投加量，溶解氧浓度的高低均会造成出水水质的波动；由于目前大部分废水处理采用人工操作，操作人员的素质也会对出水水质造成影响；另外周围环境 (如温度) 也不容忽视，特别是对于南北温差较大的情况更是如此。这些因素对出水水质的影响不是简单地叠加，而是呈现出复杂的非线性关系，很难用数学模型来描述。② 影响废水处理效果的因素很多且相互制约，处理系统中的状况每时每刻都处在变化中，而这种状况也很难作定量的衡量，使得废水处理系统成为典型的时变性系统。③ 实际运行的废水处理系统的 HRT 一般都在几个小时甚至更久。假定 HRT=12 h，那么当前时刻废水处理系统中影响处理效果的因素，需要经过 12 h 才会反映在出水 COD 值中，同时即便因素相同，12 h 之后的出水 COD 也不一定一致，表现出滞后性和不确定性等特点。

6.2　制浆造纸废水处理过程的主要影响因素及注意事项

6.2.1　制浆造纸废水处理过程的主要影响因素

1. 物化过程

物化过程中，混凝剂加入量不够，达不到良好的混凝效果；而加入量过多，就会出现胶粒再稳定现象或电荷变性现象。因此药剂加入量尤其重要，如果能够在误差范围内控制好加药量，就可以基本保证废水物化处理系统具有较稳定的出水水质，提高废水的可生化性。

2. 厌氧过程

影响厌氧过程的因素比较多，例如：SRT、VOL、水力负荷、pH、营养物质、有毒物质等。因此了解厌氧处理过程各个影响因素对厌氧处理过程的影响是实现厌氧过程稳定、高效运行的关键，也为厌氧处理过程的智能控制提供了指导 [4]。

① SRT：SRT 对生物处理能力和性能起决定性作用，它会影响反应器中微生物的种类和活性，进而影响出水水质。一般来说，所选择的 SRT 应该大于某种生物降解转化微生物所需要的最小 SRT 值。如果小于该值，那么微生物在反应器中的排出速率就会大于其比生长速率，这样微生物就不能达到一个稳定的数量。把运行的 SRT 值与最小 SRT 值的比值称为安全因子，为了保证系统中不会发生微生物流失，反应器中最慢生长的微生物所需要的安全因子应该大于 1.5。显然 SRT 是最基本的控制参数。

② VOL：尽管体积有机负荷并不是决定厌氧处理系统性能的基本参数，但是它通过反应器内的活性微生物浓度与 SRT 相关联。

③ 温度：所有的生物处理过程都会受到运行温度的影响，厌氧工艺也一样。产甲烷菌的最佳生长温度包括两个阶段，中温范围 30~40 ℃ 和高温范围 50~60 ℃。同时温度不仅会影响到产甲烷菌，还会影响到水解和产酸反应，针对不同的进水组分，温度对产甲烷过程和有机物的水解、产酸过程的影响不同。针对含有大量简单易生物降解的有机物废水，温度对产甲烷的影响比较大；针对含有大量复杂性有机物或者颗粒性有机物的废水，温度对

水解和产酸过程的影响比较大。一般推荐温度的波动应该小于 ±1 ℃/d，尽管厌氧系统可以应付小范围的温度波动，但是温度波动会造成系统处理性能降低，因此对厌氧过程温度的控制是必要的。

④ pH：pH 的大小对厌氧处理过程的系统性能起着至关重要的作用，当 pH 偏离最佳数值时，会导致生物活性降低，这种影响对厌氧生物处理过程尤为明显，主要表现在产甲烷菌比其他微生物对温度的敏感度更高。研究表明产甲烷菌的最佳 pH 范围是 6.8~7.4，偏离最佳范围会影响到产甲烷菌的活性，由于产甲烷菌对 pH 比较敏感，再加上 VFA 是有机物降解过程的中间产物，使得单级厌氧系统对 pH 下降的响应并不是很稳定。如果 VFA 的增加速度超过了产甲烷菌利用乙酸和氢气的最大能力，会导致多余的 VFA 积累，引起 pH 下降，进一步影响到产甲烷菌的活性，从而影响到它们对乙酸和氢气的利用，进一步导致 VFA 的积累及 pH 的降低。长此以往，当反应器内的 pH 降到产甲烷菌活性停止时，会发生反应器酸化的现象。因此，针对厌氧过程 pH 的调控至关重要。

⑤ 营养物质：营养物质是微生物的必要组成成分，厌氧过程也需要一定的营养物质，但是不像好氧生物处理过程对营养物质的需要那么多，这主要是由于厌氧微生物的产率比好氧微生物低得多。在去除的 COD 中，只有 4%~10% 的 COD 转化为微生物物质。造纸废水过程水质比较复杂，在处理这类混合性的污染物时，一般营养物质都是足够的。

3. 好氧过程

影响接触氧化处理过程的因素比较多，如停留时间、脉冲脱膜、曝气量等。

停留时间的长短根据废水水质和处理后的水质要求而定，随出水水质的不同而有较大的差异，一般在 6~10 h。合适的停留时间不但可以取得理想的处理效果，而且可以节省基本建设投资。一般来讲，在生物处理过程中，适当延长废水的停留时间 (HRT)，可以使得水中的难降解有机物得到充分的降解，从而保证出水水质。但是过量延长停留时间，不但会使得一次性投资增大，造成工厂用地紧张，而且会使得 F/M 值过低，微生物得不到足够的营养物而利用自身进行内源分解。脉冲脱膜可以提高系统的溶解氧效率，加速生物膜的更新，因此可以提高 COD 和 BOD 的去除率。

在生化处理系统中，混合液的溶解氧浓度含量是一个重要的问题。溶解氧浓度的含量高低直接影响废水处理系统的稳定，进而影响出水水质。溶解氧浓度的水平过低，使污泥活性降低，会抑制生物对有机物的降解，产生污泥膨胀；溶解氧浓度过高，会加速污水中有机物的消耗，使微生物缺乏营养，从而引起活性污泥的老化。长期过高的溶解氧浓度会降低活性污泥的絮凝性能和吸附能力，增加能耗，导致悬浮固体沉降性变差。因此，溶解氧浓度的控制非常重要。DO 浓度也可作为过程控制参数，即根据平衡溶解氧浓度的大小来判断进水有机物浓度的高低进而及时地调节曝气量，这既能防止溶解氧浓度过高引起运行费用的浪费，又能避免溶解氧浓度过低而产生污泥膨胀。

4. PS 高级氧化过程

PS 高级氧化过程需要控制的主要的量为进水水质要求指标、各药剂配制浓度、药剂加入量、药剂与废水的混合程度、铁泥排放等。因此，在实际工程运行过程中，需密切注意该部分的各项指标检测与控制，各项药剂流量均需用电磁流量计计数，以确保系统安全稳定运行。

6.2.2　制浆造纸废水处理过程日常操作注意事项

1. 厌氧过程

结合厌氧过程的关键影响因素，为了保证厌氧反应器稳定、高效运行，日常运行需要注意以下事项：

① 负荷控制：正常启动，达到设计处理水量后，应严格控制进水负荷，避免系统因超负荷导致的水质发黑、发臭及系统崩溃的恶化情况，主要包括进水流量和进水 COD 两个方面。其中，进水 COD 控制在 2 500 mg/L 以下，进水流量需根据实际运行情况调整。

② 污泥控制：厌氧塔内污泥浓度活性的判断：分别在塔内不同高度的取样口及厌沉塔底部取污泥测定 TSS 和 VSS 的浓度，测得 VSS/TSS，该数值若低于 0.3，则污泥活性较差。

③ 温度控制：冬季气温较低时，尤其是厌氧塔出水温度低于 30 ℃ 时，应开始考虑对厌氧塔进水进行升温，当出水温度低于 27 ℃ 时，厌氧塔的去除率将会下降 30%～50%。

④ 营养投加：根据实际经验，对于营养的投加主要是补充磷肥，制浆造纸废水中的氮通常是充足或少量缺少的。开始运行时营养按 COD:N:P=300:1:3 进行添加。

⑤ 产气监控：厌氧发酵过程是一个复杂的过程，生物产量测量困难，影响因素错综复杂，很难用确定的数学模型来描述，加之缺乏在线检测发酵生物量参数的传感器，给厌氧发酵的自动化带来了困难，因此研究发酵过程中各种参数的计算机监测与控制是十分必要的。厌氧发酵时，温度、pH、ORP、COD 等参数的监控对发酵过程的稳定运行至关重要，设计良好的监控系统能提高沼气的生产效率。本产气监控系统主要包括如下部分：a. 厌氧塔产气监测子系统：监控沼气流量、温度、压力及 CH_4、CO_2、H_2S、O_2 浓度；b. 厌氧塔内部参数监测子系统：监控温度 pH、ORP、COD；c. 数据采集和传输子系统：自动储存、查询、传输数据；d. 控制系统：对泵、阀门等进行自动控制。

2. 好氧过程

结合好氧生物处理过程的特点，为了保证反应器稳定、高效地运行，需要注意以下事项：

① 正常活性污泥呈黄褐色，当曝气池供氧不足时，会使污泥发黑、发臭；当曝气池溶解氧浓度过高或进水中有机物过低时，会因微生物的过量自身氧化而使污泥颜色转淡。

② 巡视曝气池时，应注意观察曝气池液面的翻滚情况。如发现局部有成团的大气泡上升，则可能是曝气头脱落；若液面翻滚不均匀，说明有的曝气器堵塞或被积泥和积砂覆盖，应及时处理。在污泥负荷适当、系统运行正常时，泡沫量较少，泡沫的外观呈新鲜的乳白色。如泡沫呈茶色、灰色时，一般是负荷过低造成，应增加排泥量；当泡沫数量增多，色泽发生变化或黏性增大不易破碎时，则说明系统受到冲击，运行不正常。

③ 操作人员应在不同区段悬挂下部不固定但能下沉的几段同样的填料，定期将几段填料拉出水面，检查生物膜生长情况 (也可作为观察生物相的取样点)，观察生物膜厚度。当发现生物膜过厚且发黑、发臭，同时发现处理效果不断下降时，除了检查造成生物膜过厚的原因 (往往是负荷过高) 外，还应采取"脱膜"措施。其方法主要有两种：一是可通过瞬间大气量和大水量来冲刷过厚的生物膜，使其从填料上脱落下来；二是可停止曝气一段时

间，使生物膜内层 (厌氧层) 发酵，厌氧发酵产生 CO_2、CH_4、H_2S 等气体，使生物膜与填料间的"黏性"下降，再加大曝气量冲刷。

④ 二次沉淀池大块黑色污泥上浮，可能是池内局部厌气造成的。解决办法是增加排泥次数。出水带有细小悬浮污泥颗粒的原因主要有曝气过度、超负荷运行。解决办法有降低曝气强度、延长停留时间、降低运行负荷，以改善污泥的性质、补加营养。

⑤ 氧化池积泥过多的原因：一是脱落的老化生物膜沉积在池底；二是预处理部分运行不良，未将悬浮物彻底去除，被进水夹带进入接触氧化池；三是吸附大量砂粒的大块絮体，比重较大，沉积于池底。一旦发现有积泥而且恶臭或悬浮物过高，就应及时借助排泥系统排泥。

3. PS 高级氧化过程

① 正常运行时，高级氧化塔中的废水为深黄色，出水为浅黄色，具有较多的悬浮物，透明度较低。但当出水颜色深黄，悬浮物较少时，此时应检测出水 pH 是否偏低，加药流量控制是否超过设定流量，同时应加大碱液流量，将离子沉淀池中的 pH 控制在所需范围内，并监测离子沉淀池中心区的 pH 范围，当高级氧化塔出水 pH 正常时相应减小碱液流量。当高级氧化塔的出水 pH 偏高时，应及时检查药剂加入流量是否偏低并及时调整。

② 正常运行时，离子沉淀塔中有大量絮凝颗粒翻滚进入中心区，废水为深黄色，沉淀区出水为墨绿色，出水清澈，透明度较高。当离子沉淀池沉淀区废水颜色偏黄，并伴有大量悬浮物上浮时，应首先检测中心区及沉淀 pH 是否偏低，若 pH 较低，应及时加大碱液进药流量，将中心区的 pH 控制在 8.2~8.5。若检测的结果显示 pH 在正常范围内，则可能由于底泥泥位偏高，随出水上浮，此时应及时增加铁泥排放量。

③ 正常情况下，高级氧化系统的进水 COD 增大时，应加大药剂的投放量，此时调节离子沉淀池的碱液进药流量并保证废水 pH 在所需范围之内；但若此时出水中的悬浮物仍偏多或出水颜色偏深，就应加入 PAC 混凝剂等来强化铁泥的沉降。加入 PAC 后，废水中的铁离子大部分会被沉降，出水色度显著降低，但会产生大量的铁泥。加入聚合氯化铝的铁泥相比未加入聚合氯化铝的铁泥，絮凝颗粒尺寸增大，但颗粒较松散，边缘呈白色，较轻，易受水流流态扰动。因此，在加入 PAC 后，需要增加铁泥的排放量，以减少铁泥上浮的现象。

6.3　制浆造纸废水处理智能控制系统研究体系

6.3.1　制浆造纸废水处理过程存在的问题

根据上述制浆造纸废水处理过程的污染物特征、主要影响因素、日常操作注意事项，要实现整个废水处理系统高效、节能、稳定地运行，还存在如下几个关键问题：

① 混凝投药量控制：虽然影响物化反应出水水质的因素很多，但是其中最重要且易于控制的一个因素是混凝剂的加入量。如果混凝剂加入量不够，达不到良好的混凝效果，而加入量过多，就会出现胶粒再稳定现象或电荷变性现象。因此药剂加入量尤其重要，如果能够在误差范围内控制好加药量，就可以基本保证废水物化处理系统具有较稳定的出水水质，提高废水的可生化性。

② 乙醇型厌氧反应控制：为保持厌氧反应器处于高效乙醇型发酵阶段，使挥发性脂肪酸等中间产物的生成与消耗平衡，应控制反应器 pH、进水负荷、营养盐，防止反应器酸化，并开发负反馈抑制作用小、乙酸化速率快的废水厌氧处理工艺。

③ 好氧池的溶解氧浓度控制：在生化处理系统中，混合液的溶解氧浓度含量是一个重要的问题。溶解氧浓度的高低直接影响到废水处理系统的稳定，进而关系到出水的水质。溶解氧浓度的水平过低，污泥活性降低，会抑制生物对有机物的降解，产生污泥膨胀；溶解氧浓度过高会加速消耗污水中的有机物，使微生物缺乏营养从而引起活性污泥的老化，长期过高的溶解氧浓度会降低活性污泥的絮凝性能和吸附能力，增加能耗，导致悬浮固体沉降性变差。因此，溶解氧浓度的控制非常重要。溶解氧浓度也可作为过程控制参数即根据平衡溶解氧浓度的大小来判断进水有机物浓度的高低进而及时调节曝气量，这样既能防止溶解氧浓度过高引起的运行费用的浪费，又能避免溶解氧浓度过低而产生的污泥膨胀。

④ 好氧池回流污泥控制：在生化处理系统中，回流污泥也是一个重要控制参数。一方面可以补充好氧池混合液流出带走的活性污泥，使曝气池内的悬浮固体浓度 MLSS 保持相对稳定；另一方面对缓冲进水水质的变化也能起到一定的作用。

⑤ PS 高级氧化过程药剂加入：各药剂均需在装有搅拌器的配药桶中用清水进行配制，配制好的药液装入储药罐后用加药泵泵入管道中，与待处理的水混合反应。

6.3.2　制浆造纸废水处理控制方案

由于制浆造纸废水处理系统是由多个工艺单元组成的，各工艺单元的控制对象和要求各不相同，在完成了对废水处理智能控制的策略研究和算法研究的可行性检验后，华南理工大学万金泉教授团队在成功开发了实验室制浆造纸废水处理智能控制系统的基础上 (本书前面章节为实验室小试和中试阶段)，结合制浆造纸废水处理过程的特殊性质、工艺流程、存在的问题，完成制浆造纸废水处理过程科研示范应用工程项目的智能控制系统设计，其中控制方案主要包括如下 7 个部分。

① 调节池控制：经过斜网系统的废水进入调节池。为检测调节池的水位，在调节池处安装液位计，输出 4～20 mA 模拟电流信号，此信号送入 PLC 并在中控室和监视。

② 一体化物化控制系统：调节池的污水由提升泵输送到一体化反应池。该过程中提升泵的控制方式有 3 种：现场手动控制、计算机手动控制和计算机自动控制。在这种控制模式下根据设定的流量，PLC 自动调整变频器来改变提升泵的输出，保证输出流量在设定范围内。

③ 一体化加药系统控制：PAM 药液的制备是在 PAM 药液溶解槽中完成的。PAM 加药系统包括加药泵、药液搅拌机和投药计量泵。PAM 加药系统按全自动方式工作，首先在溶解槽内将 PAM 粉末与水混合，并进行搅拌，使聚合物溶解，然后根据一体化需要提升泵的进水流量，将 PAM 药液由药液计量泵泵入一体化物化反应器中。PAC 药液直接由加药控制系统根据废水进水流量，将药液由加药计量泵泵入一体化物化反应器中，从而实现对废水物化处理的混凝投药控制。

④ 一体化污泥位和液位控制：为检测一体化反应罐的水位，以防水溢出，在一体化反应罐中安装液位计，提升泵与反应池液位联动；为了控制污泥罐的泥位高度，在污泥罐处安装泥位计，并结合污泥罐底的排泥电磁阀进行控制。当反应器的泥位达到设定值时，相

应的 PLC 程序会触发排泥阀开启排掉反应器中的污泥；当泥位计高度低于设定值的时候，排泥阀自动关闭。上述操作可以通过 PLC 编程来实现，液位的控制也是一样。

⑤ 厌氧塔监控系统：经过一体化反应器的废水通过调节阀调节进入厌氧处理塔。该调节阀有 3 种控制模式：现场手动控制、计算机手动控制和计算机自动控制。为了监测厌氧塔的运行状况，在厌氧塔处安装 pH 计、流量计、气体流量计及沼气在线监测仪。根据检测到的 pH、气体流量及气体组分，由进入厌氧塔的水量调节阀控制进水流量，并由进入计量泵的营养盐控制营养盐的加入量。

⑥ 生化控制系统。A. 鼓风机控制系统。鼓风机系统控制模式有 3 种：现场手动控制、计算机手动控制和计算机自动控制。依据 DO 溶氧仪信号由 PLC 利用溶解氧智能控制系统自动调节变频器的输出频率，使 DO 浓度达到计算机上设定的范围，实现对溶解氧浓度的反馈控制。B. 二次沉淀池污泥回流泵控制。该泵有 3 种工作模式：现场手动控制、计算机手动控制和计算机自动控制，自动情况下定时间歇运行，时间参数可在计算机上设定。C. 出水水质监控系统：在二次沉淀池出水处安装 COD 在线监测仪和 pH 计，把监测到的水质指标发送到计算机用于监控出水水质。同时，控制系统能根据出水水质进一步调控鼓风机、污泥回流泵及进水流量。

⑦ PS 高级氧化系统。结合 PS 高级氧化应用系统的各项影响因素及控制变量，最终确定系统控制变量包括：进水流量；进水 COD；过硫酸钠投加量；硫酸亚铁投加量；絮凝剂 PAC 投加量；碱液投加量。控制系统可根据出水水质进一步调控各项控制变量的具体数值。

6.4　制浆造纸废水处理应用工程系统设备简介

随着国家对制浆造纸废水工业水污染源的重视，人们的视野逐渐集中到制浆造纸废水处理技术及应用工程研究上。实际上，目前国外的制浆造纸生产设备几乎都有配套的废水处理系统。我国也有一些生产规模较大的造纸厂在其脱墨纸浆生产线上引进了国外脱墨及废水处理系统，但从国外引进脱墨废水处理系统，所需投资大，操作较为复杂，运行成本也比较高，而且在技术上受制于人，不利于在我国占据大部分的中小型造纸厂中推广应用，也并不适合我国现阶段的国情。

6.4.1　一体化高效物化反应器

制浆造纸废水智能控制系统的物化处理采用华南理工大学万金泉教授团队研制的"一体化"国家专利设备，该设备主要采用混凝沉淀与吸附过滤相结合的方法，在特效废水处理器中对废水进行处理。一体化处理器结构紧凑，集废水与絮凝剂的混合、反应和澄清过滤于一体，从而减小了设备的占地面积。另外该设备可利用废水中自身所含的悬浮物，在处理器内形成稳定的可连续自动更新的吸附过滤流动床，该流动床有类似活性炭的作用，可以对废水进行吸附过滤，处理效率高，出水水质好。同目前常用的气浮处理法相比，本技术具有如下特点。

① 处理的废水种类不同。气浮是单纯的物化废水处理方法，主要用来处理从造纸机上下来的白水，而一体化废水处理器则主要用来处理制浆造纸废水。白水和制浆造纸废水的

性质是不一样的，白水中的污染物主要是密度较小的纤维，而制浆造纸废水中除含有纤维外，还含有大量的密度大于水的填料、灰生等，这些污染物不适合用气浮法去除，而适合用沉淀的方法去除。

② 所需设备投资、效果不同。对于同样的废水处理量，气浮处理法所需设备投资一般是特效废水处理器的 2 倍，而气浮处理方法难以去除废水中的可溶性 COD。实际工程应用效果表明，一体化技术对可溶性 COD 的去除率可达到近 20%，而絮凝沉淀法和气浮法分别只有 4% 和 5%，可溶性 OOD_7 是造成废水回用后 COD 积累的主要原因，影响处理后清水的长期循环使用。

③ 设备的占地面积小、运行成本低。气浮处理法的占地面积较大，而特效废水处理器集沉淀、吸附、过滤、生化处理于一体化，它的直径只有 8～10 m，高 9 m，大大缩小了废水处理工程的占地面积。同时，特效废水处理器无须搅拌，只依靠水泵动力，不仅操作更加方便，也降低了运行成本。

某制浆造纸废水处理厂采用一体化设备处理 10 000 m^3/d 的制浆造纸废水，应用工程现场图片如图 6-1 所示。该厂的 OCC 废水为含土黄色悬浮物的浑浊液，根据水质检测数据可知，与原生原料制浆的废水相比，OCC 造纸产生的废水污染物指标要小一些，但其出水 COD、BOD_5、SS 的含量均大大超过国家所规定的排放标准，且 $BOD_5/COD < 0.3$，废水的可生化性较差。同时还可以看出，废水中可溶性 COD 的含量占总出水 COD 的 20%～25%。这些可溶性 COD 主要是由造纸过程中加入的淀粉等填料造成的，而它的存在给废水的达标排放带来一定的难度。

图 6-1　高效一体化物化反应器应用工程现场图

使用该一体化装备处理制浆造纸废水，BOD、COD 的去除率为 80% 左右，SS 的去除率可达 85% 以上，经该系统处理的废水外观清澈透明，与该厂生产用的河水无异，大部分可回用，少部分再经过生化处理后排放，达到了生产过程少补充清水，废水排放量少的目的。由于经该净化器处理后的沉淀与气浮法浮渣性能不同，净化器处理后的沉淀是颗粒较大的絮凝物，具有良好的滤水性，易于脱水后形成浓度较大的干料，可以作为垃圾运走，也可以回收用于瓦楞纸及挂面箱纸板底层作为抄纸原料，有良好的经济效益，其中每吨废水的处理成本见表 6-1。

目前，许多地方环保局对制浆造纸企业制定了严格的废水排放标准，要求出水 COD 在 100 mg/L 以下。而制浆造纸废水无论是经过一体化处理，还是经过其他物化处理，其出水 COD 值往往都还在 200 mg/L 以上，达不到许多地方环保局规定的制浆造纸废水排放标准，这主要是因为废水中存在可溶性的 COD。生化处理可以有效地去除可溶性的 COD，采用一体化技术处理后的制浆造纸废水，再经过厌氧–好氧两阶段生化处理系统进一步处理，可使废水达到排放标准的要求。

表 6-1   一体化高效物化反应器每吨废水处理成本

项目	耗量/kg	单价/(元·kg^{-1})	水处理费用/(元·t^{-1})
絮凝剂用量/(kg·m^3)(废水)	0.08	2.5	0.20
沉渣处理剂/(kg·m^{-3})(废水)	0.001	15.0	0.015
电耗/(kW·h·m^{-3})	0.08	1.0	0.08
折旧费	—	—	0.033
人工费	—	—	0.027
净水回用	—	—	−0.06
合计			0.295

6.4.2   两相两阶段高效厌氧反应器

在过去很多研究和工程实践中，厌氧处理工艺在制浆造纸废水中很少得到应用，甚至误认为厌氧处理对造纸废水作用不大。随着理论研究的深入及相关工程在造纸废水领域的成功应用，人们逐渐改变了厌氧处理在造纸废水中作用的认识。只要合理设计工艺参数、提高布水设备混合和均匀布水的效果，选择优势菌种，厌氧处理在造纸废水中能起到重要作用。

华南理工大学万金泉教授团队通过对传统厌氧反应器设备结构进行改进与重新设计，开发出新一代多点回流式两相高效厌氧深度反应器，并取得相关国家专利(专利名：一种处理废水的两相两阶段厌氧生物反应器，专利号：ZL201210092928.8)。此厌氧深度反应器可实现垂直方向上功能区域的划分及水体螺旋升流，为厌氧生物产酸预产甲烷菌创造各自适宜的环境，有效避免短流、返混、气涌、酸化、污泥钙化等厌氧反应过程中易发生的问题，实现了乙醇型厌氧反应，提高了厌氧反应器的效率。同时反应器的启动和运行过程中，不需要投入大量的颗粒污泥，为企业节约了大量的生产及应用成本。

图 6-2 为两相两阶段高效厌氧生物反应器工艺流程原理图，图 6-3 为两相两阶段高效厌氧生物反应器工程应用现场图。

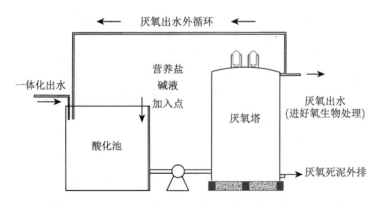

图 6-2   两相两阶段高效厌氧生物反应器工艺流程原理图

图 6-3　两相两阶段高效厌氧生物反应器工程应用现场图

早期制浆造纸废水处理技术，因排放标准不严，所以大多采用一级物化处理 (气浮、沉淀等)，然后逐渐增加水解酸化、好氧生物等二级生物处理工，即可实现达标排放。但随着社会发展和科学的进步，对环境的污染治理要求越来越高，对生产过程中的废水回用率和排放标准都有了进一步的提高，促使造纸厂废水需要更完善的处理设施。而制浆造纸废水中 BOD/COD 较低，可生化性较差，处理难度较大，大部分 BOD 最终主要依靠生物方法去除，因此通过增加厌氧处理系统，可达到 90％ 以上的回收利用和 COD≤90 mg/L 以下的排放标准。

6.4.3　生物接触氧化池

生物接触氧化池采用华南理工大学环境与能源学院万金泉等人发明的生物接触氧化法处理制浆造纸废水的工艺。该工艺针对制浆造纸废水中难降解有机物多的特点，利用诱导底物和代谢底物形成碳源协同共代谢废水生物处理技术，大大促进废水中的 POPs 降解，可有效提高好氧生物处理效果。图 6-4 为生物接触氧化池工艺流程及原理图，图 6-5 为好氧生物接触氧化池应用工程现场图。

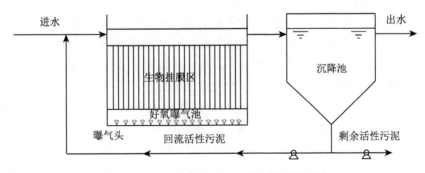

图 6-4　生物接触氧化池工艺流程及原理图

图 6-5　好氧生物接触氧化池应用工程现场图

6.4.4　PS 高级氧化反应器

在制浆造纸行业，造纸出水目前虽然已能实现达标排放，但该类型废水中仍然含有少量难生物降解的毒性物质，这些物质的长期累积会对周围水环境和居民健康造成较大的影响，尤其是在一些环境敏感地区，对排放水水质必然有着更高的要求。废水深度处理技术 (如高级氧化法、膜分离法等) 能有效降解这部分毒性物质、降低废水排放量、实现水资源的有效回收利用。同时，由于厌氧–好氧生化系统受生产工艺等多种因素的干扰 (温度、生产水质波动等)，出水在某些特殊情况下，可能会达不到地方政府要求的排放标准 (如 COD 小于 60 mg/L)。因此，为确保废水稳定达标，在废水物化、厌氧及好氧处理基础上，必须采用高级氧化处理工艺。目前在制浆造纸废水中应用的高级氧化技术有 PS 法和 Fenton 法等。

华南理工大学万金泉教授研究团队开发的具有自主知识产权的 PS 高级氧化技术是基于 Fenton 法的一项新型高级氧化技术。该技术已获得国家专利 (专利名：一种双向流内循环式 PS 高级氧化反应器及污水处理方法。专利号：CN201310152849.6)。PS 高级氧化技术同 Fenton 等高级氧化处理技术相比，具有如下显著的优点：

① 用 PS 高级氧化法处理造纸生化后的废水时不需要通过预先加酸调节 pH，运行及调控更方便。而 Fenton 法的适用 pH 范围较窄。它只能在 pH=2.0~5.0 的范围内处理。由于造纸废水经生化处理后，pH 为碱性，因此需要预先在调节池中加入强酸将废水的 pH 降低到 2.0~5.0，控制复杂且增加了运行成本。同时使用强酸易腐蚀设备，对于操作人员也非常危险，存在严重的安全隐患。

② 同 Fenton 法相比，PS 高级氧化法处理造纸废水的运行成本更低。Fenton 法在处理废水的过程中，需要投加大量的过氧化氢和硫酸亚铁等化学试剂，且过氧化氢药剂极易发生分解失活，因此药剂投加的成本很大。而 PS 高级氧化法所需要投加的氧化剂 (过硫酸钠) 和催化剂等化学试剂显著减少，且氧化剂非常稳定，不易失活，药剂的利用效率高。

③ PS 高级氧化技术氧化活性更稳定。PS 高级氧化法在处理废水的过程中依靠的不仅有羟基自由基，还有大量的硫酸根自由基。在偏碱性条件下，硫酸根自由基具有更强的氧化性，且硫酸根自由基稳定性更强，氧化作用更持久，氧化处理废水的效率更高。该方法对 COD 较低的废水处理效果尤其好，氧化性不易失活。Fenton 法在处理废水过程中依靠的是具有氧化性的羟基自由基，由于造纸废水生化处理过程中，会引入碳酸根、磷酸根等

离子，而对富含碳酸根、磷酸根等无机离子的废水，Fenton 法在处理废水的过程中会因为自由基的淬灭而氧化活性降低。

④ PS 高级氧化处理设备可以同时适应 Fenton 高级氧化处理、混凝三级处理，可以根据废水的水质进行选择。

图 6-6 为 PS 高级氧化系统工艺流程原理简图，图 6-7 为 PS 高级氧化应用工程现场返图。其中图 6-7(a) 为废水处理前端物化—生化处理单元；图 6-7(b) 为 PS 高级氧化深度处理系统正面图；图 6-7(c) 为 PS 高级氧化反应区；图 6-7(d) 为清水区出水。

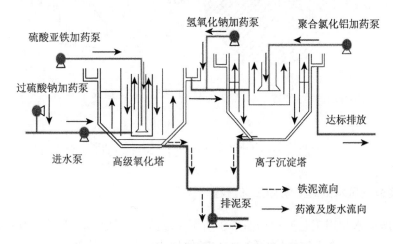

图 6-6　PS 高级氧化系统工艺流程原理简图

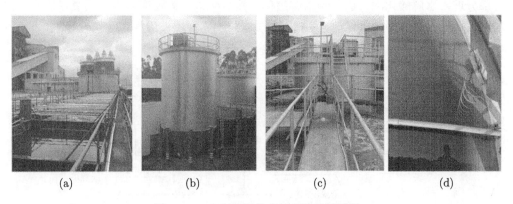

(a)　　　　　　(b)　　　　　　(c)　　　　　　(d)

图 6-7　PS 高级氧化应用工程现场返图

废水深度处理费用一般由折旧费、人工费、电费、药剂费用及其他费等组成，传统的 Fenton 高级氧化深度处理工艺处理制浆造纸废水的费用一般为 1.7~5 元/t，其中药剂成本为 1.19~1.8 元/t[5]。而 PS 高级氧化工艺由于其处理流程简单，基建及设备投资费用较低，其中，药剂主要有过硫酸钠、硫酸亚铁、氢氧化钠及聚合氯化铝，无须调酸步骤，大大减少了日常运行工作量。结合工厂连续运行状况及市场药剂单价，采用 PS 高级氧化工艺总费用成本仅为 1.30 元/t，各部分费用所占比例如图 6-8 所示，药剂费用所占比例为 73.72%，药剂成本为 0.96 元/t，因此 PS 高级氧化工艺有望成为制浆造纸废水深度处理的优选方案。

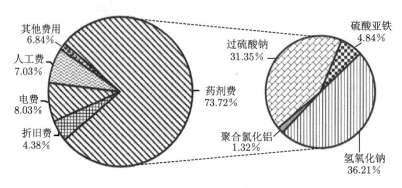

图 6-8　PS 高级氧化工艺运行成本组成

6.5　制浆造纸废水处理自动控制系统构建

6.5.1　制浆造纸废水处理厂常用工艺流程

制浆造纸废水常用工艺流程如图 6-9 所示，造纸厂车间排水部分回到白水塔后直接进行回用，另一部分车间废水同生活污水与其他污水一起经沉淀及人工斜筛回收短纤维后，进入废水综合调节池。调节池废水泵入物化塔，进行一级物化处理后，一部分车间回用，另一部分进入水解酸化池，进行预水解酸化。然后泵入厌氧反应塔内，厌氧塔出水通过厌沉塔沉淀后进入生物接触氧化池，其中悬浮固体和胶体物质被活性污泥快速吸附，可溶性有

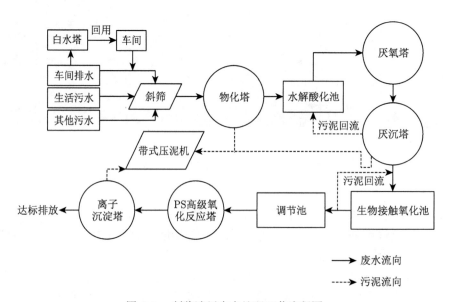

图 6-9　制浆造纸废水处理工艺流程图

机物质被活性污泥中的微生物氧化分解，从废水中去除。生化出水进入缓冲清水池进行均质均量调节后，泵入 PS 高级氧化反应塔内，同时将已充分溶解的过硫酸钠与硫酸亚铁溶液泵入高级氧化反应塔内混合反应，实现对水中难降解有机物的降解。出水进入离子沉淀塔，通过投加碱液，絮凝剂辅助沉淀后，出水达标排放，高级氧化反应塔与离子沉淀塔底部污泥通过压滤机压出后进行固废处置。

6.5.2　智能控制系统框架

本书在前面章节介绍了实验室造纸废水智能控制系统的框架图，主要采用 3 个 ADAM 研华模块、PLC 与嵌入式计算机组成，电磁阀和排泥阀的实时控制由 S7-200 完成。然而 S7-200 属于小型 PLC 系统，适合的控制对象一般在 256 点以下。本项目选择 S7-300 系列西门子 PLC，属于中大型的 PLC 系统，适合的控制对象一般在 256 点以上，更加符合本项目要求。模拟输入模块为 SM-331 系列模块，8 点输入，9/12/14 位分辨率，用于连接电压与电流传感器、热电源、电阻和电阻温度计等；模拟输出模块为 SM-332 系列模块，8 路输出，用于连接模拟执行器，主要用来控制泵、变频器来达到控制流量的目的；数字量输入模块为 SM-321 系列模块，32 路输入，24 V DC，用于连接标准开关和两线制接近开关；数字量输出模块为 SM-322 系列输出模块，32 路输出，24 V DC，0.5 A，用于连接电磁阀、接触器、小功率电机、指示灯和电机启动器等；CPU 是整个控制系统的核心，负责系统的中央控制，存储并执行程序，实现通信，本项目选择 SIPLUS 标准型 CPU——SIPLUS CPU 315-2PN/DP。该 CPU 主要有以下特点：具有中等容量的程序存储器和程序规模；对二进制和浮点数运算具有较强的处理能力，在具有集中式和分布式 I/O 的生产线上作为集中式控制器使用；具有双端口交换机的 PROFINET 接口。本智能控制系统主要包括：变频系统、仪表、中控系统、软件系统 (预测和控制算法、组态软件、编程软件等)、反应设备等，各个部件的详细说明会在下文设备配置中介绍。

6.5.3　智能控制系统的搭建流程

根据制浆造纸废水处理工艺流程和控制要求，搭建基于实际制浆造纸废水处理厂的模糊-BP 神经网络的智能优化控制系统主要包括以下步骤：

1. 模糊-BP 神经网络预测控制模型的样本采集

在示范点选取废水处理过程的典型水质特征 (进水流量、COD、DO、ORP、pH、加药量、曝气量、回流比) 作为建模参数，通过实验和在线传感器等分析影响废水处理系统的各个因素，建立起废水处理过程中的水质负荷、DO、ORP、pH 与控制变量 (曝气量、回流比、泥位高度、加药量) 之间复杂的非线性关系，为构建废水处理系统智能动态建模做准备。

2. 废水处理模糊-BP 神经网络预测控制模型的构建

用水质指标 (COD、气体流量、pH、DO、进水量、药液加入量及泥位高度等参数) 建模，由模糊-BP 神经网络建立起废水流量、曝气量、回流比、加药量、泥位高度等的预测控制模型。主要是通过神经网络的 5 层结构实现模糊控制器的模糊化、模糊推理、解模糊化等功能。隶属函数的初始中心值采用模糊 C 聚类方法获得，隶属函数的其他初始参数则采用误差反传方法由实验室数据的离线学习获得。模糊推理规则由网络数据的双向流动及中间层的竞争学习确定，专家对规则的经验由中间的连接和信号的流向实施。解决之前模型存在的输入量有奇异性、模型精度不高、训练时间长的问题。

3. 优化废水处理过程模糊-BP 神经网络控制策略

综合考虑制浆造纸废水处理过程中的控制参数，结合实际废水处理厂的运行状况及操作经验，以加药量、污泥排放量和溶解氧浓度作为控制变量，以出水水质为约束条件，以运行费用性能指标，对模型的隶属函数进行调整，修正模糊规则，从而优化模型的控制策略，以达到废水处理系统的最优控制。

4. 基于模糊神经网络控制算法的废水处理自动监控系统软件开发

以 Visual Studio .NET 为开发工具，结合组态软件开发面向废水处理的嵌入式监控系统，完成相关的组态工作和 PLC 程序的设计，并用计算机语言编写模糊神经网络模型算法程序，实现与组态软件的挂接，完成对制浆造纸废水处理过程的智能控制。

5. 基于模糊-BP 神经网络的废水高级氧化处理的智能加药系统

为解决人工控制投药过程中稳定性、操作失误频发、加药量难以控制等问题，本章以 PS 新型高级氧化技术的工程应用项目为研究对象，探讨了包括进水流量、进水 COD、进水 pH、氧化剂 PS 用量、活化剂 Fe^{2+} 用量、氢氧化钠用量及 PAC 用量等对该过程出水 COD 的影响。利用实验小试及实际工程现场采集到的各项运行数据，建立了基于模糊-BP 神经网络的预测与控制仿真模型，以实现对该废水处理高级氧化技术应用过程中加药系统的智能控制。

6. 实际生产过程中的废水处理智能控制系统工程应用运行、调试

控制软件在实际运行条件下的训练和优化，解决示范点各个参数的变化对处理结果影响所造成与实验室阶段获得的最佳控制模型不匹配的问题，并解决设备、仪表、程序、工艺等方面出现的问题，检验系统是否实现工艺设计目标。

6.5.4　设备配置

1. 沼气在线分析仪

英国 Geotech 在线式沼气分析仪 GA 3000。

主机：包括除水脱硫等过滤预处理；各测量通道独立显示、控制；以及各通道的独立 4~20 mA 标准电流输出。

CH_4 测量单元：红外原理，量程 0~100‰。

CO_2 测量单元：红外原理，量程 0~100‰。

O_2 测量单元：电化学原理，量程 0~21‰。

H_2S 测量单元：电化学原理，量程 0~500、2 000、5 000 mg/L。

2. 气体流量监测仪

本系统选用插入式热式气体流量计 TF100，此款气体质量流量计使用标准精密风洞校准，采用恒温差原理的热消散 (冷却) 效应的金氏定律。可以同时显示流速 (流量)、温度。低流速反应灵敏，高流速也能达到很高的精度。即使在高温也能取得很好的恒温差，可以稳定测量多种气体，直接输出质量流量，无须温压补偿。有本安和隔爆两种方式、两路输出可选。适合于大口径、小流量的测量，多种安装方式可选。适用被测介质有：空气、天然气、沼气、煤气、干燥氯气、氧气、一氧化碳助燃风、烟道烟气、火炬气、氢气、氩气及其他干燥气体。

3. 温度、PH、ORP 在线监测仪

本系统选用 Goldto(金至)TP560 PH/ORP 控制仪表，用单片微处理机实现各种参数的测量与控制。带背景光 LCD 显示，方便夜间或光线较暗处观看；自动温度补偿；两点校正；隔离式 4~20 mA 电流输出，可直接与记录器或 PLC 等系统连线；双组继电器高、低点控制，迟滞量可调，高低点报警指示；掉电记忆。

4. COD 在线监测仪

水样以重铬酸钾为氧化剂，以硫酸银为催化剂，以硫酸汞为去干扰剂，在硫酸介质中消解杯回流氧化后，以硫酸铁铵为滴定液，滴定水样中未被还原的过量的重铬酸钾，由消耗的亚铁铵的量换算成氧的质量浓度。

本系统选择的 COD 在线监测仪器的 COD 检测范围为 15~10 000 mg/L，并可以在一定范围内直接实现不同浓度的互相切换，可以不经稀释直接检测氯离子浓度在 10 000 mg/L 以内的水样。为了方便检测仪器的控制和数据的传输，在仪器的右后部有多组信号接口，包括 4-40MA，RS232 等，上位机通信采用 RS232C。本仪器适合用于整个控制过程中。

5. 在线 pH/温度仪表

本系统选择的仪表为大朗电子 pH 在线监测仪，pH 测量范围为 0~14，pH 分度值为 0.01，温度为 0~99.9 ℃，分度值为 0.1 ℃。可选择两路电流输出，一路是温度，另一路是 pH 或两路 pH。供电电源可选 AC 220 V±22 V，DC 24 V 供选。通信接口可选 RS484 或者 RS232，4~20 mA 输出。

6. 在线溶解氧仪

本仪表是高智能化的溶解氧浓度在线连续监测仪，采用极谱式电极，阳电极由 Ag/AgCl 组成，阴电极由铂金 (Pt) 组成，两者之间充满的特殊成分是电解液。由硅橡胶渗透膜包裹于电极四周。测量时，电极间加上 675 mV 的极化电压，氧渗透过隔膜在阴极消耗，同时等量的氧在阳极产生，这个动态过程进行到两边的氧分压相同时达到平衡。此时两电极间的电流与氧分压成正比，二次表检测到此电流，再经过一系列变换，得到氧浓度和氧含量。同时，NTC(负温度系数热敏电阻) 检测被测量液的温度，二次表采样后进行温度补偿，将氧浓度或氧含量折算成 25 ℃ 时的值，并且配套温补电极，以满足各种环境的溶解氧浓度连续测定。测量范围包含了两个量程：0~1 000 μg/L 和 0~20 mg/L，可自由切换。自动

温度补偿范围为 0~60 °C, 以 25 °C 为标准。可选择两路电流输出, 一路溶解氧或者两路溶解氧。通信接口可选择 RS484 或者 RS232。

7. 水泵

泵的调速主要是通过 SM-332 系列模拟量输出模块连接执行器, 经过调速电路调整直流水泵电压, 可以控制水泵的转速, 以达到控制水泵流量的目的。通过实验获得电压、转速和流量的关系, 进而达到控制流量的目的。

8. PLC 中控系统

1) S7-300 系统构架

S7-300 适用于中低端性能要求的模块化的中小型 PLC 系统 (图 6-10), 各种性能的模块可以非常好地满足和适应自动化控制任务, 简单实用的分布式结构和多接口网络能力, 应用十分灵活方便。控制任务增加时, 可自由扩展, 功能非常强大且种类丰富。S7-200 是整体式的, CPU 模块、I/O 模块和电源模块都在一个模块内, 称为 CPU 模块, 而 S7-300 系列电源、I/O、CPU 都是单独模块, 各种单独模块可进行广泛组合和扩展。其系统构成如图 6-11 所示, 它的主要组成部分包括: 导轨 (RACK)、电源模块 (PS)、中央处理单元 CPU 模块、接口模块 (IM)、信号模块 (SM)、功能模块 (FM) 和通信处理器, 通过 MPI 网的接口直接和编译器 PG、操作员面板 OP 和其他 S7 PLC 相连。

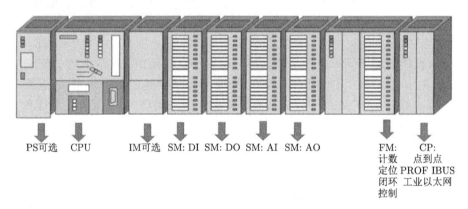

图 6-10   S7-300 系列系统构成图

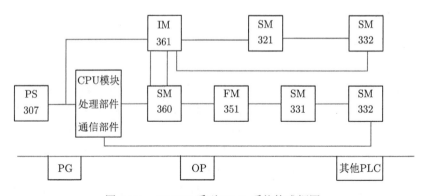

图 6-11   S7-300 系列 PLC 系统构成框图

2) S7-300 的组件及功能

表 6-2　S7-300 的组件及功能

组件名称	主要功能
导轨	S7-300 的支架
电源模块	将电压 (120/230V) 转换为 S7-300 所需的 24V DC 工作电压
中央处理单元 CPU 模块	执行用户程序
接口模块	连接两个机架的总线
信号模块	把不同过程信号与 S7-300 相匹配
功能模块	完成定位、闭环控制
通信处理器	连接可编程控制器 (电缆、软件、接口模块)

3) S7-300 的扩展能力

S7-300 是模块化的组合结构,根据应用对象的不同,可选用不同型号和不同数量的模块,并将这些模块安装在同一机架或者多个机架上。除了电源模块、中央处理单元 CPU 模块和接口模块外,一个机架最多只能再安装 8 个信号模块或者功能模块。CPU314/315-2DP 最多扩展 4 个机架,IM360/361 接口模块将 S7-300 背板总线从一个机架连接到下一个机架。

4) DI 模块

本项目选择的数字量输入模块为 SM-321 数字量输入模块,用于连接标准开关和两线制接近开关,选型型号为:6ES7321-1BL00-0AA0,技术规格见表 6-3。

5) DO 模块

数字量输出模块为 SM-322,用于连接电磁阀、接触器、小功率电机、指示灯和电机启动器,选型型号为:6ES7322-1BL00-0AA0,技术规格见表 6-4。

6) AI 模块

模拟量输入模块为 SM-331,用于连接电压和电流传感器、热电源、电阻和电阻温度计,选型型号为:6ES7 331-7KF02-0AB0,技术规格见表 6-5。

表 6-3　DI 模块技术规格表

6ES7321-1BL00-0AA0	
技术规格	规格参数
直流额定电压	24 V
从背板总线 5 V DC,最大	15 mA
典型功耗	6.5 W
数字量输入点数	32
可同时控制的输入点数	
水平安装	
最高 40 ℃ 时,最大	32℃
最高 60 ℃ 时,最大	16℃
垂直安装	
最高 40 ℃ 时,最大	32℃
输入电压类型	DC
直流额定值	24 V
信号 "0"	$-30\sim+5$ V
信号 "1"	$13\sim30$ V
输入电流	
信号 "1",典型值	7 mA

表 6-4　　DO 模块技术规格表

6ES7322-1BL00-0AA0	
技术规格	规格参数
直流额定电压	24 V
从背板总线 5V DC，最大	110 mA
典型功耗	6.6 W
数字量输入点数	32
最大灯负载	5 W
负载阻抗范围下限	48 Ω
负载阻抗范围下限	4 kΩ
输出电压	
信号 "1"，最小电压	L+(−0.8 V)

表 6-5　　AI 模块技术规格表

6ES7 331-7KF02-0AB0	
技术规格	规格参数
直流额定电压	24 V
反极性保护	√
输入电流	
从负载电压 L+(空载)，最大	200 mA
从背板总线 5 V DC，最大	50 mA
功耗	
典型功耗	1 W
模拟量输入点数	8
用于电阻测量的模拟量输入点数	4

7) AO 模块

模拟量输出模块为 SM332，用于连接模拟执行器，选型型号为：6ES7 332-5HF00-0AB0，8 路输出，11/12 位，具体技术规格见表 6-6。

表 6-6　　AO 模块技术规格表

6ES7 332-5HF00-0AB0	
技术规格	规格参数
直流额定电压	24 V
输入电流	
从负载电压 L+(空载) 最大	340 mA
从背板总线 5 V DC 最大	100 mA
功耗	
典型功耗	6 W
模拟量输出	
模拟量输出点数	8
电压输出，具有短路保护功能	√
电压输出，短路电流，最大	25 mA
电流输出，空载电压，最大	18 V
电压输出范围	
0 ∼ 10 V	√
1 ∼ 5 V	√
−10 ∼ +10 V	√
电流输出范围	
0 ∼ 20 mA	√
−20 ∼ +20 mA	√
4 ∼ 20 mA	√
模拟量生成	
每个通道的积分和转换时间/精度	
超限精度 (包括符号位)，最大	12 位：±10 V，±20 Ma，4∼20 Ma，1∼5 V:11 位 + 符号位；0∼10 V，0∼20 Ma:12 位
	0.8 ms

本工业废水智能控制系统主要是为了完成以下任务：调节池的控制、一体化加药控制、一体化泥位液位控制、厌氧塔监控、鼓风机控制系统、沉降池污泥回流控制系统和出水水质监控系统。结合本项目工艺流程，主要涉及的执行机构包括如下部分：电磁阀 (1 个)、压力变送器 (3 个)、PAM 药液转移泵 (2 个)、搅拌器 (3 个)、药液输送计量泵 (3 个)、液铝输送计量泵 (4 个)、污水提升泵 (4 个)、营养液加入计量泵 (3 个)、污泥回流泵 (1 个)、鼓风机系统 (3 个)、调节阀 (1 个)。

信号采集模块采集：气体流量计流量、液体流量计流量、COD 在线监测数值、液位高度、泥位高度、pH、DO、沼气在线监测仪数据、ORP 等。这些参数通过 I/O 提供给计算机，计算机根据获得的参数结合智能控制模型进行动态控制，各个监控点的数量统计见表 6-7。

8) CPU 模块

CPU 315-2 PN/DP 主要有以下特点：具有中等容量的程序存储器和程序规模；对二进制和浮点数运算具有较强的处理能力，在具有集中式和分布式 I/O 的生产线上作为集中式控制器使用；具有双端口交换机的 PROFINET 接口，PROFINET I/O 控制器用于控制分布式 PROFINET I/O，PROFINET I-Device 用作连接带 SIMATIC 或第三方 PROFINET I/O 控制器的 CPU 的智能 PROFINET 设备；经由 PROFINET 基于组件的自动化 (CBA)PROFINET 代理，用于基于组件的自动化 (CBA) 系统中的 PROFIBUS DP 智能设备；集成 Web 服务器，带有创建用户定义的 Web 站点的选项；集成 MPI/PROFIBUS DP 主/从接口；经由 PROFIBUS 和 PROFINET 的等时同步模式；CPU 模块除了完成执行用户程序的主要任务外，还为 S7-300 背板总线提供 5 V 直流电源，并通过 MPI 多点接口与其他中央处理器或编程装置通信，本系统选择的 CPU 型号为 6ES7 315-2EH14-0AB0，具体规格参数见表 6-8。

表 6-7 I/O 监控点统计表

序号	设备名称	数量	DI	DO	AI	AO
1	PAM 药液转移泵	2	6	2		
2	搅拌器	3	9	3		
3	药液输送计量泵	3	12	3		
4	液铝输送计量泵	3	6	3		
5	污水提升泵	2	6	2		
6	营养盐加入计量泵	3	9	3		
7	电磁阀	1		1		1
8	污泥回流泵	1	3	1		
9	鼓风机系统	3	6	2	2	2
10	pH 仪表	1			1	
11	DO 仪表	2			2	
12	电磁流量计	6			6	
13	泥位计	1			1	
14	COD 仪表	1			1	
15	气体流量计	1			1	
16	液位计	2			2	
17	压力变送器	3			3	2
18	调节阀	1			1	2
19	总计	49	57	20	20	7

表 6-8　　CPU 技术规格表

6ES7 315-2EH14-0AB0	
技术规格	规格参数
编程软件包	STEP 7 V 5.5 或更高版本
电源电压	
24 V DC	√
功耗	
典型功耗	4.65 W
存储器	
工作存储器	
内置	384 kB
用于非易性数据块的非易失性存储器的大小	128 kB
第一接口	
接口类型	集成 RS 485 接口
通信协议	RS485 通信
第二接口	
接口类型	PROFIENT
通信协议	以太网 RJ45
端口数量	2

9) 通信模块

IM365 接口模块：用于中央控制器，最多 1 个扩展单元，扩展单元中的模块使用有限制 (例如没有 CP 或 FM)。本系统选择的通信模块型号为：6ES7 365-0BA01-0AA0，技术规格见表 6-9。

表 6-9　　通信模块技术规格表

6ES7 365-0BA01-0AA0	
技术规格	规格参数
电源电压 24 V DC	√
输入电流	
从背板总线 5 V DC，最大	100 mA
从电源 L+ 供电，最大	
功耗	
典型功耗	0.5 W
配件设置	
每个 CPU 的最大接口数量	1; 1 对

10) DIN 导轨

导轨是安装 S7-300 各类模块的机架，它是特制不锈钢异型板，电源模块、CPU 及其他的信号模块都可以安装在导轨上，本系统选择的导轨订货号为：6ES7390-1AF30-0AA0，长度为 530 mm。

11) STEP7 软件

STEP7 是西门子公司开发的用于 SIMATIC PLC 组态和编程的基本软件包，它包括功能强大、适用于各种自动化项目任务的工具。本项目选择的 CPU 需要编程软件包版本为 STEP7 V5.5 或更高版本。STEP7 V5.5 版本主要是对操作系统、组态和断硬件、操作中组态、标准库、报告系统错误、诊断、设置 PG/PC 接口做出了更新，从 STEP7 V5.5

开始，也支持 MS Windows 7 Professional Ultimatec 和 Enterprise 操作系统，一般建议在 MS Windows XP Professional(带 SP2) 操作系统及 Windows7 32 位旗舰版系统中安装运行，编程软件订货号为：6ES7810-4CC10-0YA。

12) 组态软件

(1) 组态软件简介

组态软件是数据采集和监控系统的软件平台工具，目前组态软件比较多，比较常用的有：IFIX、InTouch、组态王、三维力控、MCGS、WinCC 等。

西门子视窗控制中心 WinCC 是一个集成的人机界面系统和监控管理系统，是由西门子公司开发的上位机组态软件，主要用于对生产过程进行监控，其下位机编程软件主要采用西门子公司的 STRP7。WinCC 集成了 SCADA、脚本、组态和 OPC 等先进技术，提供了适用于工业的图形显示、消息归档及报表等功能模块，并且提供各种 PLC 驱动程序，使得 PLC 与上位机连接变得十分容易。WinCC 主要具有以下特点：① 强大的标准接口(如 OLE，ActiveX 和 OPC)。WinCC 提供了 OLE，ActiveX 和 OPC 服务器和客户机等接口或控件，可以很方便地与其他程序交换数据 (本项目通过 Active DLL 构件的方式来实现策略构件，通过规范的 OLE 接口挂接到监控系统中，使其构成一个整体)。② 方便的脚本语言。WinCC 可以编写 ANSI，C 和 VB 脚本语言 (本项目采用 Visual Basic 作为开发工具，在 Visual Basic 环境中编写智能控制算法)。③ 大量的向导来简化组态工作，在调试阶段可以在线修改。④ 提供所有主要 PLC 系统的通信通道，基于多种语言设计的组态软件和在线语言切换。⑤ WinCC 是一个模块化的自动化软件，可以灵活进行扩展。

(2) WinCC V7.0 规格参数

相比于较早的版本，WinCC V7.0 大大增强了基本系统及其选件的功能，用户界面具有 Windows 主题风格和外观，对报警系统进行了功能拓展，扩展了 WinCC 趋势控件的功能，在同一趋势显示屏上，可以显示当前值和历史过程值，并且具有更高的安全性。WinCC V7.0 对于 PC 的操作系统有一定的要求，一般采用 Windows XP、Windows Vista 及 Windows Server 2003 操作系统。不同的操作系统对处理器的要求不一样，本项目选择的组态软件为 WinCC V7.0，其详细参数见表 6-10[6]。

(3) WinCC 数据处理流程

组态软件通过 I/O 驱动程序从现场 I/O 设备获得实时数据，对数据进行必要加工后，一方面以图形方式直观地显示在计算机屏幕上，另一方面按照组态要求和操作人员指令将控制数据送给 I/O 设备，对执行机构实施控制或调整控制参数。对已经组态的历史趋势的变量存储历史数据。对历史数据检索请求给予响应，当发生报警及时将报警以声音、图像的方式通知给操作人员，并记录报警的历史信息，以备检索。

(4) 基本系统组成

WinCC 系统基本系统包含 9 个部件，其中比较重要的子系统包括：① 图形系统——用于创建画面的编辑器，称作图形编辑器；② 报警系统——对消息进行组态的过程就是报警记录；③ 归档系统——变量记录编辑器用于确定对数据进行归档；④ 报表系统——用于创建报表布局的编辑器，称作报表编辑器；⑤ 用户管理器——用于对用户进行管理的编辑器,称作用户管理器;⑥ 通信——它在 WinCC 项目管理中直接组态。

表 6-10　WinCC V7.0 技术规格表

SIMATIC WinCC V7.0			
操作系统	WinCC 单用户工作室和客户端:Windows Vista 终极版、商业版和企业版/ Windows XP Professional SP2/Windows 2003 Server R2 SP2、WinCCz 服务器 SP2/Windows 200 服务器 R2 SP2		
PC 硬件要求	采用 Windows XP	采用 Windows Vista	Windows Server 2003
处理器类型 单用户系统			
最低要求	1 GHz Pentium III	2.5 GHz P4	1 GHz Pentium III
建议采用	3 GHz P4 或与之兼容的处理器	3.4 GHz P4 或双核 CPU	3 GHz P4 或与之兼容的处理器
多用户系统			
最低要求	1 GHz Pentium III	2.5 GHz P4	1 GHz Pentium III
建议采用	3 GHz P4 或与之兼容的处理器	3.4 GHz P4 或双核 CPU	3 GHz P4 或与之兼容的处理器
WinCC 客户端			
最低要求	800 MHz Pentium III	2.5 GHz P4	
建议采用	2 GHz P4 或与之兼容的处理器	3.4 GHz P4 或双核 CPU	

图形系统:在组态期间,图形系统用于创建在运行系统中对过程进行显示的画面。图像系统处理以下任务:① 显示静态和操作者可控制的画面元素;② 更新动态画面元素;③ 对操作员输入做出反应。

图形系统由组态和运行系统组成:① 图形编辑器是图形系统的组态组件,图形编辑器是用于创建画面的编辑器;② 图形运行系统是图形系统的运行系统组件,它显示运行系统中画面上的图片,并管理所有的输入和输出。

报警系统:给操作员提供关于操作状态和过程故障状态的信息,它们将每一临界状态早期通知给操作员,并帮助消除空闲时间,在组态过程中,定义用于触发过程消息的事件。报警记录由组态和运行系统组件构成。报警系统是消息系统的组态组件。报警系统用于确定各自的消息应该何时出现及它们应该具有什么内容。图形编辑器也可处理特定的显示对象、WinCC 报警控件,它们用于显示消息。报警记录运行系统是消息的运行组件,当处于运行系统中时,报警系统记录运行系统,负责执行已经定义的监控任务,它也可以对消息输出操作进行控制,并管理这些消息的确认。

归档系统:当前的过程值可一直显示,然而,如果希望显示过程的当时发展进程,例如采用图表或者表格的形式,则需要访问历史过程值,这些值均保存在过程归档中。用于过程值的归档系统由组态组件和运行系统组件组成:变量记录是归档系统的组态组件,用户在这组态过程值和压缩文档,定义记录和归档周期并选择归档的过程值;变量记录运行系统是归档系统的运行系统组件,它负责在运行系统中将必须进行归档的过程值写入过程值归档,还负责从过程值归档中读取已归档的过程值。

可以在画面中输出过程的时间进程,图形编辑器中有 3 个控件可利用:WinCC 在线趋势控件、WinCC 函数趋势控件 (用于图形显示) 和 WinCC 在线表格控件 (用于表格显示)。用户可以从归档数据库以报表格式打印出过程值,也可以在表格和图形之间选择输出格式,在报表编辑器中,两种输出格式都是预定义布局。

13) 计算智能模块

(1) 模糊-BP 神经网络预测控制模型

模糊-BP 神经网络预测控制模型是以各种水质指标 (COD、SS、气体流量、pH、DO、进水量、药液加入量及泥位高度等参数) 为控制目标进行的建模，它的控制器是模糊控制跟 BP 神经网络相结合的模糊神经网络控制器。该模型通过神经网络的 5 层结构实现模糊控制器的模糊化、模糊推理、解模糊化等功能。隶属函数的初始中心值采用模糊 C 聚类方法获得，隶属函数的其他初始参数则采用误差反传方法由实验室数据的离线学习获得。模糊推理规则由网络数据的双向流动及中间层的竞争学习确定，专家对规则的经验由中间的连接和信号的流向实施。解决之前模型存在的输入量有奇异性、模型精度不高、训练时间长的问题。

(2) VB 语言环境中控制算法的编制

计算监控系统用 Active DLL 构件的方式来实现策略构建，通过规范的 OLE 接口挂接到监控系统中，构成一个整体。编写组态软件的扩充构件时，采用 Visual Basic 作为开发工具，在 Visual Basic 环境中编写智能控制算法。

(3) 基于西门子公司 STEP7 V5.5 软件的控制算法编写

由 STEP7 V5.5 提供多种编程模式 (IEC61131-3 编程语言)：① LAD 模式；② STL 模式；③ SFC 模式；④ 功能块模式。编写各个工艺的控制系统，包括加药控制系统、定时控制、开关控制、泥位控制等，用于实现废水处理过程的控制 [8]。

14) 其他设备

其他设备型号和规格不再做详细介绍，见表 6-11。

表 6-11　剩余设备清单

序号	名称	型号规格	单位	数量
1	SITOP 电源	AC 220 V/DC 24 V 10 A	个	1
2	存储卡	6ES7953-8LJ20-0AA0	个	1
3	中间继电器	MY4NJ DC 24 V	个	33
4	计算机	Dell，主流机 3010	套	1
5	交换机	工业级 8 电口	套	1
6	操作台	—	套	1
7	UPS	3 kVA 30 min	套	1
8	断路器 1	2 P、16 A	个	2
9	断路器 2	1 P、6 A	个	31
10	PLC 柜	2 000×800×800	套	1
11	风扇	220 V AC	个	2
12	过滤网	120×120	个	4
13	照明灯	220V AC	个	2
14	插座	—	个	1
15	端子 1	—	批	1
16	系统集成	—	项	1
17	电流表	500/5	个	3
18	电压表	0~450 V	个	1
19	互感器	500/5	个	3
20	断路器 3	CVS250N 3 P 200 A	个	2

序号	名称	型号规格	单位	数量
21	变频器	ACS510 75 kW	台	2
22	指示灯	XB2-BVM3C	个	20
23	继电器	MY2NJ-220 V	个	20
24	按钮	XB2-BA31C	个	10
25	旋钮	XB2-BA31C	个	5
26	电柜	2000×800×600	台	2
27	鼓风机	220 V AC	个	4
28	过滤网	120×120	个	4
29	铜排	TMY	KG	20
30	浮球液位开关	—	个	2
31	电磁流量计	DN20	台	2
32	仪表箱	500×400×350	台	7
33	断路器 4	1 P 6 A	个	5
34	仪表校调	—	台	4
35	端子 2	—	批	1

6.5.5　组态设计

1. SIMATIC S7-300PLC 硬件组态

西门子 S7-300 型 PLC 在使用之前，必须进行硬件的组态，目的是为 S7-300 型 PLC 中的硬件分配存储地址及所要承担的任务，硬件的组态需要在编程软件中完成。硬件组态完成后，通过 MPI 接口下载组态数据到 PLC 中，之后 PLC 将按照硬件组态的方式运行 [7]。当我们根据系统的需要选好了硬件配置后，就可以在编程软件中进行硬件组态，之后才能进入编程阶段。在硬件组态中要做到以下 4 点：

① 在硬件组态窗口中，组态对应硬件的主机架和从机架，在从机架中插入硬件模块型号；

② 参数配置，插入硬件模块后常常还需要设置一些参数；

③ 分配编程地址，当我们插入硬件模块时，系统会给我们自动分配编程地址，但是这些地址有时候不是连续的，为了编程方便，我们经常会手动把地址设置成我们习惯的排列方式；

④ 保存并下载，只有将组态对应的硬件型号、参数、地址保存并下载到 CPU 后，PLC 才会识别到所用的模块并生效。

主要包括如下步骤：

第一步：打开编程软件点击"文件"→"新建"，在弹出的"新建项目"中给文件命名并且选择存储路径，最后点击"确定"。

第二步：点击"确定"后会弹出一个页面，在空白处单击右键，选择"插入新对象"→SIMATIC300 站点。

第三步：在添加完成后，会进入组态页面，在左边栏的项目名称会出现"＋"号，点击"＋"，双击"硬件"会进入硬件组态页面。

第四步：进入硬件组态页面以后，在右边"库"里面点击"SIMATIC 300"，再选择"RACK-300"。然后点击"Rail"即可创建一个机架，有"(0)UR"的字样，即表示该机架为主机架。项目包含一个主机架，一个副机架。

第五步：主机架第一个位置是电源模块的位置，鼠标点击主机架第一个模块的位置，在右边"库"里面点击"PS-300"，在选项列表中选项对应的电源模块即可。

第六步：主机架第二个位置是用来放置 CPU 模块的，点击主机架的第二个模块位置，在"库"里面添加 CPU 的型号即可。

第七步：3 号位置是用来放置接口模块的。根据本项目的需要，我们有主从机架，因此需要接口模块进行连接，IM360 只能放在主机架，IM361 模块只能放在从机架，而 IM365 模块既可以放在主机架，也可以放在从机架。更加设备清单在相应的库里面选择对应的接口模块即可。

第八步：一般情况下，CPU 的地址可以根据个人的习惯进行修改，可以在"属性表"点击"地址"来进行修改，把输入输出点的"系统默认"选项去掉，输入自己设置的参数，然后点击"确定"即可。

第九步：插入扩展模块，机架的 4 号位置到 11 号位置为扩展模块的位置，所以一个机架最多可以扩展 8 个模块。在"库"里面选择"SM-300"，根据配置清单添加输入输出模块并手动修改地址，使所有地址连续。

第十步：建立从机架。做好主机架硬件组态后，接下来就是从机架。本项目有一个主机架一个从机架，从机架就是"(1)UR"，如果通过接口模块，那么一个 300 系统最多有 4 个机架。通过点击图标进入下一个页面，在空白处右键点击"插入对象"，可以看到一个"Rail"图标，点击即可建立从机架。

第十一步：从机架硬件组态和主机架基本一致，唯一区别在于从机架的 1 号和 2 号模块位置放空，3 号位置插入"IM361"接口模块，之后的组态方法和第一个一致。

第十二步：硬件组态完成后要保存和编译才有效。点击"站点"，再点击"保存并编译"。

第十三步：最后把硬件组态下载到 PLC 里面。点击"PLC"，再点击"下载"。

2. 模拟量输入模块组态

本系统选择的模拟量输入模块为 SM-331 系列，选型型号为 6ES7331-7KF02-0AB0，是 8 通道的模拟量输入模块。它主要接收电流和电压的信号，并将其转换为数字信号，由 MCGS 实时数据库做进一步的处理。结合本项目的工艺流程，涉及的模拟量输入变量包括 COD 在线检测仪、泥位计、液位计、DO 浓度/温度在线监测仪、pH/温度在线监测仪、沼气在线监测仪等，个别设备的数量不止一个。这些设备的输出电流一般为 4~20 mA，以 DO 仪表为例，DO 仪表输出的信号为 4~20 mA 电流信号，并不是实际测得的 DO 浓度值，因此需要知道输出电流与仪器所测得的 COD 数值之间的关系，并且通过组态软件做进一步的处理，最终获得数据测得的 COD 值。其他仪表的数据转换方式也一样。

3. 模拟量输出模块组态

本系统选择的模拟量输出模块为 SM332 系列，选型型号为 6ES7332-5HF00-0AB0，是 8 通道的模拟量输出模块。它主要用于连接模拟执行器，以实现对外部设备进行实时检测和控制的目的。在实际工程中，为了比较直观地在工控机中显示实际测得的数值，需要获得工程量与模拟量输出模块输入电压之间的关系，例如，泵的流量和模拟量输出模块输入电压的关系，并单独在一个通道内实现这种对应关系的转变。

4. 组态面板

面板是用户在项目中作为类型而集中创建的标准化画面对象，WinCC 将面板类型保存为 fpt. 文件。对于同一设备用户可以将面板类型作为面板实例插入过程动画中，面板类型的使用减少了所需的组态工作。下面以一个电磁阀的画面对象为例进行面板组态说明。

第一步：首先在 WinCC 中打开画面编辑器，然后点击"文件"→"菜单"→"新建面板类型"，也可以点击工具栏上的"新建面板类型"创建面板类型，然后添加画面对象并且填写对象名称。这样就完成了电磁阀的基本对象组态，并且将面板类型文件保存为 fpt. 格式。

第二步：组态对象属性。面板具有两种类型的属性及事件：类型特定属性及事件和实例特定属性及事件。类型特定属性及事件只能在控制面板类型中更改，类型特定的属性和事件是针对单个对象的属性和事件，其不能在面板实例中进行组态。实例特定属性及事件，可以在面板实例中组态这些属性和事件。电磁阀属于类型特定属性，主要定义的对象类型为基本属性 (线宽、标题文字域中的文字、输入/输出域的字体及颜色等属性)。

5. 组态变量

WinCC 使用变量管理器来进行变量组态，变量管理器对项目所使用的变量和通信驱动程序进行管理，WinCC 与 AS 之间的通信是通过通信驱动程序来完成的，AS 与 WinCC 之间的数据交换是通过过程变量来完成的。WinCC 的变量按照功能可以分为外部变量、内部变量、系统变量和脚本变量 4 种类型。对于大多数数据类型，变量的创建步骤是相似的 [8]：① 从所需要连接的快捷菜单中选择"新建变量"选项；② 在"常规"选项卡中的"名称"域中定义在 WinCC 中的唯一变量名称；③ 在"数据类型"中定义变量的数据类型；④ 单击"选择"按钮打开"变量属性"对话框，以便定义在 AS 中变量的地址范围；⑤ 使用数字变量时，WinCC 会在"格式改编"域中提供一个建议的改编格式；⑥ 激活复选框"线性标定"以对数字变量进行线性转换，输出"过程值范围"(在 AS 中) 和"变量值范围"(在 WinCC 中) 的上限和下限；⑦ 激活文本变量的"长度"域，在此输入文本变量的长度 (以字节为单位)；⑧ 使用"确定"按钮关闭所有对话框。

6.5.6　智能控制系统操作运行界面

制浆造纸废水处理智能控制系统基于 Windows XP 操作系统，以 WinCC V7.0 为开发工具，以组件化方法进行组态环境开发，其中包括相关硬件的驱动、图形组件、实时数据库组件、各种所需的智能控制算法组建等，每一部分分别进行组态操作，完成不同的工作，具有不同的特性，从而生成废水处理自动监控界面。软件界面主要包括 9 个部分：用户登录、主页、鼓风机、趋势、报表、报警、参数设置、用户注销、退出系统。部分软件界面具体视窗图见图 6-12。

① 主页：主要呈现了整个制浆造纸废水处理厂的工艺流程图，PAC 瞬时流量、PAC 累积流量、PAM 瞬时流量、PAM 累积流量、污泥浓缩塔泥位计高度、厌氧塔 pH、沼气成

分、好氧池溶解氧浓度、鼓风机频率、COD 在线监测值等可以很直观地在主页界面上进行读取。

　　② 鼓风机：鼓风机界面的主要功能包括启动和停止风机、风量调节。通过事先获取鼓风机的频率和风量的关系，设置一定的频率可以获得相应的曝气量。

　　③ 趋势：本界面给出了通过在线监测获取的流量、曝气量、泥位计高度、pH、沼气产量、COD、溶解氧浓度等的趋势图，每 5min 获取一个采样点数值。

　　④ 报表：主要是对在线监测获取的数值以表格的形式进行呈现，更加直观。

　　⑤ 报警：主要是对系统预设值超标时进行提前预警，提示采取相应措施。

　　⑥ 参数设置：主要包括好氧池溶解氧浓度、污泥浓缩塔泥位、PAC 流量、PAM 流量、pH 计、COD、沼气、二氧化碳的上下限和报警的上下限。

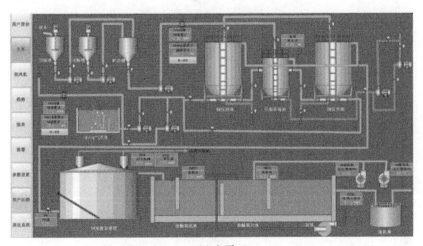

(a) 主页

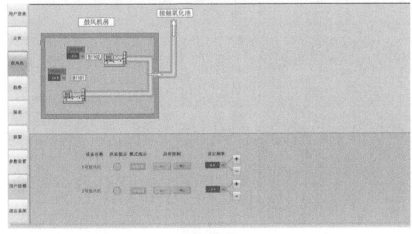

(b) 鼓风机

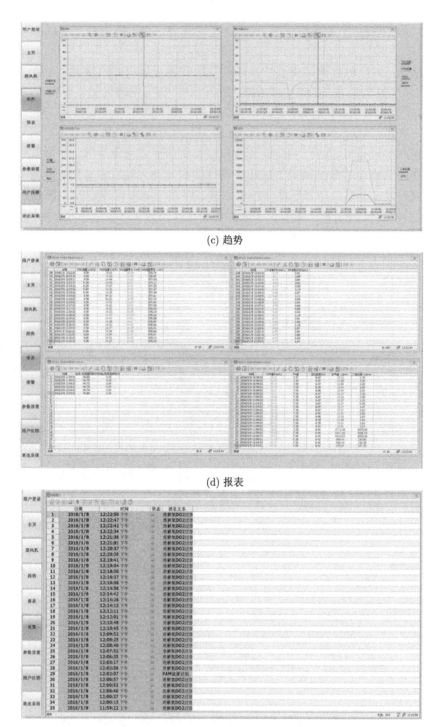

(c) 趋势

(d) 报表

(e) 报警

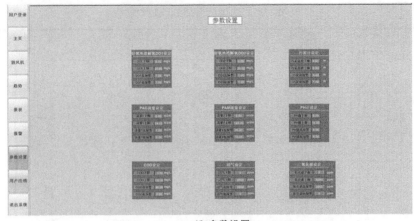

(f) 参数设置

图 6-12　制浆造纸废水处理过程智能控制系统运行界面视窗图

6.6　制浆造纸废水高级氧化处理智能加药系统构建

6.6.1　制浆造纸废水高级氧化处理智能加药系统数据处理

本节建立模型的数据来源于 PS 高氧设备调试正常运行后采集的数据。该处理装置连续运行 4 个月，同时完成数据采集工作，对采集到的数据剔除明显异常值后，共得到有效原始数据 120 组，实际建模采用数据 64 组，其中 48 组作为训练数据，8 组作为测试数据，8 组作为验证数据。所采集到的部分数据集见表 6-12。运行数据原始参数包括：进水流量、过硫酸盐用量、亚铁盐用量、碱液用量、絮凝剂用量、进水 COD、出水 COD 等。其中，进水流量、各药剂用量均从加药管道所安装的流量计中获取，进、出水 COD 为水质化验员每日实际检测数据。在数据选择上，为了保证数据预测的合理性和有效性，训练与测试数据包括设备启动运行与调试不同时期的各个阶段的数据，验证数据均来自正常平稳运行后的数据。数据采集完成后，为消除量纲影响，对原始数据进行归一化处理。经归一化后的数据在 MATLAB 2016a 软件中进行 PCA 降维操作，通过分析各个变量的相关性降低输入数据维数，去除冗余信息，减少模型算法计算量。

经主成分分析后辅助变量数据之间的关系和主成分贡献率如图 6-13 和图 6-14 所示。图 6-13 所示的双标图显示了辅助变量与样本点之间的多元关系。图中连接原点和各变量的直线称为"向量"，向量在某一主成分上的投影表明该变量对该主成分的重要程度，也体现了该主成分对该变量的解释程度。两变量向量间夹角近似表明了两个变量的相关关系，夹角小于 90° 表示正相关，大于 90° 表示负相关，接近 90° 表示不相关。由图 6-13 可知，过硫酸盐用量 (3) 与亚铁盐 (4) 用量呈明显的正相关关系，碱液用量 (5) 与其他 4 个变量负相关。而根据废水实际特征，进水流量 (1) 与进水 COD(2) 虽然呈正相关，但实际两者之间并无明显关联，且都能对输出变量起较大决策作用。根据图 6-14 各主成分的方差贡献率，前三个主成分方差贡献率分别为：35.48%、31.82%、20.57%，总方差贡献率为 87.87%，大于 85%。因此原来的 5 项指标可由这 3 个主成分代替，即进水流量、进水 COD、过硫酸盐的用量。

表 6-12　　建模所用部分原始数据集

进水流量/ $(m^3 \cdot h^{-1})$	进水 COD/ $(mg \cdot L^{-1})$	过硫酸盐 5%/ $(L \cdot h^{-1})$	亚铁盐 10%/ $(L \cdot h^{-1})$	NaOH 10%/ $(L \cdot h^{-1})$	PAC 8%/ $(L \cdot h^{-1})$	出水 COD/ $(mg \cdot L^{-1})$
77.0	69.3	75.9	81.5	95.3	90.4	39.2
85.5	75.2	84.6	95.1	119.3	109.2	40.8
86.8	75.1	85.9	92.1	118.6	109.9	40.2
80.0	76.1	80.3	87.4	100.7	93.9	40.1
80.8	77.3	79.6	86.9	97.4	95.3	41.7
81.9	78.5	80.1	86.2	102.3	95.9	42.1
65.7	79.6	62.6	68.2	78.4	77.2	45.2
74.3	79.2	72.3	80.6	95.6	87.1	42.4
88.5	79.4	85.3	90.4	115.3	110.8	43.2
84.4	79.1	83.1	91.2	115.2	105.8	40.2
85.9	84.2	84.3	90.1	108.4	109.8	50.1
83.0	85.4	79.9	84.3	100.4	102.3	42.7
84.3	85.1	82.3	90.5	112.3	106.1	42.9
79.6	87.3	78.1	84.9	99.7	92.4	46.4
84.3	88.2	85.2	92.5	113.2	104.7	44.2
80.6	87.2	78.4	85.3	99.4	94.6	47.5
83.2	90.3	81.2	86.9	103.9	102.2	44.9
85.1	90.1	81.3	87.4	106.8	107.5	45.1
80.3	93.4	80.1	87.3	105.1	94.2	45.7
82.5	93.7	81.2	86.3	100.4	99.7	41.5
65.0	94.2	66.9	70.1	80.2	76.4	48.9
77.5	94.5	76.2	82.1	98.4	90.9	42.8
83.2	96.2	82.1	87.3	102.5	99.8	44.8
84.0	98.5	82.5	91.2	110.4	102.6	46.4

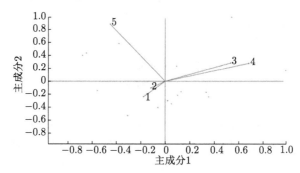

图 6-13　　主成分分析荷载图

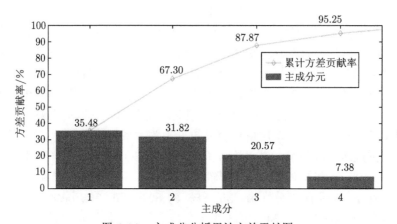

图 6-14　　主成分分析累计方差贡献图

6.6.2　建模基本过程及模型参数的选择与设定

1. 基本过程

以 PS 高级氧化技术深度处理造纸废水好氧生化出水为研究对象，以预测出水 COD_{Cr} 浓度为研究目的，基于 PCA-BP 神经网络的出水 COD 预测模型的主要步骤如图 6-15 所示，可概括如下：

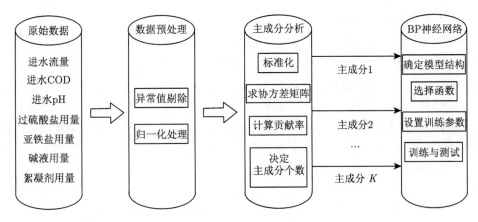

图 6-15　PCA-BP 模型流程图

① 辅助变量的确定：选取能直接检测并且与出水 COD 密切相关的水质变量与药量。

② 采集数据，建立训练样本数据库；根据该系统实际运行的每日进出水水质数据与用药量，构建模型输入输出向量的集合，其中初始输入向量包括进水流量、进水 COD、进水 pH、过硫酸盐用量、亚铁盐用量、氢氧化钠用量与 PAC 用量，输出数据为出水 COD。

③ 由于工业现场采集到的数据难免会存在随机误差甚至是过失误差，会对模型的预测结果造成很大的影响，因此需对②中采集到的模型输入输出向量进行异常值剔除及归一化处理，建立辅助变量数据样本集和预测变量数据集。

④ 利用主成分分析法分析辅助变量集，借助正交变换将原始相关的随机变量变换成不相关的新变量，最终确定辅助变量为进水流量、进水 COD、过硫酸盐用量。

⑤ 搭建 PCA-BP 神经网络出水 COD 预测模型，确立 BP 神经网络的初始权值和阈值，并通过"试错法"确定隐含层神经元数。利用步骤③中的辅助变量数据样本集和预测变量数据集组成数据集，将数据集分为训练样本数据、测试样本数据、验证样本数据，利用训练样本数据对模型进行训练，直到满足训练条件训练为止。

2. 模型参数的选择与设定

由于模型参数的选择与设定对于模型的构建极为关键，本部分所要建立的基于 PCA-BP 神经网络的出水 COD 预测模型，其输入层变量包括进水流量、进水 COD、过硫酸盐加药量，输出层变量为出水 COD。因此可以确定模型输入层节点数为 3、输出层节点数为 1。而隐含层的设置对于 BP 神经网络来说十分重要，当隐含层神经元选取过少时，会导致连接权组合数不够，进而导致神经网络的性能较差。当隐含层神经元数选取过多时，会导致系统容易出现过度拟合的现象。通过试错法，最终确定隐含层层数为 2 个，第一隐含层神经元节点数为 8 个，第二隐含层神经元个数为 5 个。模型的最终拓扑结构设置为 3-8-5-1。

BP 神经网络各参数设置：各层之间的传输函数 TF1=tansig，TF2=logsig；训练函数选取 trainlm 函数；训练算法选取 Levenberg-Marquardt 算法，用来调整 BP 神经网络拓扑模型中各神经元的权值；最大训练次数为 10 000 次；训练目标为 1×10^{-6}；学习率设为 0.01。

3. 模型性能运行结果与分析

基于 PCA-BP 神经网络的出水 COD 预测模型训练与验证结果如图 6-16 所示，可观察到该模型预测值与实际真实值基本趋同，拟合效果良好；图 6-17 为模型预测值与真实值的误差值结果，各数据误差值均落在 $(-3, 3)$；如图 6-18 所示，模型 RMSE 值均落在 0~2.5，该值越小，代表预测模型与实验数据的精确度越高；如图 6-19 所示，模型相关系数 R 值为 0.980 98，表明相关性良好。上述结论皆说明该 PCA-BP 神经网络出水 COD 预测模型建模效果良好，可有效预测 PS 高级氧化深度处理造纸废水好氧生化出水的 COD 值，在该技术操作运行中具备很好的实际借鉴意义。

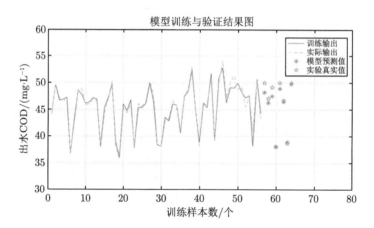

图 6-16　PCA-BP 模型训练及验证效果图

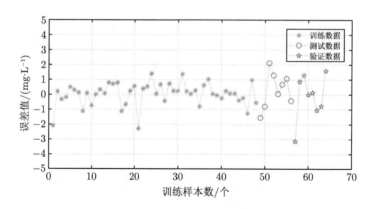

图 6-17　PCA-BP 模型误差值

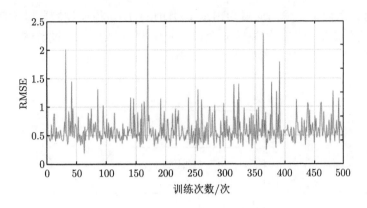

图 6-18 PCA-BP 模型 RMSE 值

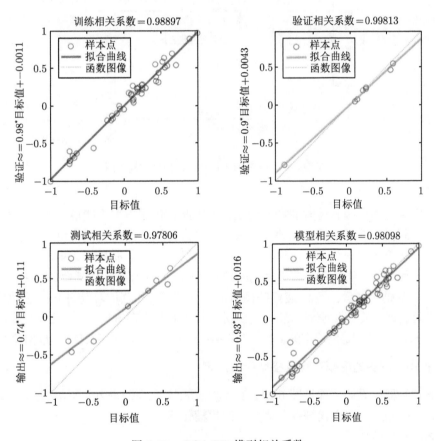

图 6-19 PCA-BP 模型相关系数

6.6.3 PS 高级氧化技术智能加药控制系统的设计及仿真

本节所述 PS 高级氧化技术智能加药控制系统的控制结构如图 6-20 所示。该系统由 4 个部分组成,包括 PS 高级氧化处理系统、BP 神经网络预测模型、模糊控制器和一个优化处理器。其中,BP 神经网络预测模型以进水流量 (m^3/h)、进水 COD(mg/L)、过硫酸盐加

药量 (L/h) 为输入向量，输出向量为出水 COD(mg/L)。模糊控制器以 BP 预测模型出水 COD 的预测值与期望值之间的偏差 e 及偏差变化率 ec 为输入，过硫酸盐的加药量修正量 $\Delta u(t)$ 为控制输出。通过该控制输出去修正当前的加药量，进而完成加药量的自动调节。

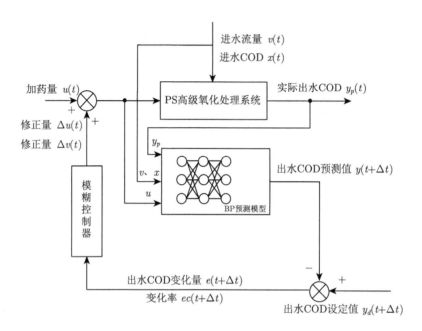

图 6-20　模糊 BP 神经网络控制结构框图

由于废水处理过程具有时变和不确定性，因此若预测模型不能很好地逼近对象的动态特性，则控制模型就不能很好地映射对象的逆动态特性。因此我们将现场采集到的实时数据作为预测及控制的训练样本，保证控制效果的稳定性。由本书第 2 章内容及该设备实际运行处理过程可知，影响 PS 高级氧化处理系统的因素主要有：① 进水 COD；② 进水流量；③ 过硫酸钠投加量；④ 硫酸亚铁投加量；⑤ 初始 pH；⑥ 絮凝剂 PAC 投加量；⑦ 碱液投加量等。现场长期监测数据显示，该进水 pH 长期稳定在 6.5～7.5，故可不做考虑，同时结合主成分分析结果，最终确定的影响因素包括：进水流量、进水 COD、过硫酸盐的投加量。

6.6.4　模糊控制器的建模过程及模型参数选定

模糊控制器的设计流程见图 6-21。其主要步骤包括：模糊控制器结构选择，确定输入、输出变量，模糊化，建立模糊控制规则，解模糊化等。

具体建模步骤如下：

① 模糊控制器结构选择：一般来说，模糊控制器常见的结构形式包括一维、二维、三维，维度越高，精确度越高。但维度增加的同时，会使得控制规则变得极其复杂。本系统选取的模糊控制器结构为二维双输入单输出结构。控制器的两个输入分别为 $t + \Delta t$ 时刻期望出水 COD(设为定值) 和预测值之间的偏差 e 及偏差变化率 ec，由这两个变量来体现被控对象的动、静态特性。最终采用结构为 2-14-49-49-1，第一层节点数为 2，代表偏差 e 和偏差变化率 ec；第二层为 14 个节点，代表 14 个隶属函数，完成隶属度函数值的求取；第

三层为 49 个节点，代表 49 条模糊规则，完成模糊规则的前件计算；第四层为 49 个节点，代表 49 个隶属度的适用度；第五层为 1 个节点，代表 t 时刻过硫酸盐加药量修正量。

② 确定输入、输出变量：该模糊控制器以 BP 预测模型出水 COD 的预测值与期望值之间的偏差 e 及偏差变化率 ec 为输入，过硫酸盐的加药量修正量 $\Delta u(t)$ 为控制输出。

③ 模糊化：根据废水处理系统的要求，出水 COD 的期望值为 60 mg/L，偏差 e 与偏差变化率 ec 及加药量 $u(t)$ 基本论域设定为 $[-30, +30]$，$[-10, +10]$ 和 $[0, 100]$，对应的模糊论域分别为 $[-3, +3]$，$[-3, +3]$ 和 $[0, 4]$；系统输入的各量化因子分别设置为 $K_e = 3/30 = 0.10$，$K_{ec} = 3/10 = 0.3$，$K_u = 100/4 = 25$。并将输入变量偏差 e 及偏差变化率 ec 划分为 7 个模糊子集：{NB, NM, NS, NO, PS, PM, PB}；将输出加药量的修正量 $\Delta u(t)$ 划分为 5 个模糊子集：{P1, P2, P3, P4, P5}。其中各变量的隶属函数设置见表 6-13。

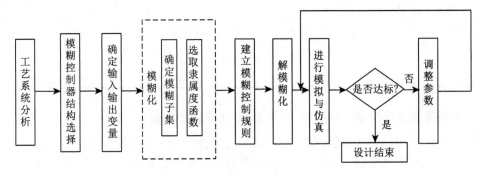

图 6-21　模糊控制器设计流程图

表 6-13　各变量隶属函数设置

变量名	论域	隶属函数		
		函数名	函数类型	参数设置
		NB	zmf	$(-3, -2.1)$
		NM	trimf	$(-3, -2, -1)$
		NS	trimf	$(-2, -1, 0)$
偏差 e	$[-3, +3]$	NO	trimf	$(-1, 0, 1)$
		PS	trimf	$(0, 1, 2)$
		PM	trimf	$(1, 2, 3)$
		PB	smf	$(2.1, 3)$
		NB	zmf	$(-3, -2.1)$
		NM	trimf	$(-3, -2, -1)$
		NS	trimf	$(-2, -1, 0)$
偏差变化率 ec	$[-3, +3]$	NO	trimf	$(-1, 0, 1)$
		PS	trimf	$(0, 1, 2)$
		PM	trimf	$(1, 2, 3)$
		PB	smf	$(2.1, 3)$
		P1	trimf	$(-1, 0, 1)$
		P2	trimf	$(0, 1, 2)$
加药量 $\Delta u(t)$	$[0, 4]$	P3	trimf	$(1, 2, 3)$
		P4	trimf	$(2, 3, 4)$
		P5	trimf	$(3, 4, 5)$

④ 模糊控制规则的建立：根据模糊集定义和现场操作员在操作过程中遇到的情况及专家经验，可以得到 49 条模糊规则，对应的模糊控制规则表见表 6-14。模型可描述为：R_m: if x_1 is A_1^i and x_1 is A_2^j, then u is B^m, $i=j=1,2,\cdots,7; m=ij$。其中，x_1，x_2 分别对应偏差 e 和偏差变化率 ec，$A_1^i = A_2^j =$ {NB，NM，NS，NO，PS，PM，PB}；u 对应过硫酸盐加药量的调整量，$B^m=$ {P1，P2，P3，P4，P5}。

⑤ 解模糊化：用重心法解模糊化。将输入变量与输出变量的特性规则、隶属函数导入 MATLAB 的 Fuzzy 工具箱中进行编译，可得到不同输入量对应的输出量集合。

表 6-14　　模糊控制规则表

$\Delta u(t)$		e						
		NB	NM	NS	NO	PS	PM	PB
	NB	P5	P5	P5	P4	P3	P2	P2
	NM	P5	P5	P4	P3	P2	P2	P1
	NS	P5	P4	P3	P2	P1	P1	P1
ec	NO	P4	P3	P2	P2	P1	P1	P1
	PS	P3	P2	P2	P1	P1	P1	P1
	PM	P2	P2	P1	P1	P1	P1	P1
	PB	P2	P1	P1	P1	P1	P1	P1

6.6.5　PS 高级氧化智能加药系统 Simulink 仿真模型的建立

在完成基于 PCA-BP 神经网络出水 COD_{Cr} 预测模型及模糊控制器的设计后，在 MATLAB 2016a 中利用 Simulink 建立该智能加药系统的最终仿真模型，如图 6-22 所示。

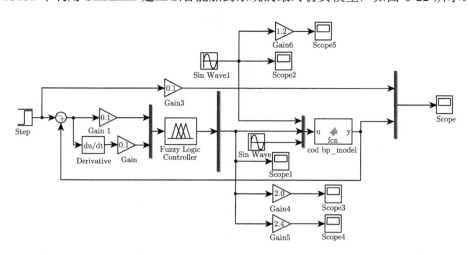

图 6-22　PS 高级氧化处理智能加药系统 Simulink 仿真模型

参 考 文 献

[1] 钟珍芳. 制浆造纸废水深度处理的技术研究 [D]. 上海：华东理工大学，2011.

[2] William H G, Kang J W, Douglas H C. The chemistry of water treatment processes involving ozone, Hydrogen peroxide and ultraviolet radiation [J]. Ozone Science & Engineering, 1987, 9: 335-352.

[3]　杨德敏，王兵. 高级氧化技术处理造纸废水的应用研究 [J]. 中国造纸，2010, 29(7): 69-73.

[4]　万金泉，马邕文. 造纸工业环境工程导论 [M]. 北京：中国轻工业出版社，2005: 169-173.

[5]　时孝磊，朱琳，刘晋恺，等. Fenton/絮凝工艺深度处理制浆造纸废水的工程应用分析 [J]. 环境工程
　　　学报，2013，7(9): 3415-3420.

[6]　西门子公司. WinCC V7.0 通信手册 [Z].

[7]　西门子公司. S7-300 可编程控制器 [Z].

[8]　西门子公司. Step7 V5.5 中文版编程手册 [Z].